BIM技术应用系列教材

BIM基础建模

主　编　徐鑫哲　于德国　张　彬

参　编　陈　明　申　震　回希文　刘丹怡

机械工业出版社

本书基于"教、学、做"一体化的教学模式，以培养职业能力为核心，系统地介绍了 BIM 理论知识和基于 Revit 软件的 BIM 建模操作等内容，并附有典型的实际案例。全书分为五个模块：模块一为 BIM 概述，主要阐述 BIM 技术的基本理论及 BIM 技术的特点；模块二为 Revit 概述，主要介绍 Revit 的工作界面及基本工具；模块三为 Revit 建筑建模，以小别墅项目为例，阐述如何在 Revit 中创建建筑模型，包括标高、轴网、墙体、门窗、幕墙、楼板、楼梯、栏杆、坡道、台阶、屋顶、场地等构件的创建及编辑方法；模块四为 Revit 结构建模，以大学食堂项目为例，阐述如何在 Revit 中创建结构模型，包括结构柱、结构梁及基础的创建及编辑方法；模块五为族和体量建模，主要阐述族和体量的创建及编辑方法。

本书按照国家现行的 BIM 相关规范和技术标准编写，内容全面，系统性强，可作为高职院校土建相关专业的教材和教学参考用书，也可作为广大建筑行业管理、技术人员及从事相关专业岗位技术人员培训的参考用书。

图书在版编目（CIP）数据

BIM 基础建模 / 徐鑫哲，于德国，张彬主编.
北京：机械工业出版社，2025. 1. -- (BIM 技术应用系列教材). -- ISBN 978-7-111-77487-7

Ⅰ. TU201.4

中国国家版本馆 CIP 数据核字第 2025YV6009 号

机械工业出版社（北京市百万庄大街 22 号　邮政编码 100037）
策划编辑：常金锋　　　　　　　责任编辑：常金锋　王华庆
责任校对：韩佳欣　李　杉　　　封面设计：马精明
责任印制：张　博
北京机工印刷厂有限公司印刷
2025 年 7 月第 1 版第 1 次印刷
184mm×260mm · 17 印张 · 409 千字
标准书号：ISBN 978-7-111-77487-7
定价：55.00 元

电话服务　　　　　　　　网络服务
客服电话：010-88361066　机 工 官 网：www.cmpbook.com
　　　　　010-88379833　机 工 官 博：weibo.com/cmp1952
　　　　　010-68326294　金 书 网：www.golden-book.com
封底无防伪标均为盗版　机工教育服务网：www.cmpedu.com

前　言

在当今建筑行业数字化浪潮的推动下，建筑信息模型（Building Information Modeling，BIM）技术正以其强大的创新能力和协同优势，引领着建筑设计、施工与管理的全新变革。作为当今建筑领域的重要创新手段，BIM 技术的应用领域不断扩展，已从建筑设计、施工管理延伸至运营维护、城市规划、智能建筑等多个方面。随着 BIM 技术的持续发展，它将在更多领域得到广泛应用，为建筑行业带来更高的效率、更好的质量和可持续性。

为适应国家推动 BIM 技术应用的需求，本书应运而生。在各种 BIM 软件中，Revit 最为流行，使用非常广泛，是一款功能强大的 BIM 核心建模软件，适用于建筑、结构和机电等多个专业，故本书以 Revit 软件进行操作教学。

本书从高职教育的特点出发，基于建筑信息模型技术员、施工员等岗位要求，以工作过程为导向，以实际工程项目为载体，以职业能力培养为核心，实现"教、学、做"一体化，力求以简洁明了的语言、丰富多样的案例和循序渐进的教学方法，将复杂的 BIM 概念和操作技能清晰地呈现给读者，使读者以最快捷、最高效、最直观的方式进行学习，掌握建模工作流程，为后续应用 BIM 技术打下坚实的基础。

本书在编写过程中整合了各高校及相关企业的力量，由盘锦职业技术学院徐鑫哲、于德国、张彬任主编。参编人员还有：盘锦职业技术学院陈明、申震，营口职业技术学院回希文，品茗科技股份有限公司刘丹怡。具体编写分工：模块一由张彬、回希文共同编写，模块二由于德国编写，模块三由徐鑫哲、陈明、申震共同编写，模块四由徐鑫哲、于德国、陈明共同编写，模块五由张彬、刘丹怡共同编写。

另外，本书在编写过程中参考和借鉴了行业相关书籍、设计和施工规范、技术标准等资料，在此对相关资料的作者表示衷心的感谢！

由于编者水平有限，书中难免存在不足与疏漏之处，敬请广大读者批评指正！

编　者

目　录

模块一　BIM 概述

模块导学

BIM 是建筑信息模型（Building Information Modeling）的英文缩写，BIM 作为新兴的信息化技术，给建筑行业带来了全新的变革。从建筑的设计、施工、运行直至建筑全寿命周期的终结，各种信息始终整合于一个三维模型信息数据库中，设计团队、施工单位、设施运营部门和业主等各方人员可以基于 BIM 进行协同工作，有效提高工作效率、节约资源、降低成本，以实现可持续发展。

BIM 需要使用不同的软件来实现不同的应用，而 Revit 是 BIM 设计阶段用于建立模型的基础软件，是我国建筑业 BIM 体系中目前使用非常广泛的软件。

知识结构

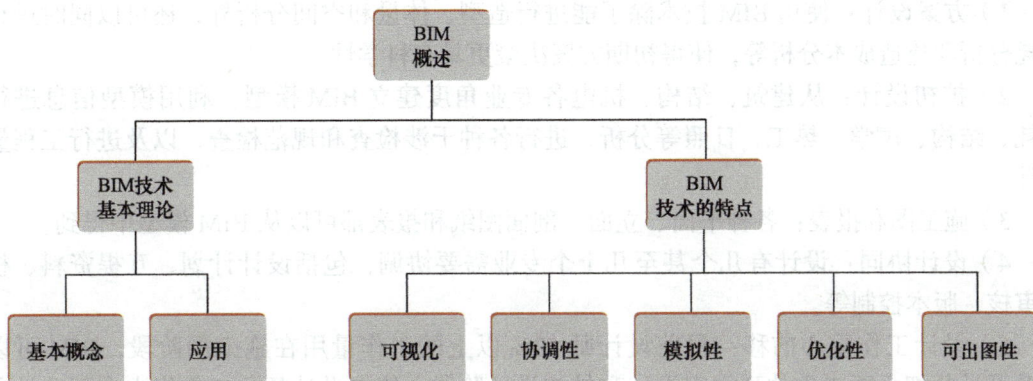

学习任务

1. 了解并掌握 BIM 技术的基本理论及思维方法。
2. 总结 BIM 特点。

素养目标

1. 树立对 BIM 技术的正确认知和敬畏，能够以严谨的态度对待 BIM 建模及相关工作。
2. 树立对 BIM 技术应用的创新意识，探索 BIM 在不同领域和项目类型中的创新应用，提升建筑项目的质量和效益。

1.1 BIM 技术基本理论

一、基本概念

BIM，全称为 Building Information Modeling，也可以统称为"建筑信息模型"，由 Autodesk 公司最早提出。BIM 是以三维数字技术为基础，集成了建筑工程项目各种相关信息的工程数据模型，可以为设计和施工提供相协调的、内部保持一致并可进行运算的信息。BIM 的本质是信息加模型，重点是建设项目各参与方的协同合作，BIM 的应用贯穿于整个项目全生命周期的各个阶段。BIM 技术利用 Revit 强大的参数化建模能力、精确统计及 Revit 平台上优秀协同设计、碰撞检查功能，在民用及工业建筑设计领域，已经被越来越多的设计企业、工程总承包企业采用。

视频 1.1-1
BIM 概述

二、应用

BIM 技术打破了信息孤岛，实现了工程项目全生命周期信息一体化管理，而工程项目全生命周期包括了从规划设计到施工，最后到运维的各个阶段。在这些不同的阶段 BIM 有不同的用处，应用深度也不一样，下面分阶段介绍 BIM 在建筑全寿命周期的应用。

在规划设计阶段 BIM 的主要应用有：

1）方案设计：使用 BIM 技术除了能进行造型、体量和空间分析外，还可以同时进行能耗分析和建造成本分析等，使得初期方案决策更具有科学性。

2）扩初设计：从建筑、结构、机电各专业角度建立 BIM 模型，利用模型信息进行能耗、结构、声学、热工、日照等分析，进行各种干涉检查和规范检查，以及进行工程量统计。

3）施工图和报表：各种平面、立面、剖面图纸和报表都可以从 BIM 模型中得到。

4）设计协同：设计有几个甚至几十个专业需要协调，包括设计计划、互提资料、校对审核、版本控制等。

5）设计工作重心前移：目前设计师 50% 以上的工作量用在施工图阶段，BIM 可以帮助设计师把主要工作放到方案设计和扩初设计阶段，使得设计师的工作集中在创造性劳动上。

目前施工阶段应用 BIM 的主要内容：

1）碰撞检查，减少返工。利用 BIM 的三维技术在前期进行碰撞检查，直观解决空间关系冲突，优化工程设计，减少在建筑施工阶段可能存在的错误和返工，同时可以优化净空和管线排布方案。施工人员可以利用碰撞优化后的方案，进行施工交底、施工模拟，提高施工质量，同时也提高了与业主沟通的能力。

2）模拟施工，有效协同。三维可视化功能再加上时间维度，可以进行施工进度模拟。随时随地直观快速地将施工计划与实际进度进行对比，同时进行有效协同，项目参建方都能对工程项目的各种问题和情况了如指掌，从而减少建筑质量问题、安全问题，减少返工和整改。利用 BIM 技术进行协同，可更加高效地进行信息交互，加快反馈和决策后传达的周转效率。利用模块化的方式，在一个项目的 BIM 信息建立后，下一个项目可类比地引用，达到知识积累，同样的工作只做一次。

3）三维渲染，宣传展示。三维渲染动画，可通过虚拟现实让客户有代入感，给人以真实感和直接的视觉冲击，配合投标演示及施工现场调整实施方案。建好的 BIM 模型可以作为二次渲染开发的模型基础，大大提高了三维渲染效果的精度，给业主提供更为直观的宣传介绍，在投标阶段可以提升中标概率。

4）知识管理，保存信息。模拟过程中可以获取施工中不易被积累的知识和技能，使之变为施工单位长期积累的知识库内容。

目前运维阶段 BIM 的应用主要有：

1）空间管理。空间管理主要应用在照明、消防等各系统和设备的空间定位。获取各系统和设备空间位置信息，把原来的编号或者文字表示变成三维图形位置，直观形象且方便查找。

2）设施管理。设施管理主要包括设施的装修、空间规划和维护操作，此外还可对重要设备进行远程控制。

3）隐蔽工程管理。基于 BIM 技术的运维可以管理复杂的地下管网，并且可以在图上直接获得相对位置关系。当改建或二次装修的时候可以避开现有管网位置，便于管网维修、更换设备和定位。内部相关人员可以共享这些电子信息，有变化可随时调整，保证信息的完整性和准确性。

4）应急管理。基于 BIM 技术的运维对突发事件的管理包括预防、警报和处理。通过 BIM 系统可以迅速定位设施设备的位置。

5）节能减排管理。通过 BIM 结合物联网技术的应用，在管理系统中可以及时收集所有能源信息，并且通过开发的能源管理功能模块，对能源消耗情况进行自动统计分析，比如各区域、各户主的每日用电量、每周用电量等，并对异常能源使用情况进行警告或者标识。

1.2　BIM 技术的特点

BIM 技术将建设全生命期所采用的技术由传统的二维转移到三维平台，具有以下几个特点。

视频 1.1-2
BIM 的特点

一、可视化

可视化，即"所见即所得"的形式，对于建筑行业来说，可视化的真正运用对建筑业的作用是非常大的。目前的二维施工图纸，只是各个构件的信息在图纸上用线条绘制表达，但是其真正的构造形式就需要看图人员具有一定的三维空间能力。复杂造型的建筑会给读取图纸信息的人员增加一定的难度。

BIM 提供的可视化思路，让人们将以往线条式的构件形成一幅三维的立体实物图形展示在人们的眼前。虽然现在也有设计方出效果图，但是这种效果图是分包给专业的效果图制作团队进行识读设计制作出的线条式信息，并不是通过构件的信息自动生成的，缺少了同构件之间的互动性和反馈性，然而 BIM 提到的可视化是一种同构件之间能够形成互动性和反馈性的可视。

在 BIM 建筑信息模型中，由于整个过程都是可视化的，所以可视化的结果不仅可以用于效果图的展示及报表的生成，更重要的是，项目设计、建造、运营过程中的沟通、讨论、决策都可在可视化的状态下进行。

二、协调性

协调性是建筑业中的重点内容，不管是施工单位还是业主及设计单位，无不在做着协调及配合的工作。一旦项目的实施过程中遇到了问题，就要将各有关人员组织起来开协调会，找出问题发生的原因及解决办法，然后做出变更，采取相应补救措施。

有时还会出现各种专业之间的碰撞问题，例如机电安装的各种管道在进行布置时，由于目前施工图纸是由各自的专业负责各自的图纸，真正施工过程中，可能在布置管线时正好在此处有结构专业设计的梁等构件在此妨碍管线的布置。

BIM 的协调性服务就可以帮助处理这种问题，也就是说 BIM 建筑信息模型可在建筑物建造前期对各专业的碰撞问题进行协调，生成协调数据并提供出来。当然 BIM 的协调作用也并不是只能解决各专业间的碰撞问题，它还可以解决电梯井布置与其他设计布置及净空要求之间的协调，防火分区与其他设计布置之间的协调，地下排水布置与其他设计布置之间的协调等。

三、模拟性

模拟性并不是只能模拟设计出的建筑物模型，还可以模拟不能够在真实世界中进行操作的事物。在设计阶段，BIM 可以对设计上需要进行模拟的事物进行模拟实验，例如节能模拟、紧急疏散模拟、日照模拟、热能传导模拟等；在招标投标和施工阶段可以进行 4D （三维模型加项目的发展时间）模拟，也就是根据施工的组织设计模拟实际施工，从而确定合理的施工方案来指导施工。同时还可以进行 5D 模拟（基于 3D 模型的造价控制），从而实现成本控制；后期运营阶段可以模拟日常紧急情况的处理方式，例如地震人员逃生模拟及消防人员疏散模拟等。

四、优化性

整个设计、施工、运营的过程就是一个不断优化的过程，当然优化和 BIM 也不存在实质性的必然联系，但在 BIM 的基础上可以做到更好的优化。优化受三种因素的制约：信息、复杂程度和时间。没有准确的信息做不出合理的优化结果，BIM 模型提供了建筑物实际存在的信息，包括几何信息、物理信息、规则信息，还提供了建筑物变化以后的实际存在。复杂程度高到一定程度，参与人员本身的能力无法掌握所有的信息，必须借助一定的科学技术和设备。现代建筑物的复杂程度大多超过参与人员本身的能力极限，BIM 及与其配套的各种优化工具提供了对复杂项目进行优化的可能。目前基于 BIM 的优化工作包括：

1) 项目方案优化：把项目设计和投资回报分析结合起来，设计变化对投资回报的影响可以实时计算出来；这样业主对设计方案的选择就不会主要停留在对形状的评价上，而可以更多地使得业主知道哪种项目设计方案更有利于自身的需求。

2）特殊项目的设计优化：例如裙楼、幕墙、屋顶、大空间，到处可以看到异型设计，这些内容看起来占整个建筑的比例不大，但是占投资和工作量的比例和前者相比却往往要大得多，而且通常也是施工难度比较大和施工问题比较多的地方，对这些内容的设计施工方案进行优化，可以带来显著的工期和造价改进。

五、可出图性

BIM 并不只是为了设计出大家日常所见的建筑设计图纸及一些构件加工的图纸，而是通过对建筑物进行可视化展示、协调、模拟、优化以后，可以帮助业主出综合管线图（经过碰撞检查和设计修改，消除了相应错误以后的图纸）、综合结构留洞图（预埋套管图）、碰撞检查报告和建议改进方案等。

模块二 Revit 概述

模块导学

Revit Architecture 软件专为 BIM 而构建，是 Autodesk 公司专为 BIM 技术应用而推出的专业产品。它可将所有建筑、工程和施工领域引入统一的建模环境，从而推动更高效、更具成本效益的项目建设。

使用 Revit Architecture 软件，有助于从概念设计、可视化、分析到制造和施工的整个项目生命周期中提高效率和准确性，因此受到建筑工程行业的普遍关注。Revit 软件主要有以下特点。

1）工程设计可视化：工程建设人员借助 Revit 软件，可以构建、查看、修改 BIM，从概念模型到施工文档的整个设计流程都在一个直观环境中完成，从而实现工程参与各方更好地沟通协作。

2）图纸模型一致性：在 Revit 模型中，所有的图纸、平面视图、三维视图等都是建立在同一个建筑信息模型的数据库中，图纸文档的生成和修改简单方便，因为图纸的生成是基于三维模型，模型和图纸之间有着紧密的关联性，所以模型修改后，所有图纸会自动修改，节省了大量的人力和时间。

3）构件建模参数化：Revit 软件提供墙、梁、板、柱等建筑构件的建模，并在构件中存储相关的建筑信息。通过构件的组合，可以提供更高质量、更加精细的建筑设计，构建的 BIM 可以帮助捕捉和分析设计概念，保持从设计到建造的各个阶段的一致性。

4）数据统计实时性：Revit 支持实时设计可视化、快速估算成本和实时分析，可以帮助设计人员更好地进行决策。通过 Revit 可以获取更多、更及时的信息，从而更好地就工程设计、规模、进度和预算等做出决策。

知识结构

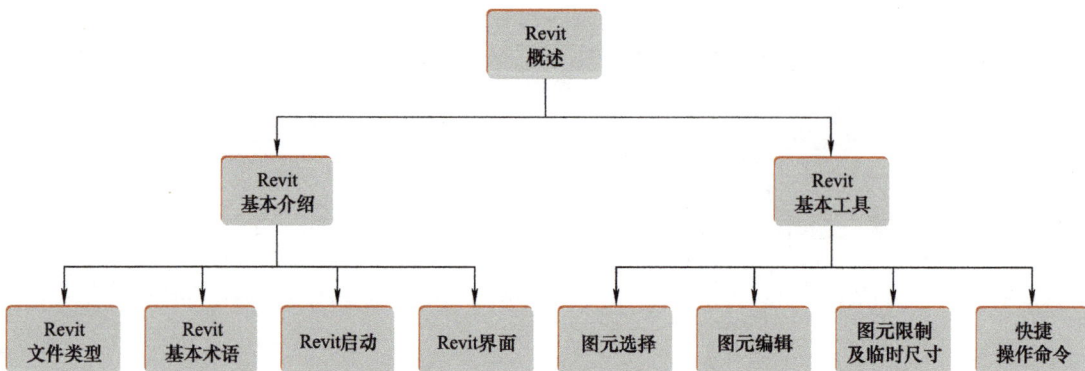

学习任务

1. 了解并掌握项目和项目样板的区别。
2. 掌握 Revit 启动方式和工作界面组成。
3. 掌握 Revit 基本工具。
4. 掌握链接、导入 CAD 文件的方法。

素养目标

1. 增强对软件功能的探索意识，主动尝试不同的操作方法和工具，以更好地理解 Revit 的强大功能和应用潜力。

2. 提高应变能力，能够在操作过程中灵活应对各种突发情况（如软件故障、数据丢失），能采取恰当的措施进行补救。

3. 提高对新技术、新工具的敏感度，及时了解 Revit 的更新和扩展功能。

2.1　Revit 基本介绍

📖 内容导学

Revit 是专为建筑行业开发的模型和信息管理平台，它支持建筑项目所需的模型、设计图纸和明细表，并可以在模型中记录材料的数量、材质、造价等工程信息。

在 Revit 项目中，所有的图纸、二维视图和三维视图以及明细表都是同一个基本建筑模型数据库的信息表现形式。Revit 的参数化修改引擎可自动协调在任何位置（模型视图、图纸、明细表、剖面和平面中）进行的修改。

> **小提示**：学习 Revit 最好的方法就是动手操作。

🖱 知识储备

一、Revit 的文件类型

Revit 有四种基本文件格式：项目样板文件（后缀名 .rte）、项目文件（后缀名 .rvt）、族样板文件（后缀名 .rft）、族文件（后缀名 .rfa）。

在 Revit 启动后，项目样板文件与项目文件对应的是"项目"区；族样板文件与族文件对应的是"族"区，如图 2.1-1 所示。

视频 2.1-1
项目和
项目样板

1. 项目样板文件（后缀名 .rte）

项目样板为新项目提供了起点，包括视图样板、已载入的族、已定义的设置（如单位、填充样式、线样式、线宽、视图比例等）。

使用默认的建筑样板创建新项目，则包含建筑专业所需的构件，如墙族的类型就较多一些，门窗族的类型也有一部分，但是机电专业所需的管件族、机械设备族，样板中则没有，需要后期载入。

Revit 中提供了若干样板，用于不同的规程和建筑项目类型，用户可以创建自定义样板以满足特定的需要。

图 2.1-1

2. 项目文件（后缀名 .rvt）

项目文件是 Revit 的主文件格式，包含了建筑的所有设计信息（从几何图形到构造数据），包括项目所有的建筑模型、注释、视图、图纸等项目内容。这些信息用于设计模型的构件、项目视图和设计图纸。通过使用项目文件，用户可以轻松地修改设计，还可以使修改反映在所有关联区域（如平面视图、立面视图、剖面视图、明细表等）中，仅需跟踪一个文件，方便了项目管理。

通常基于项目样板文件（后缀名 .rte）创建项目文件，编辑完成后保存为 .rvt 文件，作为设计所用的项目文件。

3. 族样板文件（后缀名 .rft）

族样板是创建族的起点，族样板中定义了族的类别，预设了创建该类别族时，所需要使用到的辅助构件、参数等，方便族的创建，例如，在"公制窗"族样板中，包含窗所基于的主体，剪切的洞口、相关宽度、高度参数等，如图 2.1-2 所示。

创建不同类别的族要选择不同的族样板文件。

图 2.1-2

比如创建一个门的族要使用"公制门"族样板文件，这个"公制门"的族样板文件是基于墙的，因为门构件必须安装在墙中。

再比如创建承台族要使用"公制结构基础"族样板文件，这个样板文件是基于结构标高的。

4. 族文件（后缀名 .rfa）

族是组成项目的基础，同时是参数信息的载体。在 Revit 软件中，所有构件图元均是族。

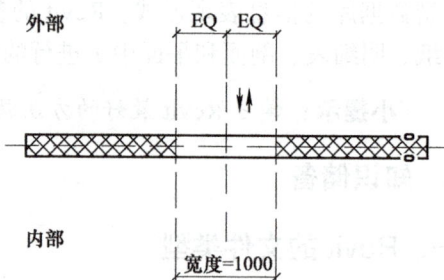

> **小提示：**项目文件类似于 CAD 中的 .dwg 文件，项目样板则类似于 CAD 当中的 .dwt 文件。
>
> 可以简单理解为项目是由项目样板建立的，项目样板是由族组成的。

注意：这四类文件不能通过更改后缀名来更改文件类型，要在理解文件具体类型的层面上通过相应操作来得到需要的文件。

5.支持的其他文件格式

在项目设计、管理时，用户经常会使用多种设计、管理工具来实现自己的意图，为了实现多软件环境的协同工作，Revit 提供了"导入""链接""导出"工具，可以支持 CAD、FBX、IFC、gbXML 等多种文件格式。用户可以根据需要进行有选择地导入和导出，如图 2.1-3 所示。

二、Revit 的基本术语

1.图元

Revit 的项目是由墙、门、窗、楼板、楼梯等一系列基本对象"堆积"而成的，这些基本的零件称为图元。除三维图元外，文字、尺寸标注等单个对象也称为图元。

在项目中有三种类型的图元：模型图元、基准图元和视图专有图元，如图 2.1-4 所示。每种类型图元之间各自独立又相互联系，形成整个 Revit 图元的技术体系。

1）模型图元表示建筑的实际三维几何图形。它们显示在模型的相关视图中。例如，墙、门窗和屋顶都是模型图元。

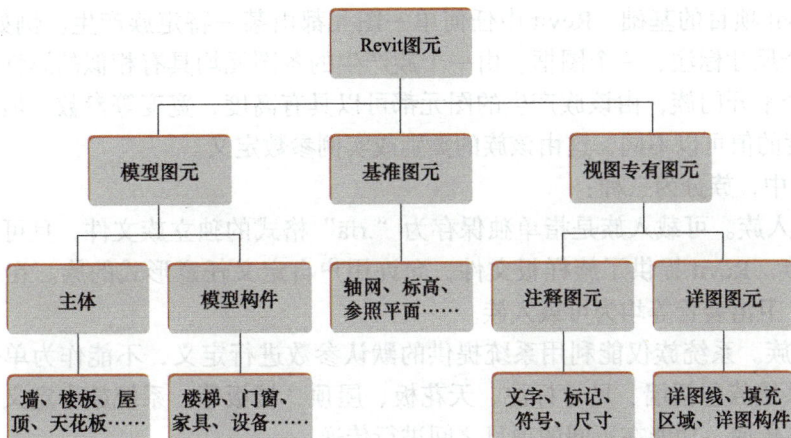

图　2.1-3

图 2.1-4

模型图元分为两种类型：

① 主体（或主体图元）通常在构造场地在位构建。例如，墙和楼板是主体。

小提示：主体图元都可以进行参数化设置，需要注意的是，这类图元的基本参数类型设置是软件系统预先设定的，用户不能自由删改，只能在原有参数类型基础上进行修改，生成新的主体类型。

② 模型构件是建筑模型中其他所有类别的图元。例如，窗、门和橱柜都是模型构件。

主体图元与模型构件图元两者之间是相互依附的关系，也可理解为父子隶属的关系。如门、窗依附在"墙"主体图元上，若删除墙，则墙上的"门"和"窗"会自动删除。门、窗图元是数据可自行制作的图元，可独立设置各种图元参数，以满足构件参数修改的需要。

2）基准图元是创建三维几何形体的空间关系基础，同时也是三维设计的参考基准面，可帮助定义项目的定位信息。例如，轴网、标高和参照平面都是基准图元。

3）视图专有图元只显示在放置这些图元的视图中。它们可帮助对模型进行描述或归档。例如尺寸、标记和详图构件都是视图专有图元。

视图专有图元分为两种类型：

① 注释图元是对模型信息进行提取并在图纸上以标记文字的方式显示其名称、特性。例如，尺寸、标记和符号都是注释图元。当模型发生变更时，这些注释图元将随模型的变化而自动更新。

② 详图图元是在特定视图中提供有关建筑模型详细信息的二维项，包括详图线、填充区域和详图构件。这类图元类似于 AutoCAD 中绘制的图块，不随模型的变化而自动变化。

> **小提示：** 注释图元用户可自行定制，以满足本地化设计应用的各种需要。Revit 中注释图元与标注、标记的对象之间具有特定的关联。如门、窗的定位尺寸标注，当修改门窗位置或门窗大小时，其尺寸标注会自动修改，墙的材质修改，墙的材质标记也会自动变化。

2. 族

族是 Revit 项目的基础。Revit 中任何单一图元都由某一特定族产生。例如，一扇门、一面墙、一个尺寸标注、一个图框。由一个族产生的各图元均具有相似的属性或参数。例如，对于一个平开门族，由该族产生的图元都可以具有高度、宽度等参数，但具体每个门的高度、宽度的值可以不同，这由该族的类别或实例参数定义。

在 Revit 中，族分为三种：

1）可载入族。可载入族是指单独保存为 ".rfa" 格式的独立族文件，且可以随时载入到项目中的族。Revit 提供了族样板文件，允许用户自定义任意形式的族。在 Revit 中门、窗、结构柱、卫浴装置等均为可载入族。

2）系统族。系统族仅能利用系统提供的默认参数进行定义，不能作为单个族文件载入或创建。系统族包括墙、尺寸标注、天花板、屋顶、楼板等。系统族中定义的族类型可以使用"项目传递"功能在不同的项目之间进行传递。

3）内建族。在项目中，由用户在项目中直接创建的族称为内建族。内建族仅能在本项目中使用，既不能保存为单独的 ".rfa" 格式的族文件，也不能通过"项目传递"功能将其传递给其他项目。

与其他族不同，内建族仅能包含一种类型。Revit 不允许用户通过复制内建族类型来创建新的族类型。

> **小提示：** 模块五中会对族进行详细阐述。

3. 类别、类型和实例

1）类别是以建筑构件性质为基础，对建筑模型进行归类的一组图元。

与 AutoCAD 不同，Revit 不提供图层的概念。Revit 中的轴网、墙、尺寸标注、文字注释等对象，以对象类别的方式进行自动归类和管理。例如，模型图元类别包括墙、楼梯、楼板等；注释图元类别包括门窗标记、尺寸标注、文字等。

在项目任意视图中通过按键盘默认快捷键〈VV〉，将打开"可见性 / 图形替换"对话框，如图 2.1-5 所示，在该对话框中可以查看 Revit 包含的详细类别名称。

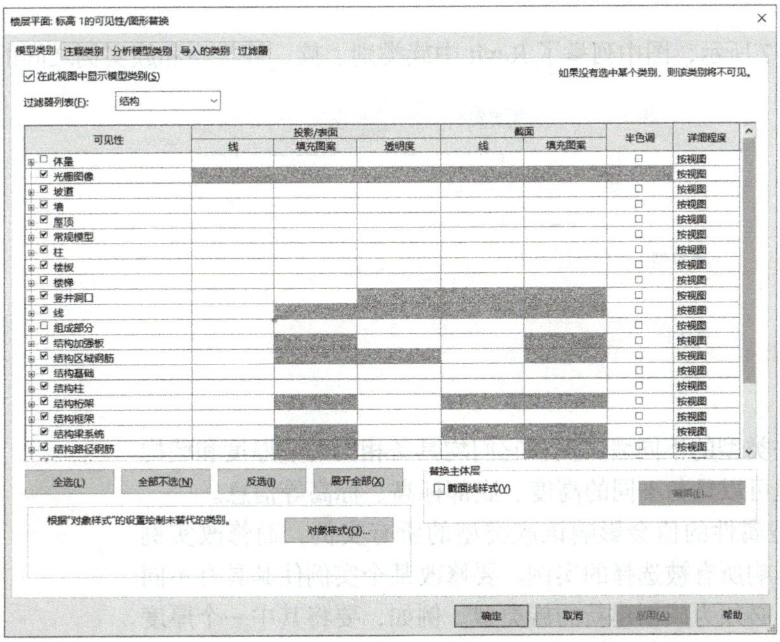

图　2.1-5

注意在 Revit 各类别对象中，还包含子类别定义，例如楼梯类别中，还可以包含踢面线、轮廓等子类别。Revit 通过控制对象中各子类别的可见性、线条、线宽等，控制三维模型对象在视图中的显示，以满足建筑出图的要求。

在创建各类对象时，Revit 会自动根据对象所使用的族将该图元自动归类到正确的对象类别当中，例如，放置门时，Revit 会自动将该图元归类于"门"，而不必像 AutoCAD 那样预先指定图层。

2）类型是指根据族具体的一类属性参数进行分类，可用于表示同一类族的不同参数值。这些参数属于"类型参数"，一旦对其值进行修改，此类型的实例，在当前项目中的所有构件会一并修改，若修改的实例，其参数定义的是"实例参数"，则不会影响同类型的其他实例。单击项目浏览器中展开的"墙"系统族，可以看到该系统族包含了不同的类型，如图 2.1-6 所示。

图　2.1-6

3）实例。除内建族外，每一个族包含一个或多个不同的类型，用于定义不同的对象特性。例如，对于墙来说，可以通过创建不同的族类型，定义不同的墙厚和墙构造。每个放置在项目中的实际墙图元，称为该类型的一个实例。因此，每个放置在项目中的族类别（图元）都是实例，每个实例在项目中可以任意放置，而每放置一处就是该类型的一个实例。

Revit 通过类型属性参数和实例属性参数控制图元的类别或实例参数特征。同一类型的所有实例均具备相同的类型属性参数，而同一类型的不同实例，可以具备完全不同的实例参数。

如图 2.1-7 所示，图中列举了 Revit 中族类别、族、族类型和族实例之间的相互关系。

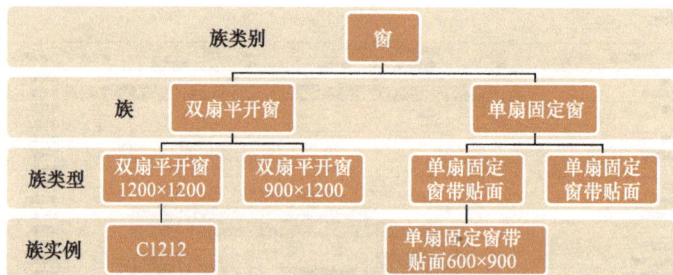

图　2.1-7

对于同一类型的不同墙实例，它们均具备相同的墙厚度和墙构造的定义，但可以具备不同的高度、底部标高、标高等信息。

修改类型属性的值会影响该族类型的所有实例，而修改实例属性时，仅影响所有被选择的实例。要修改某个实例使其具有不同的类型定义，必须为族创建新的族类型。例如，要将其中一个厚度 240mm 的墙图元修改为 300mm 厚的墙，必须为墙创建新的族类型，以便于在类型属性中定义墙的厚度。

4. 各术语间的关系

在 Revit 中，各类术语间的关系如图 2.1-8 所示。

图　2.1-8

> **小提示**：Revit 的项目由无数个不同的族实例（图元）相互堆砌而成，而 Revit 通过族和族类型来管理这些实例，用于控制和区分不同的实例。在项目中，Revit 通过对象类别来管理这些族。因此，当某一类别在项目中设置为不可见时，隶属于该类别的所有图元均不可见。

技能实战

由于建筑样板即可满足初级建模工程师的日常工作需求，以下均以建筑样板新建项目进行演示。

一、Revit 的启动

Revit 是标准的 Windows 应用程序，可以像其他 Windows 软件一样通过双击快捷方式启动 Revit 主程序。

视频 2.1-2
Revit 界面
介绍

启动后，默认会显示"最近使用的文件"界面，如图 2.1-9 所示。初始界面主要包括项目选项，族和体量选项，资源文件选项，以及最近使用过的文件。

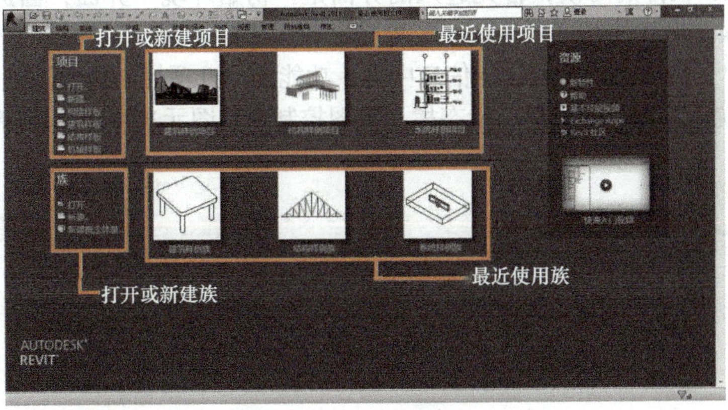

图　2.1-9

如果在启动 Revit 时，不希望显示"最近使用的文件"界面，可以按以下步骤来设置。

1）启动 Revit，单击左上角"应用程序菜单"按钮，在菜单中单击位于右下角的"选项"按钮，选择"用户界面"选项，如图 2.1-10 所示。

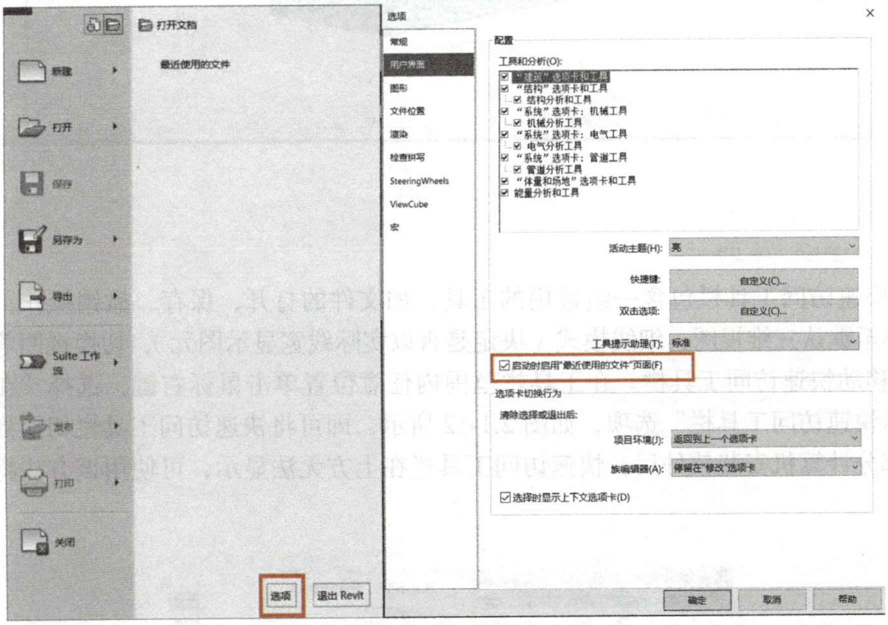

图　2.1-10

2）在"选项"对话框中的"用户界面"选项中，清除"启动时启用'最近使用的文件'页面"复选框，设置完成后单击"确定"按钮，退出"选项"对话框。

3）单击"应用程序菜单"按钮，在菜单中选择"退出 Revit"，关闭 Revit，再次启动 Revit，此时将不再显示"最近使用的文件"界面，仅显示空白界面。

4）使用相同的方法，勾选"选项"对话框中"启动时启用'最近使用的文件'页面"复选框并单击"确定"按钮，将重新启用"最近使用的文件"界面。

二、Revit 的界面

当打开 Revit 软件的时候，首先进入的界面是"初始环境"界面，当进入到项目、族或者体量的时候，出现的是"项目环境"界面，如图 2.1-11 所示。项目的环境界面主要包括应用程序菜单、快速访问工具栏、信息中心、功能区、选项栏、属性选项卡、绘图区域、ViewCube、导航盘、项目浏览器、状态栏、视图控制栏、图元选择控制栏等分区。

图   2.1-11

1. 快速访问工具栏

1）快速访问工具栏包含一组常用的工具，如文件的打开、保存，撤销操作，注释图元，切换至默认三维视图，细线模式（决定是否以实际线宽显示图元），切换视图等。

2）移动快速访问工具栏。在工具栏范围内任意位置单击鼠标右键，选择"在功能区下方显示快速访问工具栏"选项，如图 2.1-12 所示，即可将快速访问工具栏切换到功能区下方。部分计算机安装软件后，快速访问工具栏在上方无法显示，可使用该方法将其移动到下方。

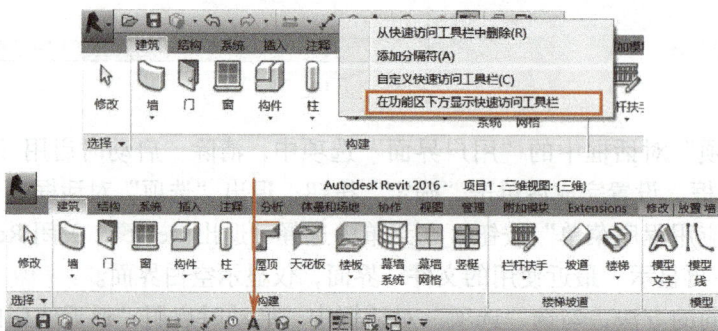

图   2.1-12

2. 应用程序菜单

应用程序菜单提供了基本的文件操作命令，包括新建文件、保存文件、导出文件、发布文件等。

单击左上角"应用程序菜单"按钮 ，在展开的下拉列表中单击右下角"选项"按钮，弹出"选项"对话框。该对话框包括常规、用户界面、图形、文件位置、渲染、检查拼写、SteeringWheels（导航盘）、ViewCube（视图立方）、宏共九个对整个 Revit 软件进行设置的选项卡，如图 2.1-13 所示，可以对 Revit 操作条件进行设置。

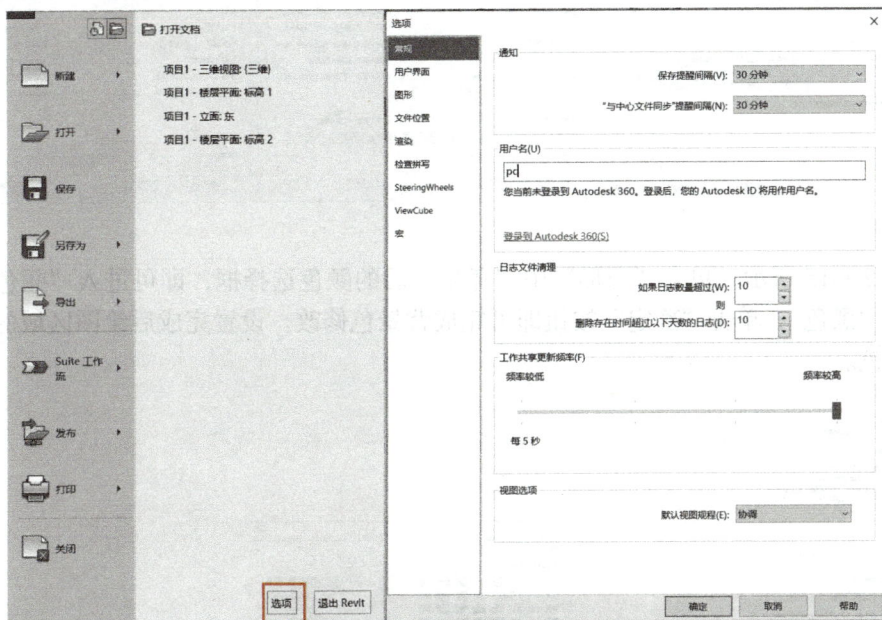

图　2.1-13

Revit 常用的操作如下：

1）快捷键自定义。可通过快捷键自定义功能，为 Revit 命令添加自定义快捷键，形成操作习惯，以提高工作效率。

例如，建模时切换至"三维视图"的频率比较高，每次到项目浏览器中寻找该视图切换较为麻烦，便可以在此处进行快捷键设置：在"快捷键"对话框中，搜索需要添加快捷键命令的关键字"三维"，之后选定所要添加快捷键的命令，在下方"按新键"中输入"3D"，单击后方"指定"按钮，便会在上方快捷方式中显示已指定的快捷键，单击"确定"按钮完成设置，如图 2.1-14 所示。

之后回到应用程序菜单，单击"确定"按钮完成选项修改。之后在非默认三维视图中直接输入"3D"，即可快速切换至"三维视图"。

> **小提示：** 在选项中进行修改后，都需要单击"确定"按钮保存修改。

2）背景色设置。可通过背景色的修改来调整绘图区域的背景颜色。初级建模工程师一般使用白色即可满足建模需求；对于中级机电应用工程师来说，由于管线较多、颜色较为复杂，为了更好地辨识管线位置，可使用黑色背景；其他专业可根据需求自定义背景颜色。

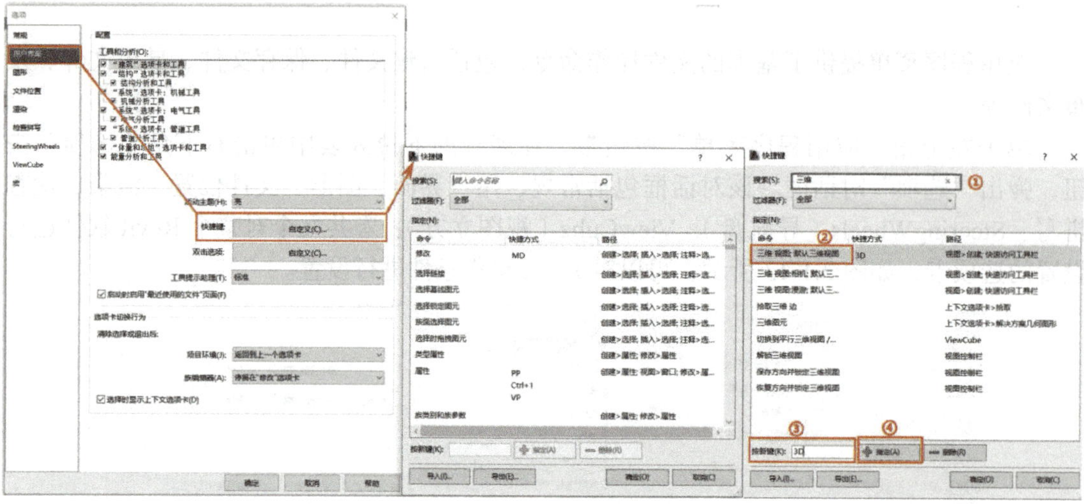

图　2.1-14

如图 2.1-15 所示，单击"图形"中"背景"后的颜色选择框，即可进入"颜色"对话框，选择"黑色"，单击"确定"按钮即可完成背景色修改。设置完成后绘图区域的背景便会变成黑色。

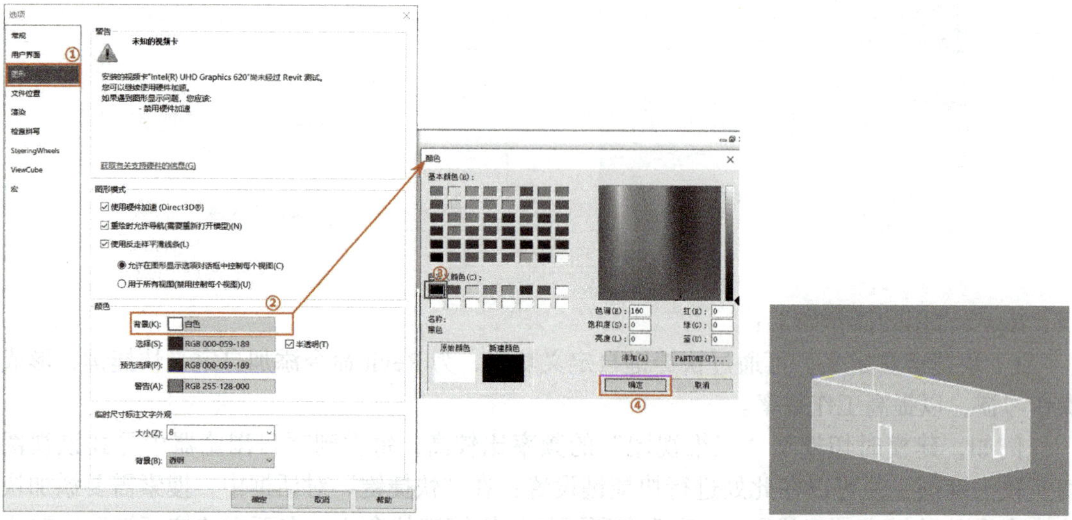

图　2.1-15

3）文件位置。它主要用于添加项目样板文件至启动界面，改变用户文件默认位置，如图 2.1-16 所示。

①启动界面的样板位置调整。通过"↑E""↓E""+""−"命令对样板文件的显示进行上、下移动或添加、删除，如图 2.1-17 所示，可将经常使用的建筑样板放至第一位。单击"建筑样板"按钮，使用"↑E"，将建筑样板的位置向上调整。之后再启动界面，即可看到调整后的显示状态。

②样板文件默认路径。软件安装后，若启动界面没有默认样板，检查图 2.1-17 所示路径中是否有样板，若有可直接使用"+"命令添加；若没有，可以从其他计算机相应路径下复制至该目录下再进行添加。

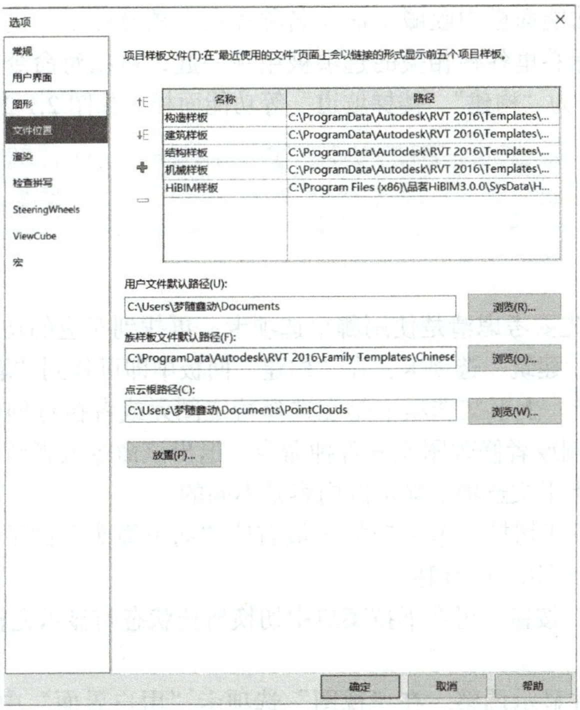

图 2.1-16

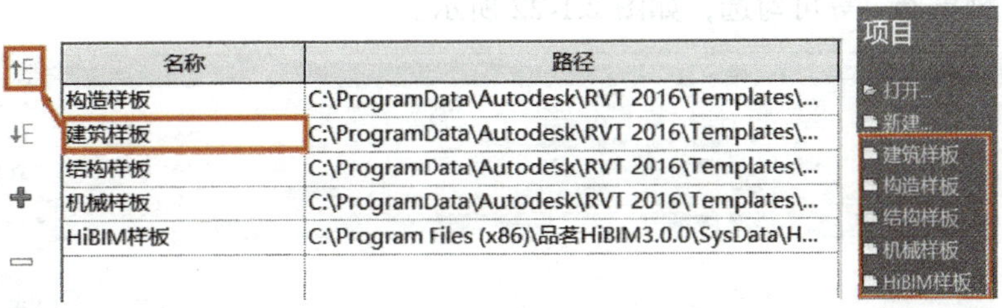

图 2.1-17

③ 修改文件默认位置。此处可根据自身需求更改用户文件默认路径，方便文件查找，如图 2.1-18 所示。

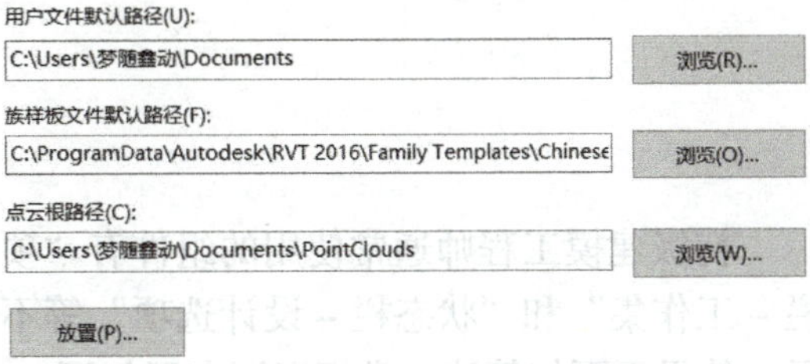

3. 功能区

1）选项卡。选项卡在命令组织中是最高级的形式，根据各命令的共通之处将其整合成组，方便用户根据其相关特性寻找命令。例如，按照专业将其分为"建筑"选项卡、"结构"选项卡等，如图 2.1-19 所示。

图 2.1-18

图 2.1-19

2）功能面板。功能面板中收藏了命令名称和命令预览图示，进一步把命令组织成一组"标签"，在每个标签里各种相关的选项被组在一起，可以对命令效果进行预览。例如"建筑"选项卡下又分为"构建""楼梯坡道"等功能面板，如图 2.1-20 所示。

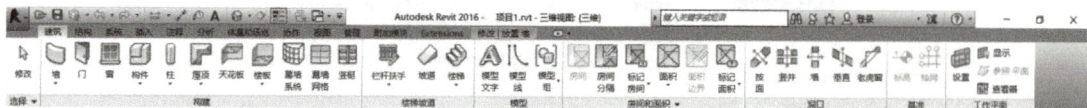

图　2.1-20

命令的查找，首先要考虑清楚使用哪个选项卡，再找到对应的功能面板。例如，创建建筑墙，需要先打开"建筑"选项卡，在"构建"面板中即可找到"墙"命令。

3）上下文选项卡。上下文选项卡是在选择特定图元或者执行创建图元命令时才会出现的选项卡，包含绘制或者修改图元的各种命令。退出该命令或者清除选择时，该选项卡将关闭。不同命令的上下文选项卡显示的内容是不同的。

4）功能区显示模式切换。单击功能区最右侧"向下箭头"的下拉菜单，如图 2.1-21 所示，可在三种显示状态中进行切换。

单击"向上箭头"按钮，可在下拉菜单中切换所选状态与显示完整功能区两种状态。

5）用户界面组件显示调整。在"视图"选项卡"用户界面"中，可通过勾选复选按钮控制用户界面组件的显示，如经常使用的"属性"面板、"项目浏览器"等可勾选，如图 2.1-22 所示。

图　2.1-21

图　2.1-22

初级建模工程师通常使用的组件有"项目浏览器""属性"以及"状态栏"，而"状态栏 – 工作集"和"状态栏 – 设计选项"等不常使用，用户可以根据实际需求调整组件的显示，使界面更加简洁。常规视图布置如图 2.1-23 所示。

4. 选项栏

选项栏位于功能区下方，用于修改所选命令的相关参数，其内容因当前命令或所选图元而异。在选项栏里设置参数时，下一次使用命令会直接采用修改后的参数。

单击"建筑"选项卡下"墙"按钮，在选项卡末尾会出现"修改 | 放置 墙"上下文选项卡。功能区下方会出现"选项栏"，在"选项栏"中可修改与墙体相关的参数，比如墙体高度、定位线等，如图 2.1-24 所示。

图 2.1-23

图 2.1-24

5. 属性选项卡

属性选项卡主要用于查看和修改 Revit 中图元属性的参数，如图 2.1-25 所示，属性选项卡由 4 部分组成：类型选择器、属性过滤器、编辑类型和实例属性。

1）属性选项卡的开启与关闭。

方法一：直接单击属性选项卡右上方"关闭"按钮关闭。

方法二：在"视图"选项卡下"用户界面"中，取消勾选"属性"复选框进行关闭，勾选进行开启。

方法三：使用软件默认快捷键〈PP〉、〈Ctrl+1〉或〈VP〉直接关闭或开启。

2）移动属性选项卡。鼠标指针放在属性选项卡上方，长按鼠标左键即可拖动其位置。若需要将属性面板停靠在工作界面边界处，只需将鼠标指针移动到软件界面边界，边界处显示蓝色时，松开鼠标即可。

3）类型选择器。类型选择器标识当前选择的族类型，并提供一个可从中选择其他类型

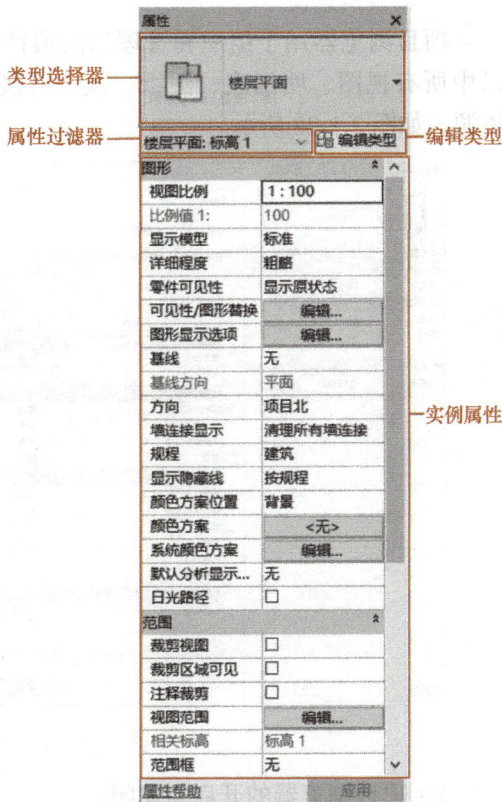

视频 2.1-3
属性选项卡

图 2.1-25

的下拉列表。如图 2.1-26 所示，单击"墙"按钮，在类型选择器中单击下拉菜单，会显示所选样板中所有墙类型，可根据需要进行选择。

4）属性过滤器。该过滤器用来显示绘图区域中所选图元的类别和数量。当选择了多个类别时，使用过滤器的下拉列表可以查看特定类别或视图本身的属性。

5）实例属性和类型属性。实例属性：当前视图属性或所选图元的实例参数，修改实例属性的值只影响选择的图元。类型属性：当前视图属性或所选图元的类型参数，修改类型属性会影响所有同一类型的图元。

如图 2.1-27 所示，选择图元，"属性"选项卡下方即为实例属性，"编辑类型"中即为该窗的类型属性。

在选中单个图元或者一类图元时，在实例属性中可以查看和修改选定图元的实例参数。单击"编辑类型"，打开"类型属性"对话框即可查看和修改图元或视图的类型参数。

实例参数只影响单个图元，若对其进行修改，则属于该类型的已创建未选中图元不受影响。

类型参数影响图元整个类型，若对其进行修改，则属于该类型的图元不管是否已经创建，都会受到影响。

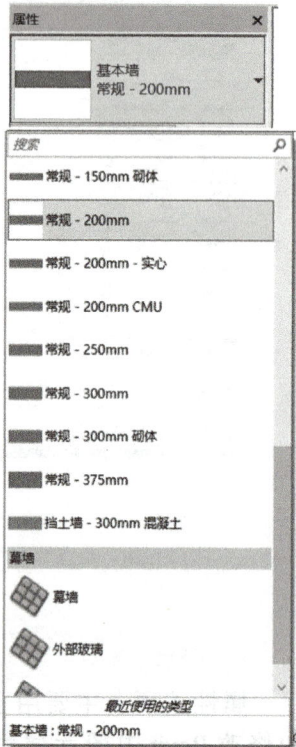

图　2.1-26

6. 项目浏览器

项目浏览器用于组织和管理当前项目中所有信息，包括项目中所有视图、明细表、图纸、族、链接的 Revit 模型等项目资源，如图 2.1-28 所示。

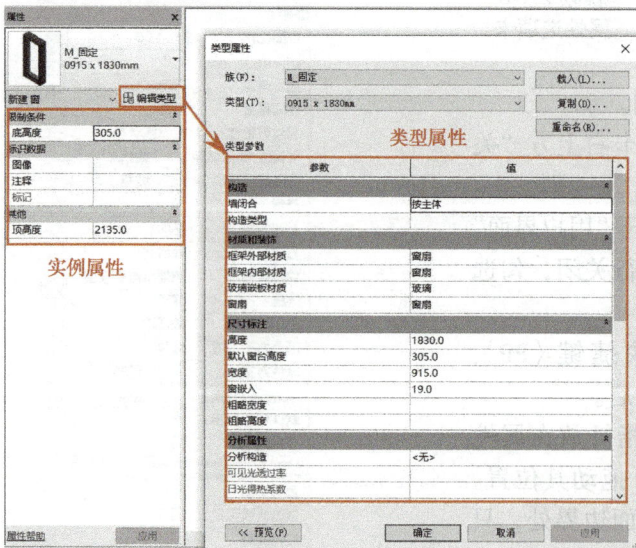

图　2.1-27

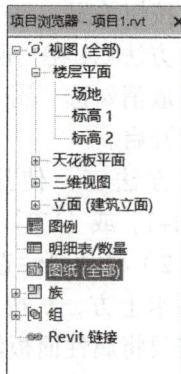

图　2.1-28

1）项目浏览器的开启与关闭。

方法一：直接单击项目浏览器右上方"关闭"按钮关闭。

方法二：在"视图"选项卡下"用户界面"中，取消勾选"项目浏览器"复选框关闭，勾选开启。

2）移动项目浏览器。鼠标指针放在项目浏览器上方，长按鼠标左键即可拖动其位置。若需要将项目浏览器停靠在工作界面边界处，只需将鼠标指针移动到软件界面边界，边界处显示蓝色时，松开鼠标即可。

3）项目浏览器的结构。项目浏览器呈树状结构，各层级可展开和折叠。使用项目浏览器，双击对应的视图名称，可以方便地在各视图中进行切换。

如图 2.1-29 所示，在项目浏览器中单击"立面"前的"+"按钮，展开立面视图列表，双击"南"，切换到"南"立面视图，同时在项目浏览器中，"南"将以粗体显示，以表示当前所处界面。

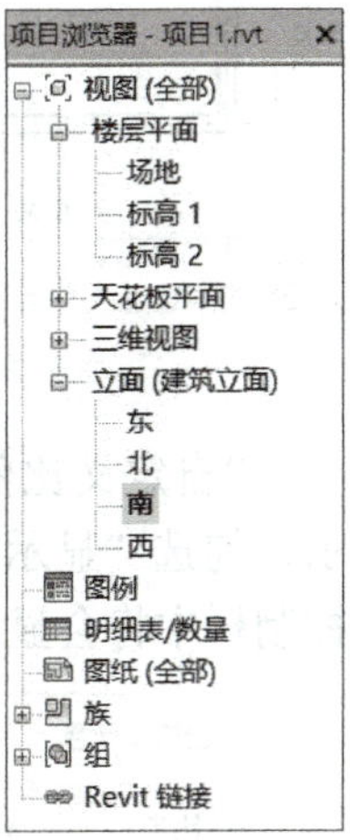

7. 视图控制栏

视图控制栏位于 Revit 窗口底部、状态栏上方，可以快速访问影响当前绘图区域的功能。不同类型的视图，命令的显示不尽相同，三维视图中的命令最为全面，见表 2.1-1。

视频 2.1-4
视图控制

图　2.1-29

表 2.1-1　视图控制栏命令

命令	名称
1：100	视图比例
▨	详细程度
⬚	视觉样式
☼× / ☼	打开 / 关闭日光路径
◖× / ◖	打开 / 关闭阴影
▱	裁剪视图
▱ / ▱	显示 / 隐藏裁剪区域
∿	临时隐藏 / 隔离
♀	显示隐藏的图元
▱	临时视图属性
▱	隐藏分析模型
▱	显示约束

视图控制栏中常用的命令如下：

1）视图比例。视图比例是在图纸中用于表示对象的比例系统，可为项目中的每个视图指定不同的比例，也可以创建自定义的视图比例。

如图 2.1-30 所示，视图比例的修改不影响模型的实际大小，修改比例只影响了标注的比例和填充图案的比例，标注和填充图案就属于表示对象。

在视图控制栏单击"视图比例"按钮，并单击"自定义 ..."按钮，弹出"自定义比例"对话框，如图 2.1-31 所示，在其中输入比率值，如"1：30"，单击"确定"即可修改当前视图比例为 1：30。自定义视图仅能应用于当前所修改视图，不能应用于该项目中的其他视图。

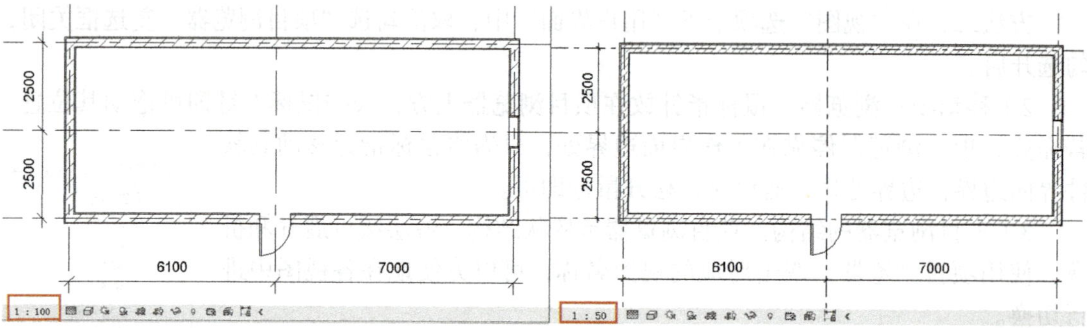

图 2.1-30

"自定义比例"对话框中"显示名称"可自定义当前视图比例的名称。如图 2.1-31 所示，勾选"显示名称"前方的复选框后，在后方输入名称，单击"确定"完成修改。视图控制栏中将会显示定义的名称，若不勾选，则按实际值显示。

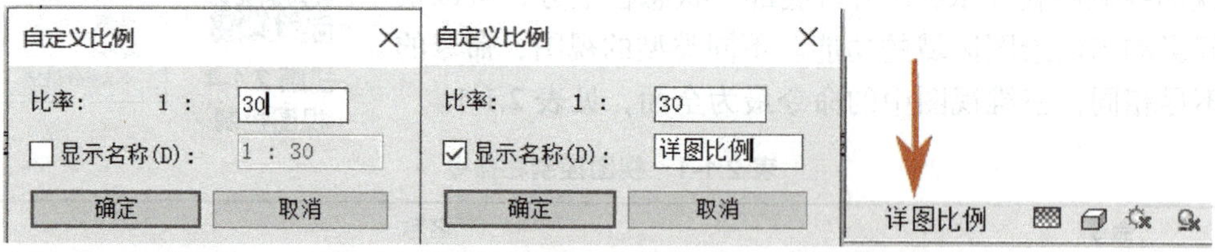

图 2.1-31

2）详细程度 ▨ 。通过定义详细程度，影响几何图形的显示。详细程度分为粗略、中等和精细。

例如门族，在不同的视图详细程度下，门显示出构件的内容有所不同。

3）视觉样式 ▱ 。视觉样式为项目视图指定许多不同的图形显示效果，常用的样式可分为线框、隐藏线、着色、一致的颜色、真实和光线追踪。可以根据需要，选择合适的显示效果。以"基本墙常规 –200mm"为例介绍视觉样式，见表 2.1-2。

表 2.1-2 视觉样式

视觉样式	显示	图像
线框	显示绘制了边和线而未绘制表面的模型图像。该样式会显示所有的边线，无法体现正常的遮挡关系	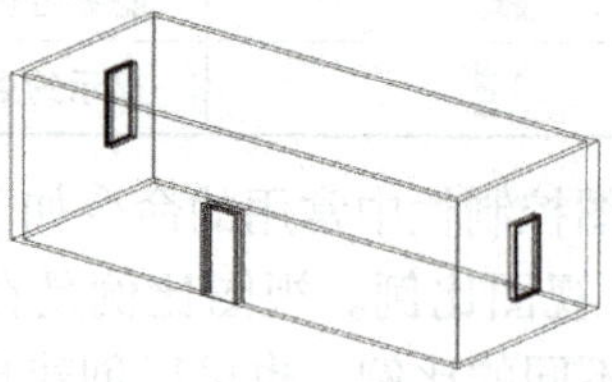
隐藏线	显示除被表面遮挡部分以外的边和线的图像。该样式会以正常的遮挡关系显示边线，被遮挡处不会显示	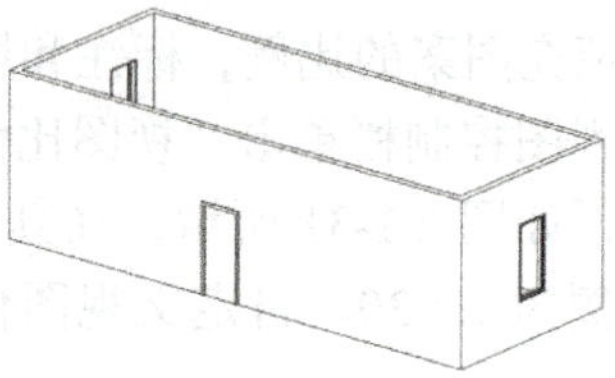

（续）

视觉样式	显示	图像
着色	显示处于着色模式下的图像，而且具有显示间接光及其阴影的选项。该显示样式通过材质中图形设置来控制	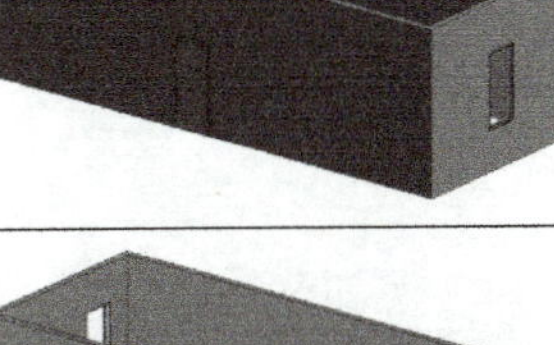
一致的颜色	所有表面都按照材质颜色设置进行着色的图像显示，不体现间接光及阴影，无论以何种方式将其定向到光源，材质始终以相同的颜色显示	
真实	模型视图中即时显示真实材质外观。应用阴影和深度设置后，可以旋转模型以显示其表面，就像它们在不同的照明情况下出现时一样。该显示样式通过材质中外观设置来控制	
光线追踪	光线追踪是一种照片真实感渲染模式，该模式允许平移和缩放模型。在使用该视觉样式时，模型的渲染在开始时分辨率较低，但会迅速增加保真度，从而看起来更具有照片级的真实感	

4）临时隐藏 / 隔离 。"隐藏"命令可在视图中隐藏所选图元或类别，"隔离"命令可在视图中显示所选图元或类别并隐藏所有其他图元或类别。该命令只会影响绘图区域中的活动视图。当关闭临时隐藏时，图元的可见性将恢复到初始状态，且不影响打印。

在绘图区域中，选择一个或多个图元（以窗为例），如图 2.1-32 所示，在视图控制栏中，单击"临时隐藏 / 隔离" 按钮，然后选择下列选项之一。

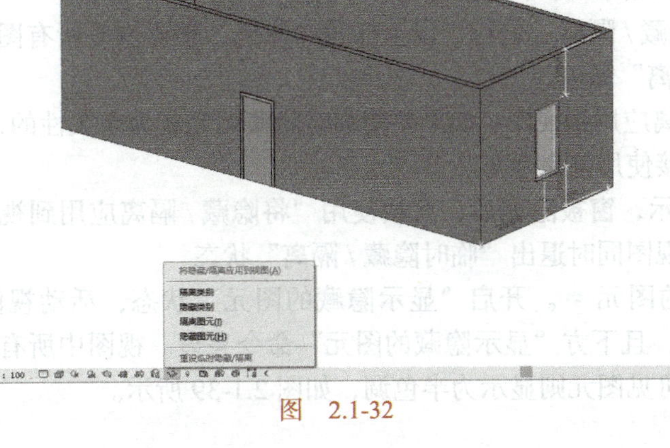

图　2.1-32

① 隔离类别：显示视图中所选实例的所属类别，其余构件被隐藏，如图 2.1-33 所示，使用"隔离类别"命令，则除窗以外，其余构件均被隐藏。

② 隐藏类别：隐藏视图中所选实例的所属类别，显示未选构件，如图 2.1-34 所示，使用"隐藏类别"命令，则窗全部被隐藏，其余构件均显示。

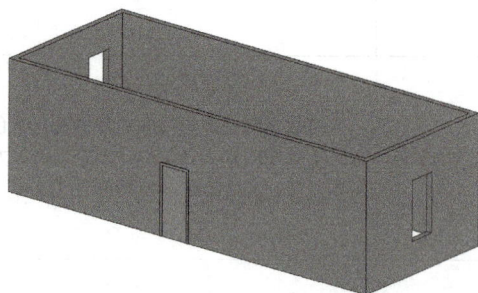

图　2.1-33　　　　　　　　　　　　　　　　　图　2.1-34

③ 隔离图元：显示视图中所选实例，其余构件被隐藏。如图 2.1-35 所示，使用"隔离图元"命令，则视图中仅显示所选窗。

④ 隐藏图元：在视图中隐藏所选实例，其余构件均显示。如图 2.1-36 所示，选中一扇窗，使用"隐藏图元"命令，则视图中仅隐藏所选窗。

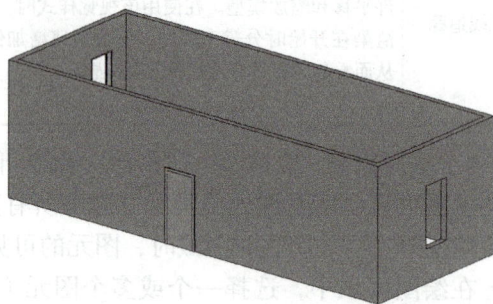

图　2.1-35　　　　　　　　　　　　　　　　　图　2.1-36

以上操作执行后，活动视图将如图 2.1-37 所示，显示蓝色边框及"临时隐藏 / 隔离"，且下方"临时隐藏 / 隔离"命令亮显。

⑤ 重设临时隐藏 / 隔离：进行了以上任意操作后，想要恢复所有图元到视图中，使用"重设临时隐藏 / 隔离"即可。

⑥ 将隐藏 / 隔离应用到视图：如果要使临时隐藏图元成为永久性的，则在"临时隐藏 / 隔离"的状态下直接使用该命令。

如图 2.1-38 所示，窗被隐藏后，直接使用"将隐藏 / 隔离应用到视图"命令，构件将被永久隐藏，活动视图同时退出"临时隐藏 / 隔离"状态。

5）显示隐藏的图元　。开启"显示隐藏的图元"状态，活动视图显示红色边框及"显示隐藏的图元"，且下方"显示隐藏的图元"命令亮显。视图中所有被永久隐藏的图元都以红色显示，而可见图元则显示为半色调，如图 2.1-39 所示。

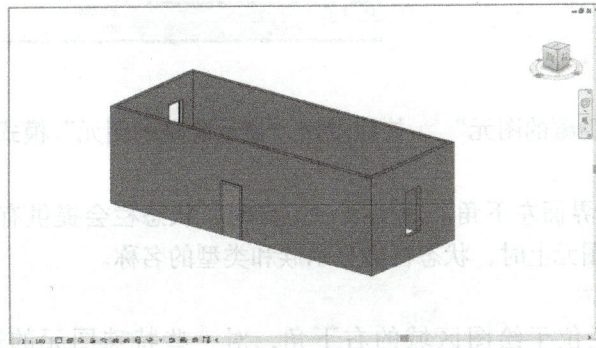

图　2.1-37

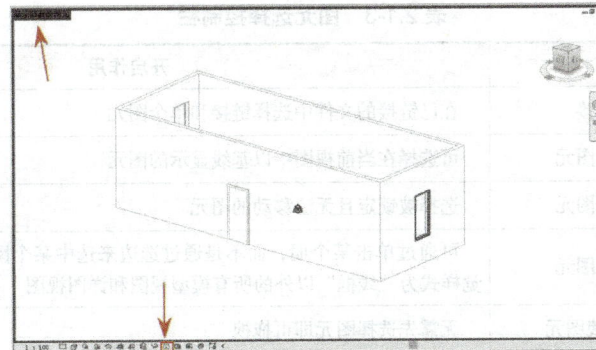

图　2.1-38

图　2.1-39

要显示永久隐藏的图元，有两种方法。

方法一：选择要取消"永久隐藏"状态的图元，之后在功能区选择"取消隐藏图元 / 类别"即可，如图 2.1-40 所示。

方法二：在图元上单击鼠标右键，然后单击"取消在视图中隐藏"选"图元"或"类别"按钮即可，如图 2.1-41 所示。

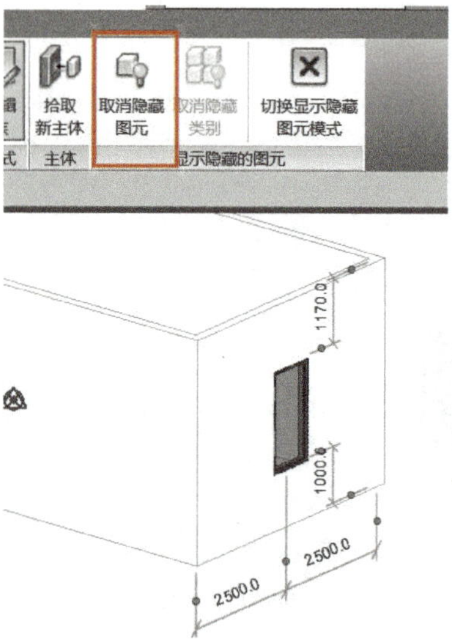

图　2.1-40

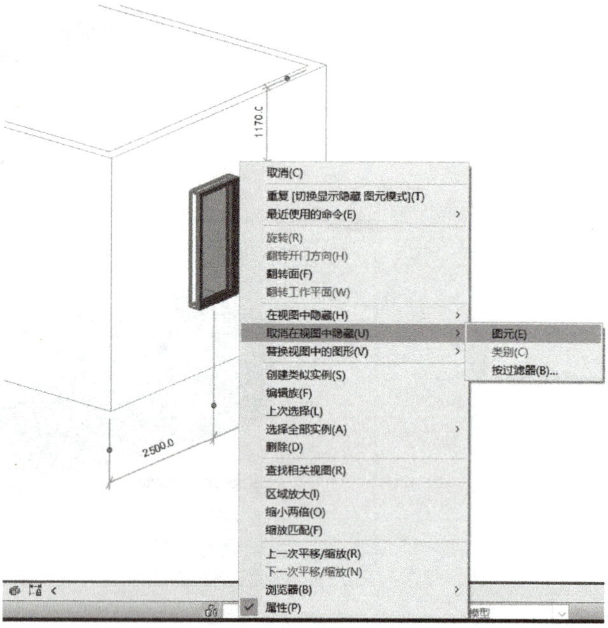

图　2.1-41

之后单击"显示隐藏的图元" 按钮退出"显示隐藏的图元"模式。

8. 状态栏

状态栏位于程序界面左下角。使用某一工具时，状态栏会提供有关要执行的操作提示。鼠标指针放置在图元上时，状态栏会显示族和类型的名称。

9. 图元选择控制栏

图元选择控制栏位于绘图区域的右下角，对一些特殊图元的选择进行控制，见表 2.1-3。

表 2.1-3　图元选择控制栏

图标	名称	开启作用
	选择链接	在已链接的文件中选择链接和单个图元
	选择基线图元	可选择在当前视图中以基线显示的图元
	选择锁定图元	选择被锁定且无法移动的图元
	按面选择图元	可通过单击某个面，而不是通过边来选中某个图元。此选项适用于除视觉样式为"线框"以外的所有模型视图和详图视图
	选择时拖拽图元	无需先选择图元即可拖拽
:0	过滤器	当在视图中选择图元时，过滤器会显示选中图元的个数

也可以在功能区的"选择"面板下拉列表中控制图元选择基本命令的开启 / 关闭状态，如图 2.1-42 所示。

10. ViewCube

视频 2.1-5
视图浏览

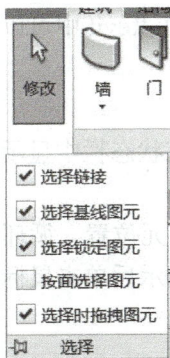

ViewCube 是一个三维导航工具，主要包括主视图、ViewCube、指南针以及关联菜单四个部分。ViewCube 可指示模型的当前方向，并让用户调整视点。

主视图是随模型一同存储的特殊视图，可以方便地返回已知视图或熟悉的视图，用户可以将模型的任何视图定义为主视图。

图 2.1-42

图 2.1-43

点击小房子的图标可以切换到主视图的界面，也可以在 ViewCube 上单击鼠标右键，在弹出的快捷菜单中选择"将当前视图设定为主视图"命令。

在 ViewCube 上单击鼠标右键，在弹出的快捷菜单中选择"定向到视图"、"楼层平面"，可以切换到楼层平面的剖面状态，该功能就是属性面板中的"剖面框"功能。勾选"剖面框"的复选框，出现小箭头，通过拖拽小箭头，就可以实现对模型的剖切。如果想要取消，可以取消勾选属性面板中的"剖面框"。

点击 ViewCube 小立方体，可以实现视图的切换。比如单击"前"，就会切换到前立面，单击立方体旁边的小三角，就会切换到模型邻近的立面，也可以通过单击角点，切换到不同的轴测图。可以通过单击右上角的弧形箭头，切换到邻近的视图截面。

也可以在小立方体上按住鼠标左键，通过移动鼠标，来实现动态查看模型。

ViewCube 小立方体下面的圆环是指北针，通过指北针能够查看模型所处的方位，比如单击"上"，切换到俯视图，就能够很清晰地看到建筑的朝向。

11. 导航盘

导航盘主要包括视图控制盘，区域缩放和控制栏选项三个部分。

另外通过键盘及鼠标也可以查看视图，这在 Revit 使用过程中，应用是比较多的，主要包括：

按住〈Shift〉+ 鼠标滚轮实现视图旋转；通过鼠标滚轮滚动实现视图缩放；通过双击鼠标滚轮回到主视图；按住鼠标滚轮实现视图平移；按住〈ctrl〉+ 鼠标滚轮实现视图缩放。

2.2 Revit 基本工具（图元基本操作）

📖 内容导学

由于建筑样板即可满足初级建模工程师的日常工作需求，以下均以建筑样板新建项目进行演示。

🖱 技能实战

一、图元选择

在 Revit 中，要对图元进行修改和编辑，必须选择图元。在 Revit 中可以使用三种方式进行图元的选择，即单击选择、框选、特性选择。

1. 单击选择

移动鼠标指针至任意图元上，Revit 将高亮显示该图元并在状态栏中显示有关该图元的信息，单击鼠标左键将选择被高亮显示的图元。

在选择时如果多个图元彼此重叠，可以移动鼠标指针至图元位置，循环按键盘〈Tab〉键，Revit 将循环高亮预览显示各图元，当要选择的图元高亮显示后单击鼠标左键将选择该图元。

> **小提示**：按〈Shift+Tab〉键可以按相反顺序循环切换图元。

如图 2.2-1 所示，要选择多个图元，可以按住键盘〈Ctrl〉键后，再次单击要添加到选择集中的图元；如果按住键盘〈Shift〉键单击已选择的图元，将从选择集中取消该图元的选择。

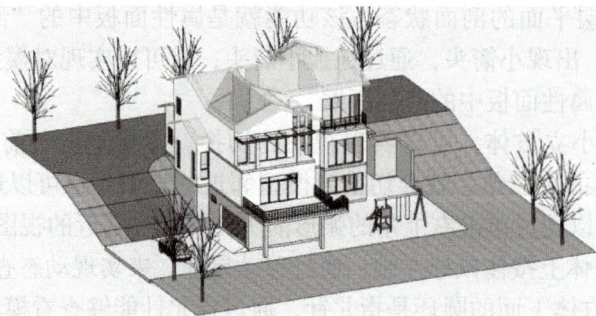

图 2.2-1

Revit 中，当选择多个图元时，可以将当前选择的图元选择集进行保存，如图 2.2-2 所示，保存后的选择集可以随时被调用，选择多个图元后，单击相应上下文选项卡"选择"面板中的"保存" 保存 按钮，即可弹出"保存选择"对话框，输入选择集的名称，即可保存该选择集。

图 2.2-2

要调用已保存的选择集，单击"管理"选项卡，"选择"面板中的"载入" 载入 按钮，将弹出"恢复过滤器"对话框，在列表中选择已保存的选择集名称即可。

2. 框选

将鼠标指针放在要选择的图元一侧，并对角拖拽鼠标指针以形成矩形边界，可以绘制选择范围框。当从左到右拖拽鼠标指针绘制范围框时，将生成"实线范围框"，被实线范围框全部包围的图元才能选中；当从右到左拖拽鼠标指针绘制范围框时，将生成"虚线范围框"，所有被完全包围或与范围框边界相交的图元均可被选中。

选择多个图元时，选择上下文选项卡"选择"面板中的"过滤器" 过滤器 按钮，能查看图元种类；或者在过滤器中，取消部分图元的选择。

3. 特性选择

鼠标左键单击图元，选中后高亮显示；再在图元上单击鼠标右键，用"选择全部实例"工具，在项目或视图中选择某一图元或族类型的所有实例。对于公共端点的图元，在连接的构件上单击鼠标右键，然后单击"选择连接的图元"，能把这些同端点连接图元一起选中。

二、图元编辑

如图 2.2-3 所示，在"修改"面板中，Revit 提供了"修改""移动""复制""旋转""镜像"等命令，利用这些命令可以对图元进行编辑和修改操作。

1. 移动 ✛

"移动"命令能将一个或多个图元从一个位置移动到另一个位置。移动的时候，可以选择图元上某点或某条线来移动，也可以在空白处随意移动。

"移动"命令的默认快捷键为〈MV〉。

2. 复制 ✎

"复制"命令可复制一个或多个选定图元，并生成副本。点击图元，复制时，选项栏如图 2.2-4 所示。可以通过勾选"多个"选项进而实现连续复制图元。

"复制"命令的默认快捷键为〈CO〉。

視頻 2.2-1
使用修改工具

視頻 2.2-2
链接与导入

图　2.2-3

图　2.2-4

修改｜墙　□约束　□分开　□多个

3. 阵列 ▦

"阵列"命令用于创建一个或多个相同图元的线性阵列或半径阵列。在族中使用"阵列"命令，可以方便地控制阵列图元的数量和间距，如百叶窗的百叶数量和间距。阵列后的图元会自动成组，如果要修改阵列后的图元，需进入编辑组命令，然后才能对成组图元进行修改。

"阵列"命令的默认快捷键为〈AR〉。

4. 对齐

"对齐"命令将一个或多个图元与选定位置对齐。使用"对齐"命令时，要求先单击选择对齐的目标位置，再单击选择要移动的对象图元，让选择的对象自动对齐至目标位置。"对齐"命令可以以任意的图元或参照平面为目标，比如在选择墙对象图元时，还可以在选项栏中指定首选的参照墙的位置；要将多个对象对齐至目标位置，勾选选项栏中"多重对齐"选项即可。

"对齐"命令的默认快捷键为〈AL〉。

5. 旋转

"旋转"命令可使图元绕指定轴旋转。默认旋转中心位于图元中心，移动鼠标指针至旋转中心标记位置，按住鼠标左键将其拖拽至新的位置松开鼠标左键，可设置旋转中心。然后单击，确定起点旋转角边，再确定终点旋转角边，就能确定图元旋转后的位置。在执行"旋转"命令时，可以勾选选项栏中"复制"选项在旋转时创建所选图元的副本，而在原来位置上保留原始对象。

"旋转"命令的默认快捷键为〈RO〉。

6. 偏移

"偏移"命令可以生成与所选择的模型线、详图线、墙或梁等图元进行复制或在与其长度垂直的方向移动指定的距离。选项栏中不勾选复制时，生成偏移后的图元时将删除原图元（相当于移动图元）。

"偏移"命令的默认快捷键为〈OF〉。

7. 镜像

"镜像"命令是用一条线作为镜像轴，对所选模型图元执行镜像（反转其位置）。确定镜像轴时，可以拾取已有图元作为镜像轴，也可以绘制临时轴。通过选项栏，可以确定进行镜像操作时是否需要复制对象。

8. 修剪和延伸

修剪和延伸共有三个命令，从左到右分别为"修剪/延伸为角"、"单个图元修剪"和"多个图元修剪"。

"修剪/延伸为角"命令的默认快捷键为〈TR〉。

如图 2.2-5 所示，使用"修剪"和"延伸"命令时必须先选择修剪或延伸的目标位置，再选择要修剪或延伸的对象。对于多个图元的修剪命令，可以在选择目标后，多次选择要修改的图元，这些图元都将延伸至所选择的目标位置。可以将这些命令用于墙、线、梁或支撑等图元的编辑。对于机电专业中的管线，也可以使用这些工具进行编辑和修改。

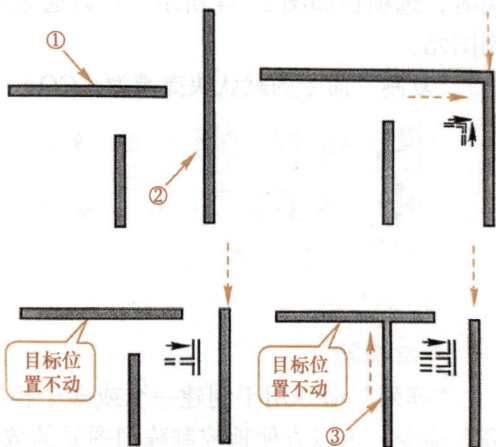

图 2.2-5

> **小提示**：在修剪或延伸编辑时，鼠标单击拾取的图元位置将被保留。

9. 拆分 ▣▷ ▷▣

拆分命令有两种："拆分图元"和"用间隙拆分"，通过"拆分"命令，可将图元分割为两个单独的部分，可删除两个点之间的线段，也可以在两面墙之间创建定义的间隙。

10. 删除图元 ✖

可将选定图元从绘图中删除，和用〈Delete〉命令直接删除效果一样。

"删除"命令的默认快捷键为〈DE〉。

三、图元限制及临时尺寸

1. 应用尺寸标注的限制条件

在放置永久性尺寸标注时，可以锁定这些尺寸标注。锁定尺寸标注时，即创建了限制条件。选择限制条件的参照时，会显示该限制条件（蓝色虚线），如图 2.2-6 所示。

2. 相等限制条件

选择一个多段尺寸标注时，相等限制条件会在尺寸标注线附近显示为一个 EQ 符号。如果选择尺寸标注线的一个参照（如墙），则会出现 EQ 符号，在参照的中间会出现一条蓝色虚线，如图 2.2-7 所示。

图　2.2-6

图　2.2-7

EQ 符号表示应用于图元尺寸标注参照的相等限制条件。当此限制条件处于活动状态时，参照（以图形表示的墙）之间会保持相等的距离。如果选择其中一面墙并移动它，则所有墙都将随之移动一段固定的距离。

3. 临时尺寸

临时尺寸标注是相对最近的垂直构件创建的，并按照设置值进行递增。选中项目中的图元，图元周围就会出现蓝色的临时尺寸，修改尺寸上的数值，就可以修改图元位置。可以通过移动尺寸界线来修改临时尺寸标注，以参照所需参照的构件，如图 2.2-8 所示。

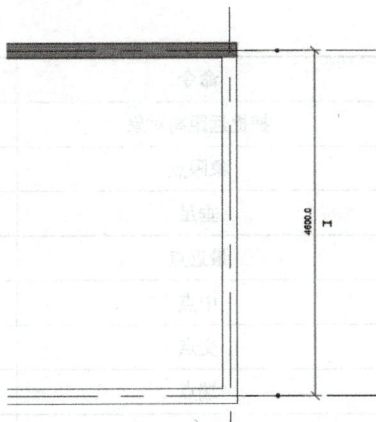

图　2.2-8

单击临时尺寸标注附近出现的尺寸标注符号 即可修改新尺寸标注的属性和类型。

四、快捷操作命令（表 2.2-1~ 表 2.2-4）

表 2.2-1　建模与绘图工具常用快捷键

命令	快捷键	命令	快捷键
墙	WA	对齐标注	DI
门	DR	标高	LL
窗	WN	高程点标注	EL
放置构件	CM	绘制参照平面	RP
房间	RM	模型线	LI
房间标记	RT	按类别标注	TG
轴线	GR	详图线	DL
文字	TX		

表 2.2-2　编辑修改工具常用快捷键

命令	快捷键	命令	快捷键
删除	DE	对齐	AL
移动	MV	拆分图元	SL
复制	CO	修剪 / 延伸	TR
旋转	RO	偏移	OF
定义旋转中心	R3	在整个项目中选择全部实例	SA
列阵	AR	重复上个命令	RC
镜像 – 拾取轴	MM	匹配对象类型	MA
创建组	GP	线处理	LW
锁定位置	PP	填色	PT
解锁位置	UP	拆分区域	SF

表 2.2-3　捕捉替代常用快捷键

命令	快捷键	命令	快捷键
捕捉远距离对象	SR	捕捉到远点	PC
象限点	SQ	点	SX
垂足	SP	工作平面网格	SW
最近点	SN	切点	ST
中点	SM	关闭替换	SS
交点	SI	形状闭合	SZ
端点	SE	关闭捕捉	SO
中心	SC		

表 2.2-4　视图控制常用快捷键

命令	快捷键	命令	快捷键
区域放大	ZR	临时隐藏类别	HC
缩放匹配	ZF	临时隔离类别	IC
上一次缩放	ZP	重设临时隐藏	HR
动态视图	F8	隐藏图元	EH
线框显示模式	WF	隐藏类别	VH
隐藏线显示模式	HL	取消隐藏图元	EU
带边框着色显示模式	SD	取消隐藏类别	VU
细线显示模式	TL	切换显示隐藏图元模式	RH
视图图元属性	VP	渲染	RR
可见性图形	VV	快捷键定义窗口	KS
临时隐藏图元	HH	视图窗口平铺	WT
临时隔离图元	HI	视图窗口层叠	WC

模块导学

了解了 Revit 的基础知识、常用术语、软件界面介绍及基本的操作等内容，从本模块开始，将以小别墅项目为例，按照建筑师常用的设计流程，从绘制标高和轴网开始，直到模型导出和出图打印，详细讲解项目设计的全过程，以便让初学者用最短的时间掌握用 Revit 完成项目建筑建模的方法。

知识结构

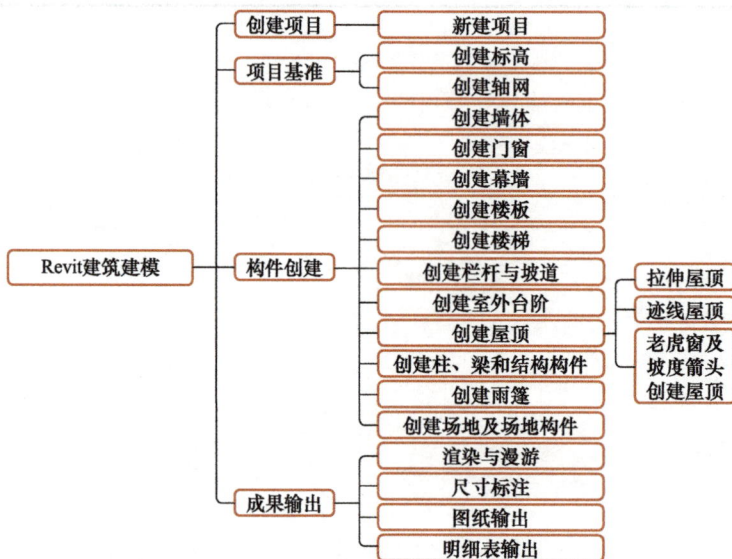

学习任务

通过创建小别墅项目的建筑模型，掌握 Revit 建模的功能及操作流程。

素养目标

1. 强化对建筑规范和标准的认识，在建模中遵循相关法规和行业要求，保证模型的合规性和安全性。

2. 学会应对建模过程中的挑战，如复杂的几何形状、特殊的建筑要求等，通过创新思维和技术手段找到解决方案。

3. 学会在团队中发挥自己的优势，同时尊重他人意见和贡献，共同为实现项目目标而努力。

4.通过对建筑模型的不断优化和改进，激发创新灵感，推动建筑行业的发展和进步。

5.养成持续学习的习惯，不断提升自己，提高 Revit 建模技术和知识水平，适应行业的发展和变化。

3.1　创建项目

📖 内容导学

创建建筑信息模型是 Revit 中进行设计的基础，也是 BIM 工作的核心技术内容。

本模块以小别墅项目为例来介绍如何在 Revit 中完成模型的搭建、渲染、图纸设置等相关工作。

其中，新建项目是工作的第一步，有了项目文件才有信息存储的载体，所以，我们需要使用项目样板来创建一个新的项目，以此来完成小别墅项目文件的创建，在整个学习过程中将学到创建项目的命令，设置项目的命令以及保存项目的命令。

🖱 项目实战

一、新建项目

● 双击 Revit 2016 的快捷方式，将它打开。启动后，默认进入了 Revit "最近使用的文件"界面，如图 3.1-1 所示。

视频 3.1-1
创建项目

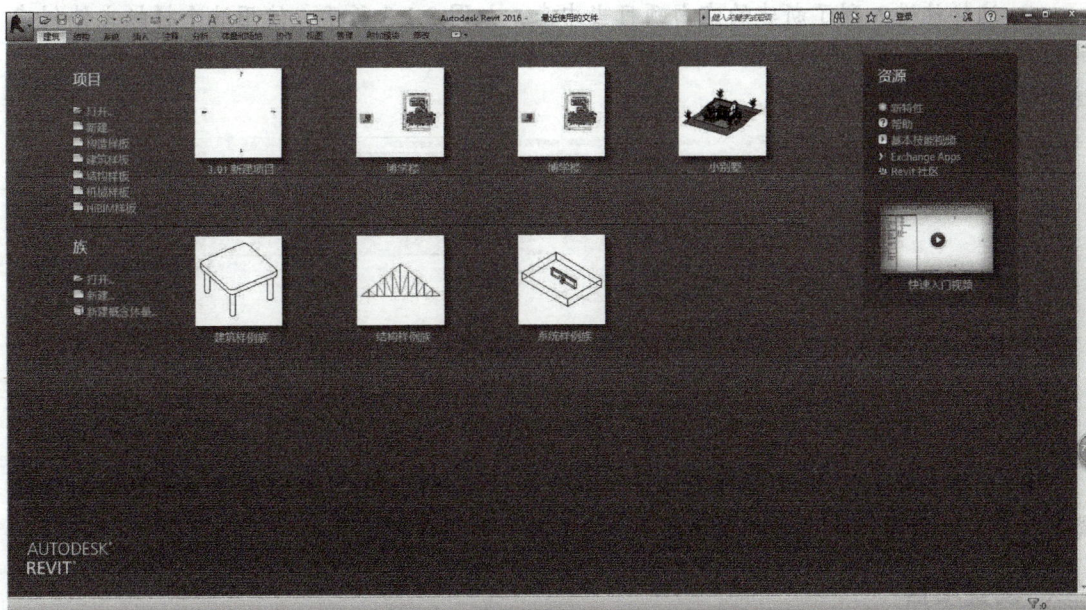

图　3.1-1

● 单击窗口左侧"新建" 🔲新建 按钮，或者单击左上角"应用程序菜单"→"新建"→"项目"，如图 3.1-2 所示，也可以用快捷键〈Ctrl+N〉，弹出"新建项目"对话框，项目样板是初始化项目的一个重要的基础，因此，在这里需要选择一个合适的项目样板。

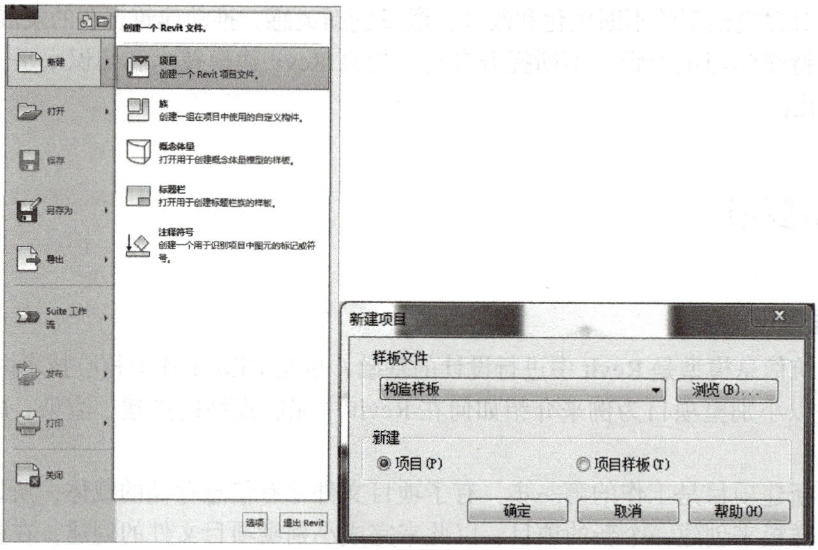

图 3.1-2

● 如图 3.1-2 所示，单击三角下拉菜单，默认里面有在安装 Revit 时在系统中安装的样板文件，由于在创建小别墅项目时已经准备了针对该项目的基础样板文件，所以，要找到该样板文件，单击"浏览"按钮，找到"别墅 Revit 样板"，选中它之后，单击右下角的"打开"按钮，因为要创建的是项目文件，所有的数据信息存在一个项目文件中，所以，新建的样式选择"项目"，单击"确定"按钮。

● 这样就进入到了新建的空白项目当中来，如图 3.1-3 所示，使用这个样板文件创建的项目默认进入到了场地的楼层平面视图中。可以看到，在项目浏览器楼层平面中"场地"这两个字是黑色加粗显示的。

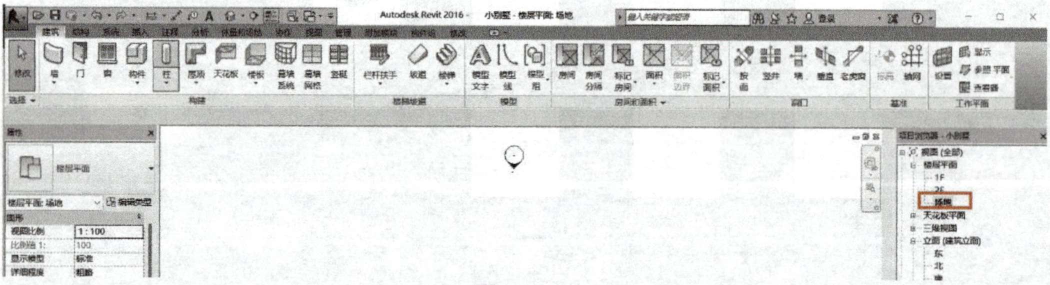

图 3.1-3

● 在整个 Revit 用户界面中有很多的选项卡以及功能按钮，包括属性选项卡和项目浏览器，可以根据习惯拖动并调整属性选项卡和项目浏览器的位置。

二、设置项目

● 单击"管理"选项卡，单击"设置"面板中的"项目单位"按钮，弹出"项目单位"的对话框，如图 3.1-4 所示，在这里可以设置长度的格式，将长度单位设为 mm，舍入选为 0 个小数位，面积的单位为 m^2，相应的舍入规则都可以进行设定，设置好之后单击"确定"按钮，即完成了项目单位的一些简单编辑。

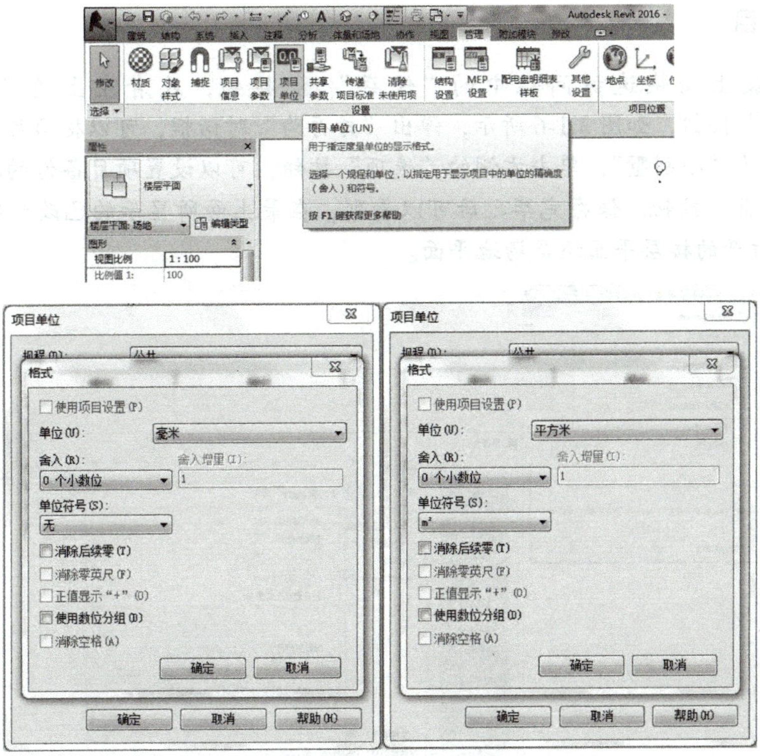

图　3.1-4

● 设置项目信息。单击"管理"选项卡"设置"面板中的"项目信息"按钮，弹出"项目属性"对话框，如图 3.1-5 所示，在这里可以设置"项目发布日期"（如 20190930）、"项目状态"（如在建）、"客户姓名"（如张三）、"项目地址"（如辽宁省）、"项目名称"（如小别墅）、"项目编号"（如 20190930-1）等，设置好之后单击"确定"按钮。对于小别墅项目，做这样的设置就可以了。

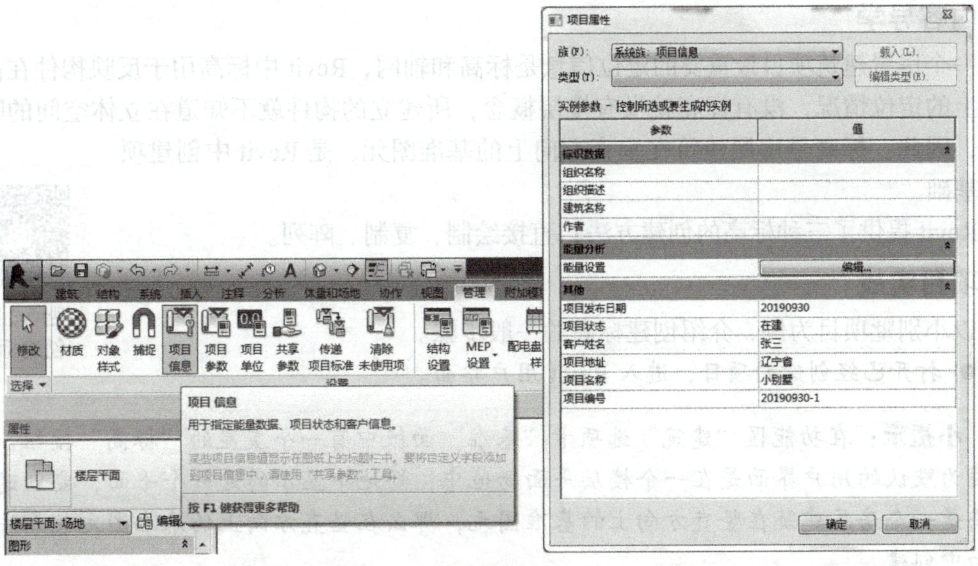

图　3.1-5

三、保存项目

● 单击最上面快速访问栏中的"保存" ⊟ 按钮，或者左上角"应用程序菜单"→"保存"按钮，如图 3.1-6 所示，弹出"另存为"对话框，可以把项目保存到指定的位置，文件名为"小别墅"，单击右侧的"选项"按钮，可以设置项目备份的数量，设置完成后单击"保存"按钮。保存完毕之后可以看到，在最上面所显示的已改为项目名称"小别墅"，默认打开的楼层平面还是场地平面。

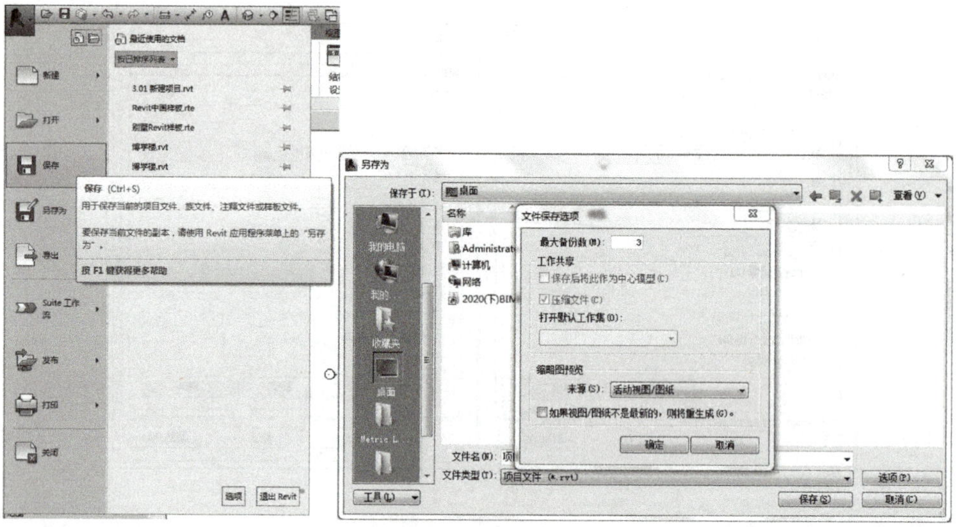

图 3.1-6

3.2 创建标高

📖 内容导学

一个房屋建筑项目最重要的定位信息是标高和轴网，Revit 中标高用于反映构件在高度方向上的定位情况，没有标高就没有楼层概念，所建立的构件就不知道在立体空间的哪个位置，因此，标高是房屋建筑在垂直方向上的基准图元，是 Revit 中创建项目的基础。

Revit 提供了三种标高的创建方法：直接绘制、复制、阵列。

🖱 项目实战

以小别墅项目为例，介绍创建标高的一般步骤。

● 打开已经创建的项目，进入 Revit 用户界面。

视频 3.2-1
创建标高

> **小提示**：在功能区"建筑"选项卡"基准"面板中有一个灰显的"标高"按钮，这是因为默认的用户界面是在一个楼层平面场地中，场地中显示的是一个平面，要创建的标高是一个房屋建筑在竖直方向上的基准图元，那么在竖直方向上的基准图元就无法在平面中创建。

● 在"项目浏览器"中展开"立面（建筑立面）"项，双击进入任意一个立面。

可以看到，系统默认绘出了两个标高，一个是相对标高 0.000，另一个是 3.000m 处的标高，如图 3.2-1 所示，可根据项目的实际情况来进行修改或删除。

● 根据图纸，小别墅项目二层的标高是 3.300m，可以用三种方法来进行修改。

● 选中要修改的标高。

✓ 第一种方法：在"属性"选项中将立面尺寸改为"3.300"，如图 3.2-2 所示，按下〈Enter〉键，这时标高 2F 的尺寸就变成了 3.300m。

图 3.2-1

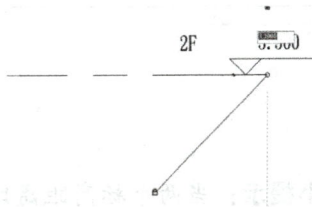

图 3.2-2

✓ 第二种方法：修改临时尺寸数值，将其改为"3300"，如图 3.2-3 所示。

✓ 第三种方法：单击标高的标头处尺寸，将其改为"3.300"，如图 3.2-4 所示。注意，这个尺寸是以 m 作单位的。

图 3.2-3　　　　　　　　　　　　图 3.2-4

● 创建新的标高同样有三种方法。

✓ 第一种方法：直接绘制。

➢ 单击功能区"建筑"选项卡"基准"面板中的"标高"按钮，也可以用快捷键〈LL〉，进入"修改"上下文选项卡，单击"直线"按钮。

> **小提示**：可以看到在绘制面板中有两个选项，直线和拾取线，默认是直线选项。如果项目中已经有绘制好的模型线或者已经链接 CAD 图纸，也可以用拾取线来创建标高。

➢ 找到并对齐已有标高线的一端，出现对齐虚线时，直接输入尺寸"450"（−0.450m 处标高），按下〈Enter〉键确定第一个点，将鼠标指针移动到另一个端点，出现对齐虚线时单击，完成绘制，如图 3.2-5 所示。

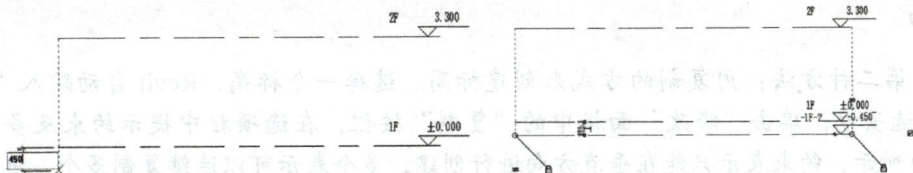

图 3.2-5

➢ 同样方法可以继续绘制。绘制完成后，按〈ESC〉键两次完全退出标高的绘制。

> **小提示**：单击任意一个标高，可以看到各个标高都是锁定的，可以拖动对齐虚线的圆圈改变标高线的长度；也可以单击小锁头，解除锁定，单一拖动某一条标高。创建好的标高也可以对它进行编辑，选择某一个标高，可以看到在标高的两端各有一个小方框，选中它，会显示楼层平面的名称及标头。

➢ 如果要修改楼层平面的名称，可以单击标高的名称，在这个小框中修改，如改为"室外地坪"，如图 3.2-6 所示，按下〈Enter〉键，会弹出对话框，提示是否希望重命名相应的视图，也就是修改标高名称的同时，是否对相应的楼层平面重命名，一般都选择"是"，以便使其标高名称和楼层平面名称相对应，如图 3.2-7 所示。同样也可以在"属性"选项卡中修改标高的名称。

图 3.2-6

图 3.2-7

> **小提示**：当两个标高距离比较近时，可以看到标高标头附近有一个添加弯头的符号，单击它，两个标高分离显示，如图 3.2-8 所示，单击并拖动小圆圈，可以恢复原来的状态。

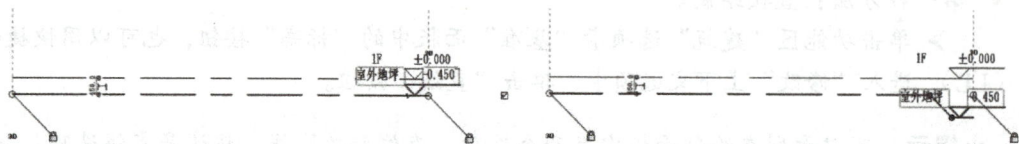

图 3.2-8

> **小提示**：当选中一个标高时，两端都会出现 3D 的符号。3D 是指该标高会影响每一个立面视图中的标高，也就是说调整了该条标高，各个立面中都会发生调整，如果关掉3D，显示为 2D，将取消标高的关联性，调整该条标高并不影响其他立面图中该位置处的标高。

✓ 第二种方法：用复制的方式来创建标高。选择一个标高，Revit 自动跳入"修改"上下文选项卡，单击"修改"面板中的"复制"按钮，在选项栏中提示约束及多个，如图 3.2-9 所示，约束表示只能在垂直方向进行创建，多个表示可以连续复制多个。单击选择复制的基准点（-0.450m 处），输入尺寸"-2850"（-3.300m 处标高）复制第一个，由于选择了多个，所以可以继续进行复制，输入尺寸"–200"，复制第二个（–3.500m 处标高），如图 3.2-10 所示，完成后，按〈ESC〉两次完全退出。

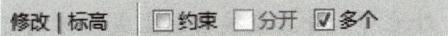

图 3.2-9

✓ 第三种方法：用阵列的方式创建标高。

➤ 选中需要阵列的标高，Revit 进入"修改"上下文选项卡，单击"修改"面板中的"阵列"按钮，阵列选项为"线性"。项目数为"3"，选择"第二个"，选择阵列的基点，输入尺寸值"3000.0"，这是相邻两个标高之间的距离，按下〈Enter〉键，如图 3.2-11 所示。

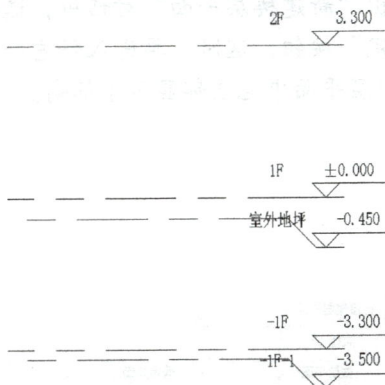

图 3.2-10

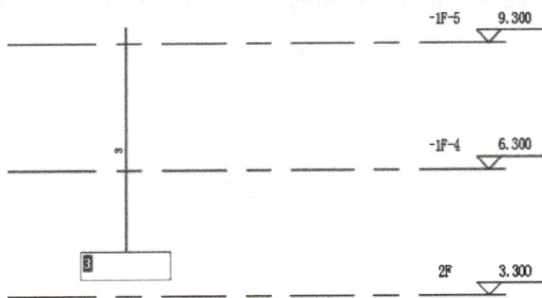

图 3.2-11

小提示：Revit 提供两个阵列选项，一个是线性，一个是径向，房屋建筑中经常用的是线性阵列。项目数可以根据需要设定。

"第二个或最后一个"：因为在阵列标高时需要输入一个尺寸，如果选择第二个，这个尺寸是相邻两个标高的距离，如果选择最后一个，这个尺寸就是需要阵列的数目乘以相邻两个标高之间的距离。

➤ 可以看到，选择一个阵列的标高，它是成组并关联显示的，如果不需要成组并关联，可以选择解组，如图 3.2-12 所示，这样标高就可以单独修改，将最上面标高尺寸改为"8.650""屋面"，6.300m 处标高名称改为"3F"，如图 3.2-13 所示。

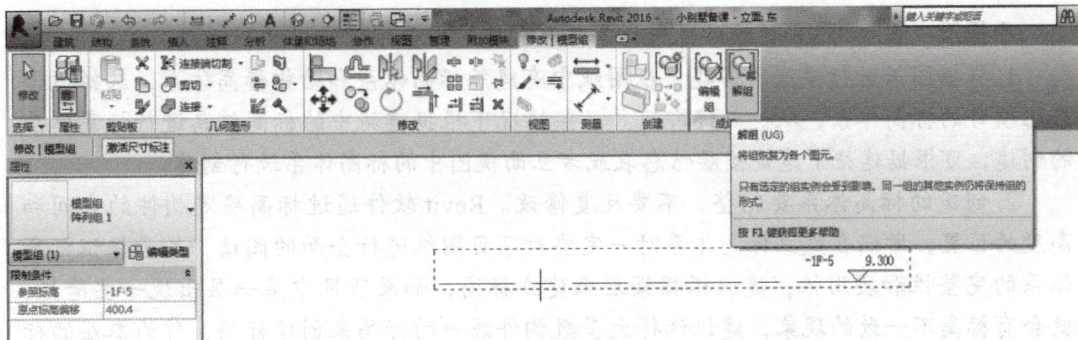

图 3.2-12

小提示：我们共创建了 7 个标高，但楼层平面中只出现了 3 个标高，1F、2F、室外地坪，并且直接绘制生成的标高标头是蓝色的，用复制或者阵列命令创建的标高标头是黑色的，这是因为 Revit 中以复制或者阵列命令创建的标高并没有同时创建楼层平面，只有直接绘制的标高创建了楼层平面。在实际应用中，如果只需要在立面视图或剖面视图将标高作为尺寸标注用，不需要在该标高上建立模型，那么可以用复制或阵列命令创建标高。

● 如果要在某标高处生成楼层平面，可以在功能区"视图"选项卡"创建"面板中选择平面视图的下拉菜单，单击"楼层平面"按钮，跳出"新建楼层平面"对话框，选择需要创建楼层平面的标高，如图 3.2-14 所示，单击"确定"按钮，这时，再进入任意一个立面视图中查看，标高的标头全部变成了蓝色，而且在楼层平面中也全部显示了标高。

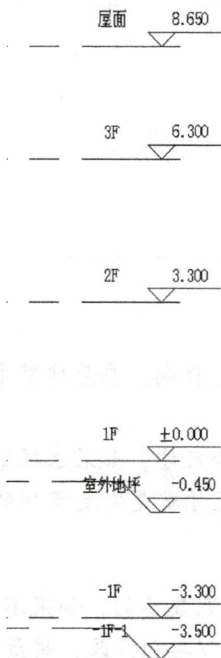

图 3.2-13   图 3.2-14

小提示：在应用 Revit 软件进行标高体系创建时需要注意以下两个问题：

1. 根据图纸进行模型的搭建，在图纸中有建筑标高体系和结构标高体系，选择适合自己项目的标高体系，从一而终即可。一般情况下根据建施中的标高信息进行标高体系的创建，可根据建施中建筑楼层信息表或者立面视图中的标高体系进行创建。

2. 创建的标高体系要完整，不要反复修改。Revit 软件通过标高确定构件的空间和高度的位置，所以在建立标高体系时一定要对项目图纸进行全面的阅读，尽量保证标高体系的完整性和实用性，建议根据楼层来建立标高，如果项目中某一层出现一些降板，就会有标高不一致的现象，建议选择大多数构件统一的标高来创建标高，作为本层的标高，其他少数标高在建模时可以通过偏移来实现。

3.3 创建轴网

📖 内容导学

轴网是建筑制图的主体框架，建筑物或构筑物的主要支撑构件按照轴网定位排列，也就是说，轴网主要指定位轴线，即实际项目中建筑结构墙或柱的中心线。实际项目中轴网的作用是建筑物或构筑物主要结构和构件位置及尺寸的控制线，用于决定墙体、柱子、屋架、梁、板、楼梯的位置等。现场的技术人员在放线和施工交底时也会用到轴网，如果放错了线或放错了位置，就可能造成严重的工程错位事故。

在 Revit 中，轴网是房屋在平面结构上的基准图元，是具有三维属性的，轴网和标高共同组成了建筑模型的三维网格定位体系，没有轴网，所建立的构件就不知道在平面空间的哪个位置。

一般情况下，项目中的轴网主要分为直线轴网、斜交轴网和弧线轴网。其中，直线轴网是最常用的，下面对小别墅项目来进行直线轴网的创建。

🖰 项目实战

在小别墅项目 CAD 图纸中找到地下一层平面图，可以看到水平轴网和竖直轴网，以及轴线和轴线之间的距离，以此来创建轴网体系。

视频 3.3-1
创建轴网

一、新建轴网

● 在项目浏览器中双击进入"1F"楼层平面。

> **小提示**：由于轴网是用于在平面视图中定位的项目图元，因此需要切换到平面视图，在平面视图中有四个立面的图标，这四个图标表示的是东南西北四个立面视图的符号，单击立面视图名称，可以看到一个剖切线，也就是一个剖切平面，每一个立面视图都有一个剖切平面，模型要创建在这四个剖切平面之间。如果模型超出了这个范围，在观察立面视图的时候，就看不到完整的立面，而是以剖面图的形式出现。立面视图符号可以进行移动，移动立面符号的同时要将剖切线一起移动。

● 单击功能区"建筑"选项卡"基准"面板中的轴网命令，也可以用快捷键〈GR〉。

> **小提示**：
> 1. 进入"修改轴网"上下文选项卡，可以看到绘制面板中有直线、起点 – 端点半径弧以及圆心 – 端点弧和拾取线的命令。如果轴网是由多段线组成的，也可采用多段线的方法来绘制轴网。
> 2. 与标高的创建类似，在修改面板中也可以用移动、复制、旋转、镜像以及偏移的命令来创建或修改轴网。
> 3. 轴网的创建需要按顺序进行，竖直轴网要从左至右，水平轴网要从下至上，这是因为 Revit 在创建轴网时会自动给轴线进行编号，所以要依次来创建。

● 如图 3.3-1 所示，单击"绘制"面板中的"直线"按钮，状态栏中偏移量设置为

"0.0"，鼠标指针移动到绘图区域合适的位置，左键单击创建轴网的第一点，向上拖动可以看到 Revit 会自动按照鼠标指针移动的方向来绘制轴网，到达合适的长度后单击左键，完成竖向第一根轴网的创建，默认轴号是①。

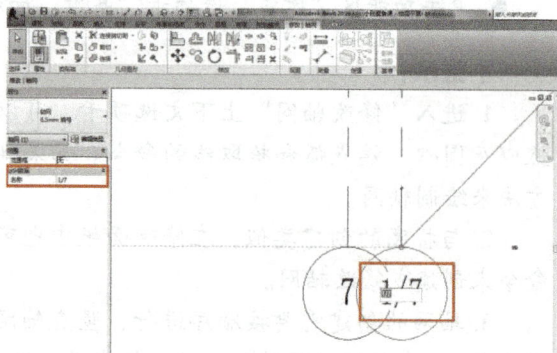

图　3.3-1

> **小提示**：如果希望在绘制过程中轴网保持水平竖直正交状态，可以按住〈Shift〉键来保证在竖直或水平方向上来绘制。

● 继续绘制第二条。在轴网的起点找到对齐虚线，把鼠标指针移动到想要的尺寸，也可以直接输入尺寸"1200"，按下〈Enter〉键，拖动鼠标，当 Revit 自动捕捉到已有轴网的终点时单击左键，完成这根轴网的绘制，采用同样方法绘制第三条（尺寸：4300），如图 3.3-2 所示。

● 如果想要退出绘制轴网的命令，按〈ESC〉键两次。

● 现在的轴网是默认按阿拉伯数字①②③的顺序布置好的，继续绘制第四根，与标高类似，也可以用复制或阵列的命令来进行创建，阵列适用于相邻两根轴网间距相等时。

● 用复制的命令创建轴网。选中一根轴网，如③号轴网，单击"修改"面板中的"复制"按钮，状态栏中选中"约束"以及"多个"，以便使其只能沿水平方向复制多个，拾取轴网上任意一点作为复制基点，向右移动鼠标，输入轴网尺寸"1100"作为复制的距离，按下〈Enter〉键，完成第四条轴网。继续输入尺寸"1500"，按下〈Enter〉键，"3900"，按下〈Enter〉键，"3900"，按下〈Enter〉键，"600"，按下〈Enter〉键，至此，创建了竖向的八条轴网。

● 对照 CAD 图纸首层平面图，第八条轴网轴号应为⑰，单击轴号，可以在"属性"选项卡中进行修改，也可直接单击这个小圆圈，调出修改框来进行修改，如图 3.3-3 所示。

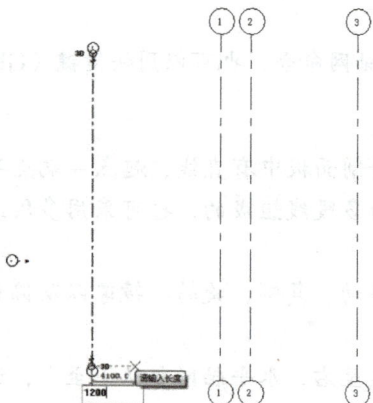

图　3.3-2

图　3.3-3

● 继续复制竖向轴网，输入尺寸"2400"，将轴号修改为"⑧"，结果如图 3.3-4 所示。

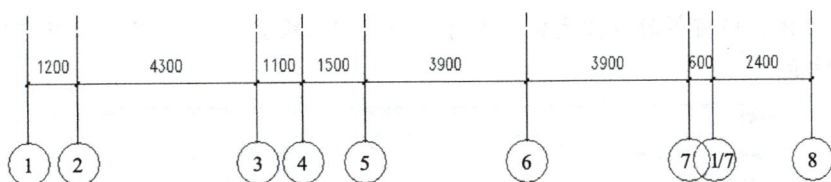

图 3.3-4

小提示：Revit 自动按照编号加 1 的方式来命名轴号，这个排序方式是不符合国家标准的，因此，需要根据项目情况修改。

● 用同样的方法，继续绘制水平轴网，选择轴网命令，在①轴线左侧适当的位置单击作为轴线起点，沿水平方向向右绘制，当超出轴线右侧一定距离时单击完成，可以看到，水平轴网第一根用了⑨来编号，需要进行修改，将其改为"Ⓐ"，如图 3.3-5 所示。

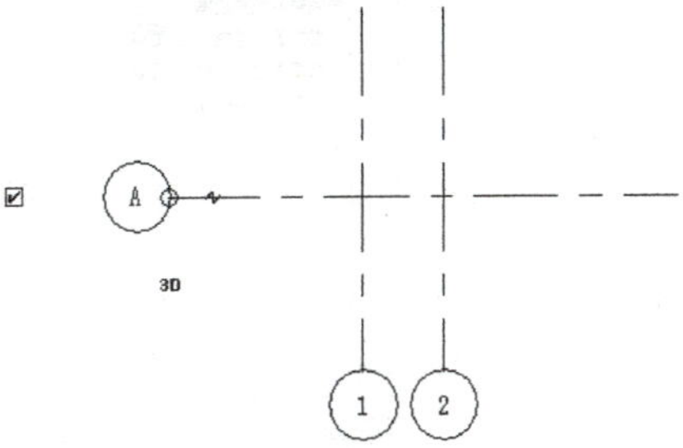

● 单击"修改"面板中的"复制"按钮，选择复制基点，输入尺寸"4000"，创建第二根水平轴网，可以看到，Revit 会自动承接上一条轴线轴号来进行编号。继续使用复制命令创建剩余轴网，完成后如图 3.3-6 所示。

图 3.3-5

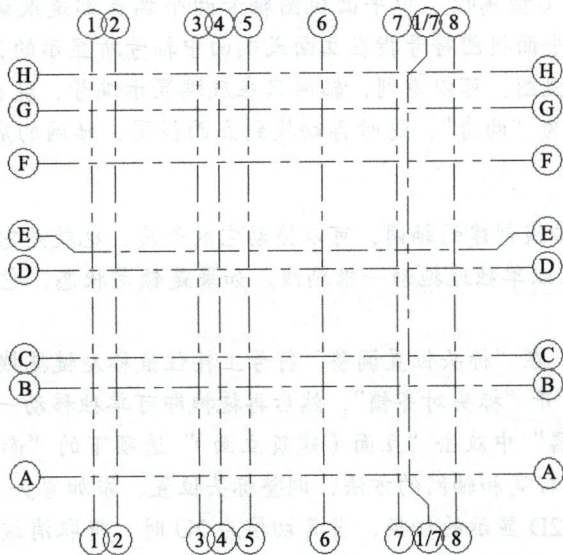

图 3.3-6

● 完成后按〈Esc〉键两次退出轴网的绘制，适当缩放绘图，可看到所创建的轴网。

二、编辑轴网

● 单击轴网，可以对其进行编辑。

● 选中要修改的轴网，在"属性"选项卡中单击"编辑类型"，可以修改"轴网中段"，可以设置为"连续""轴线无中段"，或者"自定义"。在这里将其设为"连续"，以便在后期创建墙体、门窗等时方便定位。也可以修改"末段宽度""颜色"以及"填充图案"，如图 3.3-7 所示。

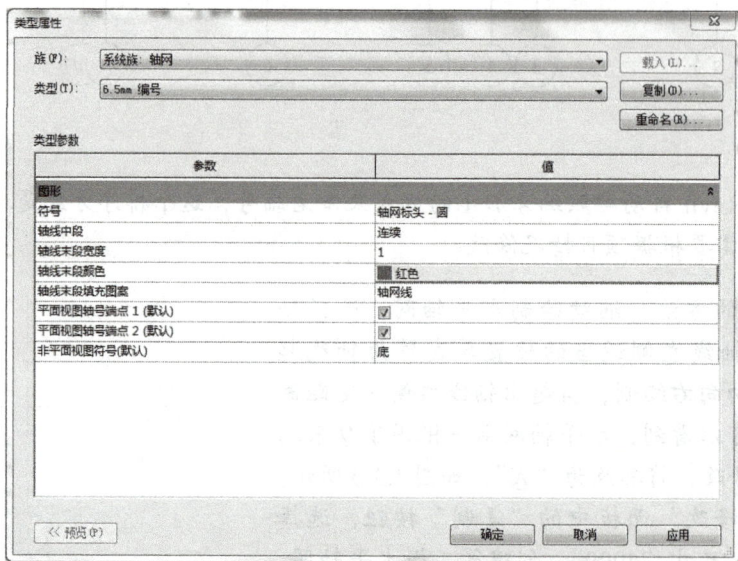

图 3.3-7

> **小提示**：轴网"类型属性"中平面视图轴号两个端点都是默认勾选的，也可以只在一端显示轴号。非平面视图符号指在立面或剖面中轴号所显示的位置，默认是底部显示，切换到任意立面视图，可以看到，轴网只在底端显示编号，现在回到轴网"类型属性"对话框，将其改为"两者"，这时再切换到立面视图，轴网的底部和顶部均显示了编号。

● 选中任意一根轴线创建的轴网，可以拖动它的长度，也就是它的范围，单击旁边的小锁头，将其关掉，可以单独地拖动一根轴线。如果是锁定状态，它会呈现出与其他轴线的联动关系。

● 标头位置调整。在"标头位置调整"符号上按住鼠标左键拖拽可整体调整所有标头的位置；如果先单击打开"标头对齐锁"，然后再拖拽即可单独移动一根标头的位置。

● 在"项目浏览器"中双击"立面（建筑立面）"选项下的"南立面"进入"南"立面视图，使用前述编辑标高和轴网的方法，调整标头位置、添加弯头。

● 再看旁边 3D、2D 显示的切换，当其切换为 2D 时，将取消该条轴线与其他轴线的关联，修改该条轴线不会影响其他视图中对应位置处的轴线。如果改变 3D 显示的轴线，所有视图相应的轴线都会发生变化。

● 如果将轴线改为 2D 后对其进行的修改想要同步到其他视图，可选中这根轴线，跳到"修改轴网"上下文选项卡，单击"基准"面板中"影响范围"按钮，弹出"影响基准范围"对话框，如图 3.3-8 所示，选中需要同步的视图，这时刚才在 1F 楼层平面中对该轴线做的修改已经同步到了其他视图当中。

> **小提示**：建模时要先创建标高再创建轴网。

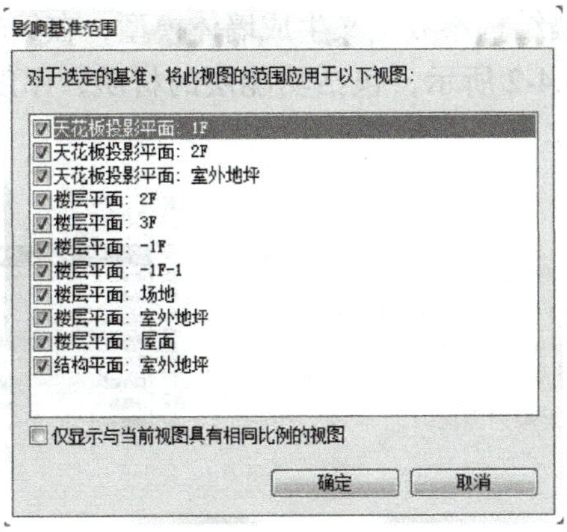

图 3.3-8

● 至此标高和轴网创建完成，选中所有轴线并锁定，保存文件。

> **小提示**：由于轴网是后期建模的依据，不可随便更改和拖动，可以选择轴网，单击"修改"面板中的"锁定"按钮，将其锁定，这样就可以防止在后面建模过程中因错误操作而拖动轴网导致模型错误。

3.4 创建墙体

📖 内容导学

墙体是建筑物的一个重要组成部分，主要起承重、围护及分隔空间的作用。在实际项目中，墙体可按照其所处的位置、受力情况、使用材料、施工方法等进行分类。

例如，按照墙体所在房屋的位置不同可分为内墙和外墙，内墙指位于建筑物内部的墙，主要起分隔空间的作用，外墙指位于建筑物外部的墙体，主要作用是保温、阻雨、挡风、隔热、围护等。

墙体还可以根据结构受力情况不同进行分类，可分为承重墙和非承重墙。承重墙直接承受上部屋顶、楼板等传来的荷载，而非承重墙在实际项目中主要是隔墙、填充墙、幕墙等，不承受上部结构传来的荷载。

在 Revit 软件中，使用墙命令可在建筑模型中创建非承重墙和承重墙，即建筑墙和结构墙。并且 Revit 中墙体属于系统族，系统提供了层叠墙、基本墙和幕墙三种墙族，如图 3.4-1 所示，可以根据实际的结构来进行选择。

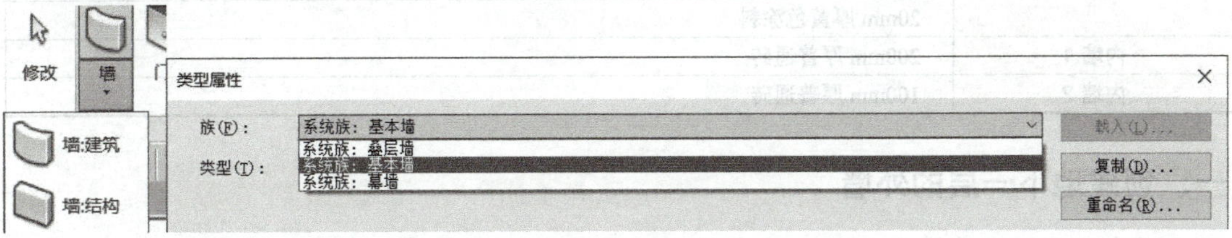

图 3.4-1

Revit 可以根据指定的墙结构参数定义生成墙体模型，在编辑墙体结构时可以设置当前墙体所有的功能层，如图 3.4-2 所示，包括功能层的材质、厚度，功能层分为面层、保温层、衬底、涂膜层和结构层。

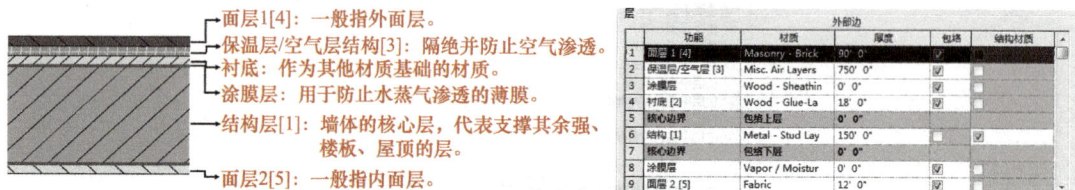

面层1[4]：一般指外面层。
保温层/空气层结构[3]：隔绝并防止空气渗透。
衬底：作为其他材质基础的材质。
涂膜层：用于防止水蒸气渗透的薄膜。
结构层[1]：墙体的核心层，代表支撑其余强、楼板、屋顶的层。
面层2[5]：一般指内面层。

图 3.4-2

➢ 面层 1[4] 一般指外面层。

➢ 保温层 / 空气层结构 [3] 代表隔绝并防止空气渗透的这一层，一般设置保温层时会选择这一功能层。

➢ 衬底是作为其他材质基础的材质，例如在创建室内隔墙时可能会有轻钢龙骨隔墙，这时所使用到的胶合板或石膏板就是作为衬底使用的。

➢ 涂膜层指通常用于防止水蒸气渗透的薄膜，涂膜层的厚度通常为 0，这层可以理解为防水层。

➢ 结构层 [1] 主要指墙体的核心层，代表支撑其余墙、楼板或屋顶的层，混凝土的厚度或砖墙的厚度都属于这一层。

➢ 面层 2[5] 一般指内面层。

Revit 以墙体的定位线作为绘制墙体的基准线。在绘制墙体时，Revit 提供了不同的定位线，分别有面层外部、核心层外部、墙中心线、核心层中心线、核心层内部以及面层内部这六种不同位置。如图 3.4-3 所示，可以根据项目实际需要进行选择。

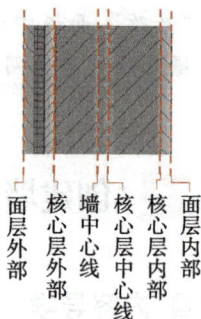

面层外部　核心层外部　墙中心线　核心层中心线　核心层内部　面层内部

图 3.4-3

项目实战

按照表 3.4-1 中要求的墙体结构参数以及 CAD 图纸中墙体的位置来进行墙体的创建。

视频 3.4-1
创建墙体

表 3.4-1　小别墅项目墙体类型及结构

地下一层外墙	20mm 厚外墙饰面砖
	200mm 厚普通砖
	20mm 厚黄色涂料
首层外墙	机刨横纹灰白色花岗石墙面
二层外墙	20mm 厚白色涂料
	200mm 厚普通砖
	20mm 厚黄色涂料
内墙 1	200mm 厚普通砖
内墙 2	100mm 厚普通砖

一、创建地下一层的外墙

● 在"项目浏览器"中双击"楼层平面"选项下的"–1F"，打开"–1F"平面视图。

● 在功能区"建筑"选项卡中单击"墙体"按钮，也可以单击"墙"下面的下拉三角形选择"墙：建筑"选项，快捷键是〈WA〉，"属性"选项卡类型选择器中选择"普通砖 –200mm"，单击"编辑类型"，进入"类型属性"对话框，如图 3.4-4 所示。

类型属性				
族(F):	系统族: 基本墙			载入(L)...
类型(T):	普通砖 - 200mm			复制(D)...
				重命名(R)...
类型参数				
参数		值		
构造				
结构		编辑...		
在插入点包络		不包络		
在端点包络		无		
厚度		200.0		
功能		内部		
图形				
粗略比例填充样式				
粗略比例填充颜色		■ 黑色		
材质和装饰				
结构材质		墙体-普通砖		
分析属性				
传热系数(U)				
热阻(R)				
热质量				
<< 预览(P)		确定 取消 应用		

图 3.4-4

● 单击"复制"按钮，也就是新建的命令，命名为"–1F 外墙"，如图 3.4-5 所示。

名称	
名称(N): -1F外墙	
	确定 取消

图 3.4-5

小提示：在"属性"选项卡中可以选择任意墙体的类型，如果需要用到的墙体类型不在 Revit 默认的这些墙体结构上，可以选择一个相近的类型对其进行修改从而得到想要的墙体结构，但是通常不建议在原有的墙体类型上进行修改，一般是新建一个再对其进行修改。

● 设置墙体的构造。在结构中单击"编辑"按钮，单击两次"插入"按钮，插入两个层，功能分别设为"面层 1[4]""面层 2[5]"，并分别向上、向下移出核心边界，如图 3.4-6 所示。

	功能	材质	厚度	包络	结构材质
		外部边			
1	面层 1 [4]	<按类别>	0.0	☑	☐
2	核心边界	包络上层	0.0		
3	结构 [1]	墙体-普通砖	200.0	☐	☐
4	核心边界	包络下层	0.0		
5	面层 2 [5]	<按类别>	0.0	☑	☐

图 3.4-6

● 设置面层材质。单击"浏览"按钮，弹出"材质浏览器"，如图 3.4-7 所示。

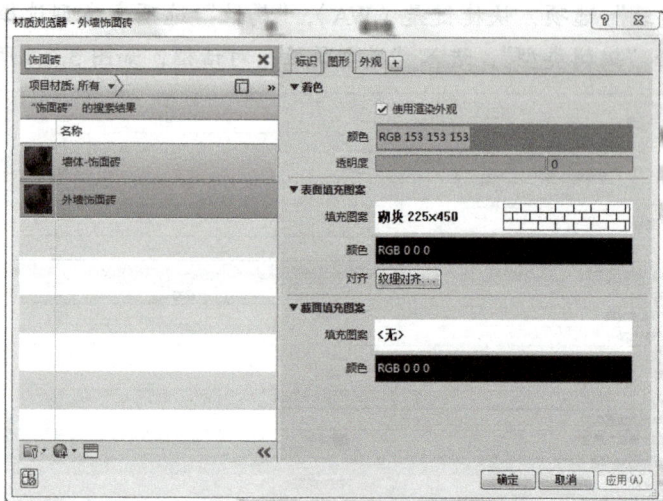

图 3.4-7

● 搜索需要的材质，在结果中选择"外墙饰面砖"，厚度为 20mm。

● 设置内面层的材质。单击"按类别"的浏览按钮，搜索"涂料"，可以看到，Revit 提供的涂料材质只有白色，所以这时需要重新建一个，复制白色涂料，将其重命名为"黄色涂料"，如图 3.4-8 所示，在外观中，单击此处的"复制"按钮，复制此资源，同时将信息中的名称改为"黄色涂料"，墙漆中颜色改为黄色，如图 3.4-9 所示。注意，如果不复制的话修改墙漆颜色会导致原有的白色涂料也跟着变为黄色，在图形中着色也将改为黄色。

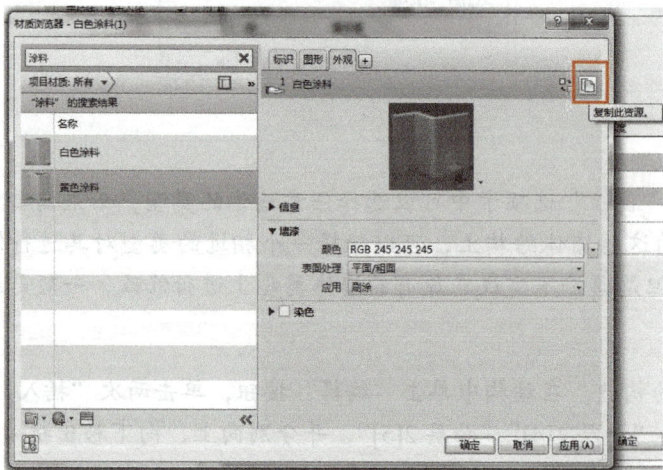

图 3.4-8

● 另外还可以设置其表面填充图案和截面填充图案，设置完成后单击"确定"按钮，厚度为 20mm，最后将结构层普通砖厚度改为 200mm。

● 设置好后的"编辑部件"对话框如图 3.4-10 所示，回到"类型属性"对话框，由于是外墙，所以将其功能设为"外部"，还可以修改其填充样式及填充颜色等，完成后单击"确定"按钮，这时，新创建的墙体类型就已经显示在属性选项卡类型选择器中了。

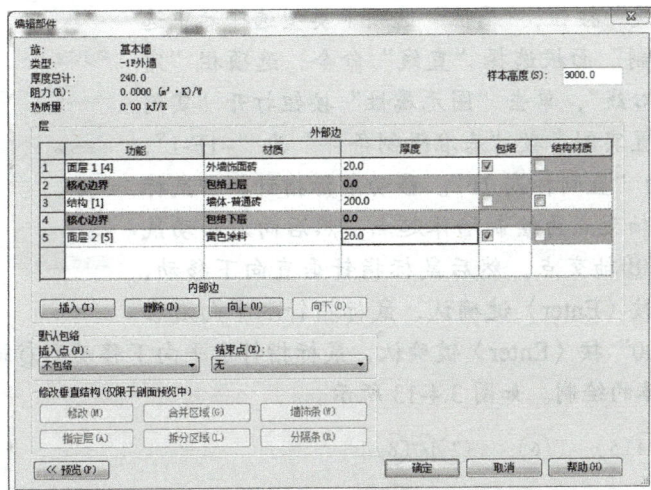

图　3.4-9

图　3.4-10

小提示：

1. 核心边界一定要包在结构层的两侧。

2. 通常面层 1[4] 作为外面层，面层 2[5] 作为内面层。

● 设置墙体的一些参数。在状态栏中可以确定墙体的高度，如图 3.4-11 所示，选择"1F"，定位线选择"墙中心线"，选中"链"。

图　3.4-11

小提示： "链"表示可以连续创建多道墙体，"偏移量"指墙体在绘制方向的偏移量，如果是正值说明墙体沿绘制方向向左偏移，如果是负值，说明墙体沿绘制方向向右偏移。另外，在墙体的实例属性中也可以设置墙体的定位线，以及底部、顶部的约束条件，也可以根据实际情况设置墙体的底部偏移和顶部偏移。

● 在"属性"选项卡类型选择器中选择"–1F 外墙"类型，设置实例参数"底部限制条件"为"–1F-1"，"顶部约束"为"直到标高：1F"，如图 3.4-12 所示，单击"应用"关闭对话框。

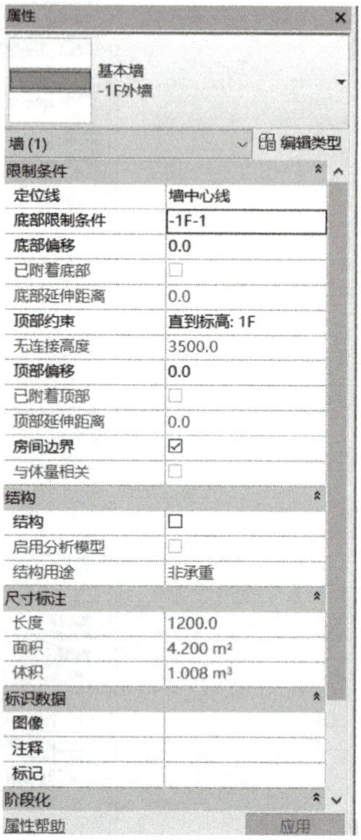

● 设置完成后开始绘制墙体。"绘制"面板选择"直线"命令，移动鼠标指针单击鼠标左键捕捉Ⓔ轴和②轴交点为绘制墙体起点，然后顺时针单击捕捉Ⓔ轴和①轴交点、Ⓕ轴和①轴交点、Ⓕ轴和②轴交点、Ⓗ轴和②轴交点、Ⓗ轴和⑦轴交点、Ⓓ轴和⑦轴交点、Ⓓ轴和⑥轴交点、Ⓔ轴和⑥轴交点、Ⓔ轴和⑤轴交点，然后鼠标指针垂直向下移动，键盘输入"8280"按〈Enter〉键确认，鼠标指针水平向左移动到②轴单击，继续单击捕捉Ⓔ轴和②轴交点，绘制完成后按〈Esc〉两次退出墙体的绘制。完成地下一层外墙的绘制。

● 接下来绘制地下一层挡土墙。在功能区"建筑"选项卡中单击"墙：建筑"按钮，"属性"选项卡类型选择器中选择"挡土墙"。"绘制"面板选择"直线"命令，选项栏"定位线"选择"墙中心线"，单击"图元属性"按钮打开"实例属性"对话框，设置实例参数"基准限制条件"为"–1F-1"，"顶部限制条件"为"直到标高 1F"。移动鼠标指针单击鼠标左键捕捉Ⓗ轴和⑦轴交点为绘制墙体起点，然后向右移动鼠标单击捕捉Ⓗ轴和⑧轴交点，然后鼠标指针垂直向下移动，键盘输入"6600"按〈Enter〉键确认，鼠标指针水平向右移动，键盘输入"2100"按〈Enter〉键确认，鼠标指针水平向下移动到Ⓓ轴单击，完成后按〈Esc〉两次退出墙体的绘制。如图 3.4-13 所示。

图 3.4-12

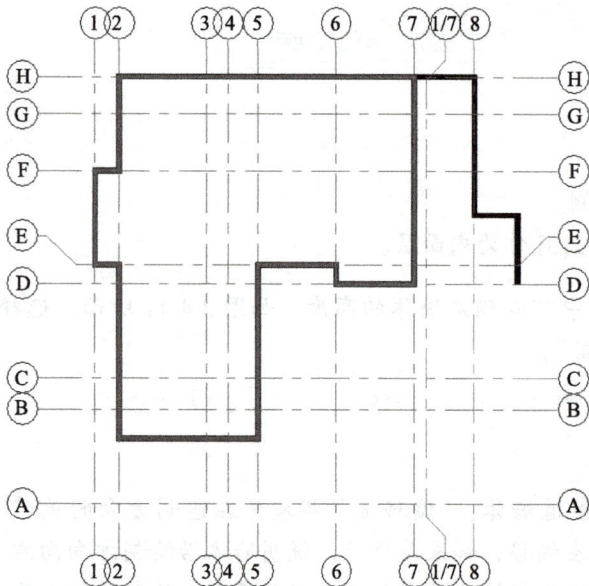

图 3.4-13

> **小提示**：注意绘制时尽量以顺时针方式进行绘制，这是因为外墙有里面和外面两层，Revit 默认在绘制外墙时，沿着绘制方向，墙体的外表面在绘制方向的左侧，墙体的内表面在绘制方向的右侧，如果以房间为基准，外墙的绘制方向应该以顺时针方向来绘制。如果在绘制时墙体方向出现错误，也就是墙体内面层外面层以相反方向显示的话，可以选中该面墙，看到一个双向翻转箭头，这个箭头默认指向墙体外部的方向，可以单击这个双向箭头实现墙体的翻转，也可以在选中这面墙的状态下按〈space〉键来切换墙体方向。

二、创建地下一层的内墙

根据要求，内墙结构有两种形式，200mm 厚普通砖和 100mm 厚普通砖，同样根据 CAD 图纸中地下一层平面图中墙体的位置信息来绘制。

● 在功能区"建筑"选项卡中单击"墙体"按钮，也可以单击"墙"下面的下拉三角形选择"墙：建筑"选项，快捷键是〈WA〉，"属性"选项卡类型选择器中选择"普通砖–200mm"。

● "绘制"面板选择"直线"命令，选项栏"定位线"选择"墙中心线"，设置实例参数"底部限制条件"为"–1F"，"顶部约束"为"直到标高：1F"，如图 3.4-14 所示。

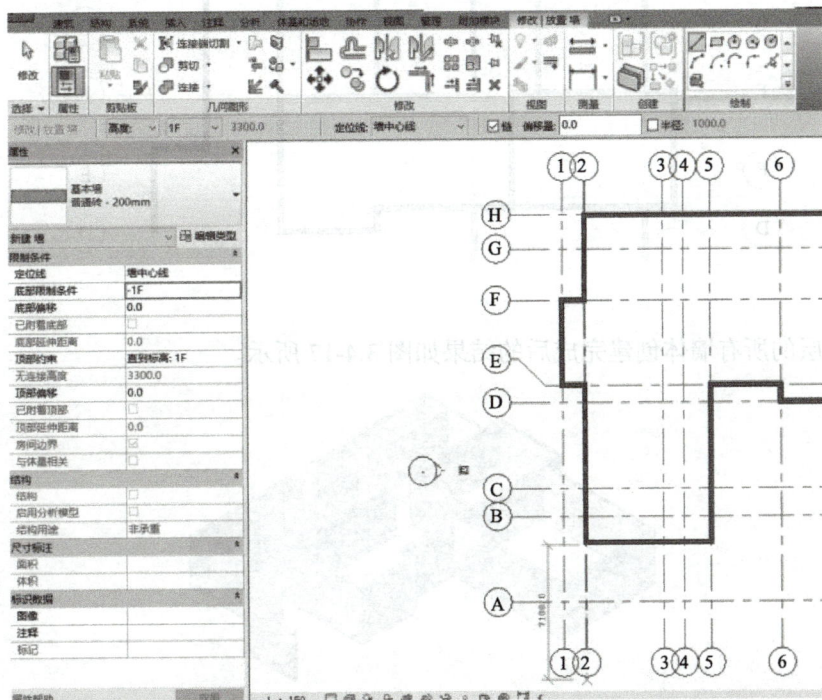

图　3.4-14

● 按内墙位置捕捉轴线交点，绘制"普通砖–200mm"地下室内墙，如图 3.4-15 所示。

> **小提示**：由于内墙没有内外之分，所以可以根据自己的绘制习惯进行，绘制好的内墙和外墙 Revit 是提供自动连接的。

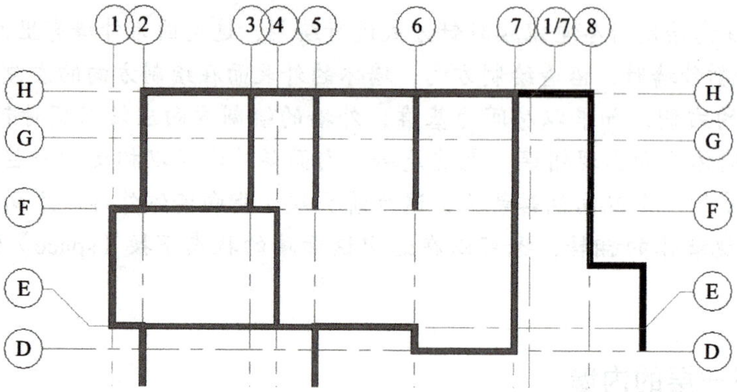

图　3.4-15

● "属性"选项卡类型选择器中选择"普通砖 –100mm"，由于 100mm 厚内墙的墙体上边线是与轴线对齐的，因此，定位线选择"核心层外部"，底部限制条件"–1F"，顶部约束"1F"，按内墙位置捕捉轴线交点，绘制 100mm 厚地下室内墙，如图 3.4-16 所示。

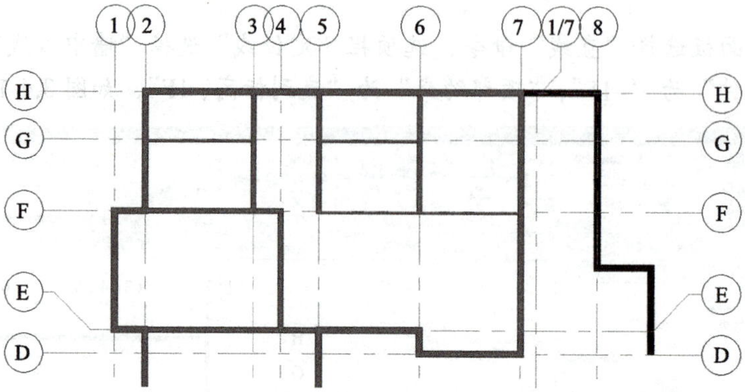

图　3.4-16

地下一层的所有墙体创建完成后的结果如图 3.4-17 所示。

图　3.4-17

三、创建首层的外墙

创建首层的外墙，可以采用直接绘制墙体，也可以用复制已有墙体的方式创建并修改。下面采用复制的方法。

● 在三维视图中，将鼠标指针放在地下一层的外墙上，高亮显示后按〈Tab〉键，所有外墙将全部高亮显示，单击鼠标左键，地下一层外墙将全部选中，构件亮显，如图 3.4-18 所示。

> **小提示**：〈Tab〉键在 Revit 中是比较常用的功能键，可以实现相接图元及同类图元的循环切换及选择。

● 在选中的状态下单击"修改墙"上下文选项卡剪切面板中的"复制到粘贴板" 按钮，将选中的所有构件复制到剪贴板中备用，之后单击粘贴下拉三角形，选择"与选定的标高对齐"命令，打开"选择标高"对话框，选择"1F"，单击"确定"按钮，如图 3.4-19 所示。这样，地下一层平面的外墙被复制到了首层平面，如图 3.4-20 所示。

图　3.4-18

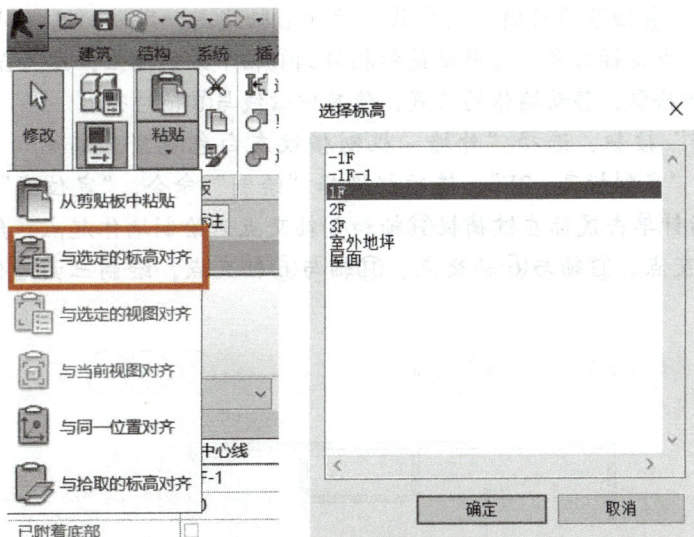

图　3.4-19

图　3.4-20

小提示：

1. "复制到剪贴板"命令可将一个或多个图元复制到剪贴板中，然后使用"从剪贴板中粘贴"命令或"对齐粘贴"命令将图元的副本粘贴到其他项目中或图纸中。

2. "复制到剪贴板"命令与"复制"命令不同。要复制某个选定图元并立即放置该图元时（例如在同一个视图中），可使用"复制"命令。在某些情况下可使用"复制到剪贴板"命令，例如需要在放置副本之前切换视图时。

3. 在 Revit 中创建图元没有严格的先后顺序，所以用户可以随时根据需要绘制或复制创建楼层平面视图。

● 在"项目浏览器"中双击"楼层平面"中的"1F"，打开一层平面视图，对墙体的类型及位置进行编辑，根据要求的机刨横纹灰白色花岗岩墙面墙体结构，在墙体选中的状态下，单击属性面板类型选择器中的"外墙–机刨横纹灰白色花岗岩墙面"，完成对墙体类型的编辑。

● 根据图纸，Ⓑ轴下面的墙体墙中线应位于Ⓑ轴线上，所以，选择对齐命令 🖳，单击拾取Ⓑ轴作为对齐目标位置，再移动鼠标指针到Ⓑ轴下方的墙上，按〈Tab〉键拾取墙的中心线位置，单击拾取，移动墙体的位置，使其中心线与Ⓑ轴对齐。

● 单击"墙"按钮，选择"外墙–机刨横纹灰白色花岗岩墙面"，底部限制条件"1F"，顶部约束"直到标高：2F"，选项栏选择"绘制"命令，"定位线"选择"墙中心线"，移动鼠标指针单击鼠标左键捕捉Ⓗ轴和⑤轴交点为绘制墙体起点，然后逆时针单击捕捉Ⓖ轴与⑤轴交点、Ⓖ轴与⑥轴交点、Ⓗ轴与⑥轴交点，绘制三面墙体，如图 3.4-21 所示。

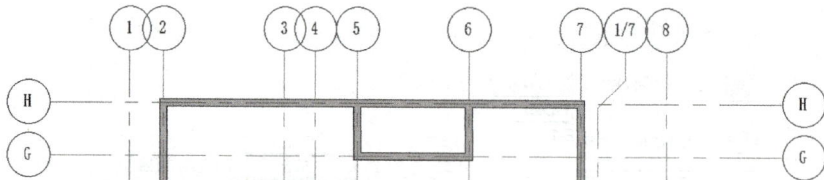

图　3.4-21

● 单击工具栏中的"拆分图元" 🎇 按钮，移动鼠标指针到Ⓗ轴上的墙⑤、⑥轴之间任意位置，单击鼠标左键将墙拆分为两段。

● 单击修剪按钮 🎇，移动鼠标指针到Ⓗ轴与⑤轴左边的墙上单击，再移动鼠标指针到⑤轴的墙上单击，这样右侧多余的墙被修剪掉，同样，Ⓗ轴与⑥轴右边的墙也用此方法修剪，如图 3.4-22 所示。

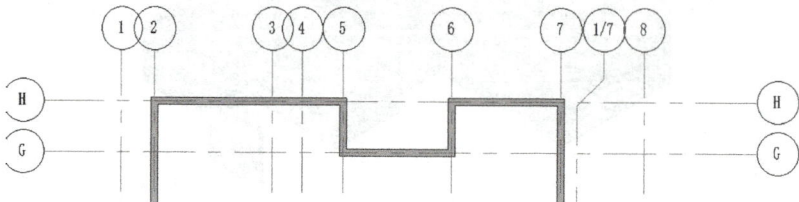

图　3.4-22

● 完成后的首层平面外墙如图 3.4-23 所示。

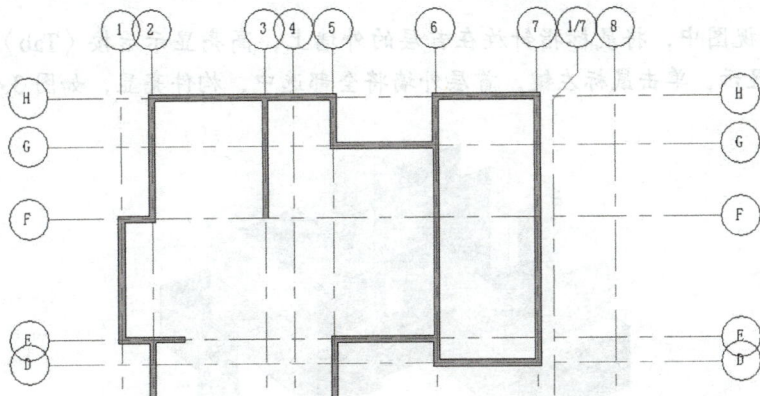

图　3.4-23

四、创建首层的内墙

● 在功能区"建筑"选项卡中单击"墙体"按钮,"属性"选项卡类型选择器中选择"普通砖 –200mm"。

● "绘制"面板选择"直线"命令,选项栏"定位线"选择"墙中心线",设置实例参数"基准限制条件"为"1F","顶部限制条件"为"直到标高:2F"。

● 按内墙位置捕捉轴线交点,绘制"普通砖 –200mm"首层内墙,如图 3.4-24 所示。

图　3.4-24

● "属性"选项卡类型选择器中选择"普通砖 –100mm",底部限制条件"1F",顶部约束"直到标高:2F",定位线选择"墙中心线",绘制Ⓖ轴处在②轴、③轴之间和⑥轴、⑦轴之间的墙体,Ⓕ轴处在②轴、③轴之间的墙体。

● 单击对齐 📖 按钮，单击拾取 Ｆ 轴处外墙内侧作为对齐目标位置，再移动鼠标指针到 Ｆ 轴的内墙上，按〈Tab〉键拾取墙的下边线位置，单击拾取，移动墙体的位置，使其与外墙内侧对齐。

● 单击移动 ✛ 按钮，单击拾取 Ｇ 轴处在 ⑥ 轴、⑦ 轴之间的墙体作为要移动的构件，按〈Enter〉键确认，单击墙体端点作为移动的基点，鼠标指针垂直向下移动，键盘输入"300"，按〈Enter〉键确认，移动该面墙体的位置。

● 首层内墙完成如图 3.4-25 所示。

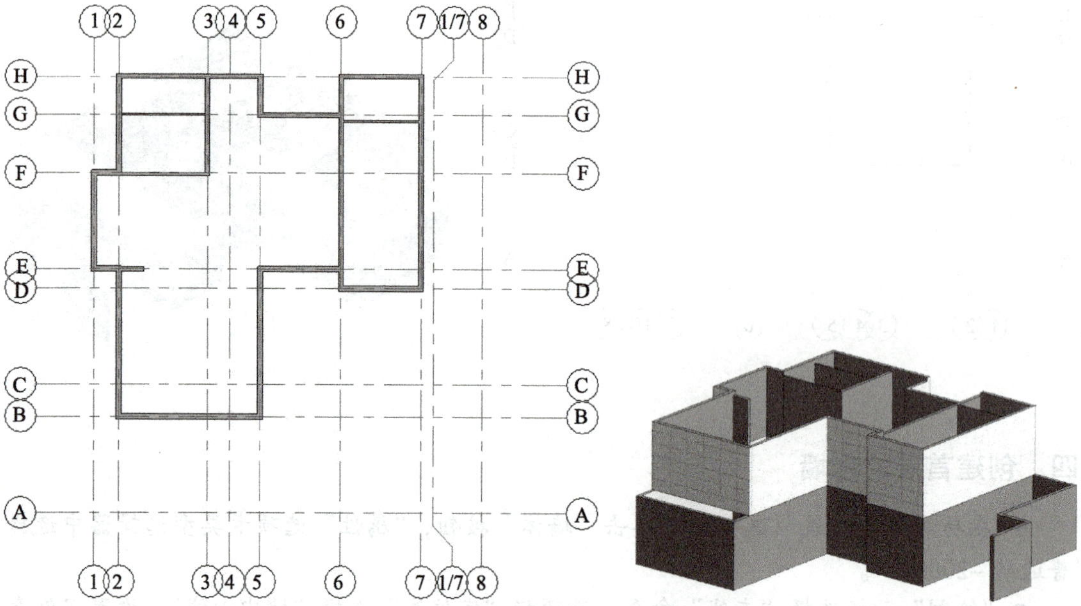

图　3.4-25

五、创建二层外墙

● 在三维视图中，将鼠标指针放在首层的外墙上，高亮显示后按〈Tab〉键，所有外墙将全部高亮显示，单击鼠标左键，首层外墙将全部选中，构件亮显，如图 3.4-26 所示。

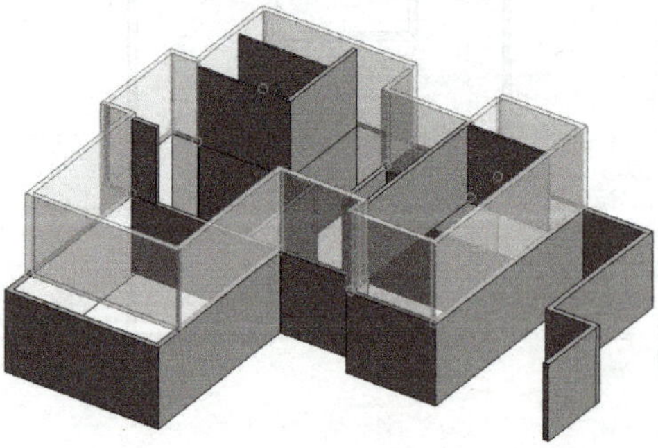

图　3.4-26

● 在选中的状态下单击"修改墙"上下文选项卡"剪切"面板中的"复制到剪贴板" 📋 按钮，将选中的所有构件复制到剪贴板中备用，之后单击粘贴下拉三角形，选择

"与选定的标高对齐"命令，打开"选择标高"对话框，选择"2F"，这样，首层平面的外墙被复制到了二层平面。

● 复制上来的二层平面墙体，需要修改局部位置、类型，或绘制新的墙体。

● 在墙体选中的状态下，单击"属性"选项卡类型选择器中的"–1F 外墙"，单击"编辑类型"按钮，进入"类型属性"对话框。单击"复制"按钮，也就是新建的命令，命名为"2F 外墙"，如图 3.4-27 所示，单击"确定"按钮。

名称

名称(N): 2F外墙

确定　　取消

图　3.4-27

● 设置墙体的构造。在结构中单击"编辑"按钮，单击面层 1[4] 材质的"浏览"按钮，弹出"材质浏览器"。搜索需要的涂料材质，在结果中选择"白色涂料"，如图 3.4-28 所示，单击"确定"按钮，涂料厚度设置为 20mm。

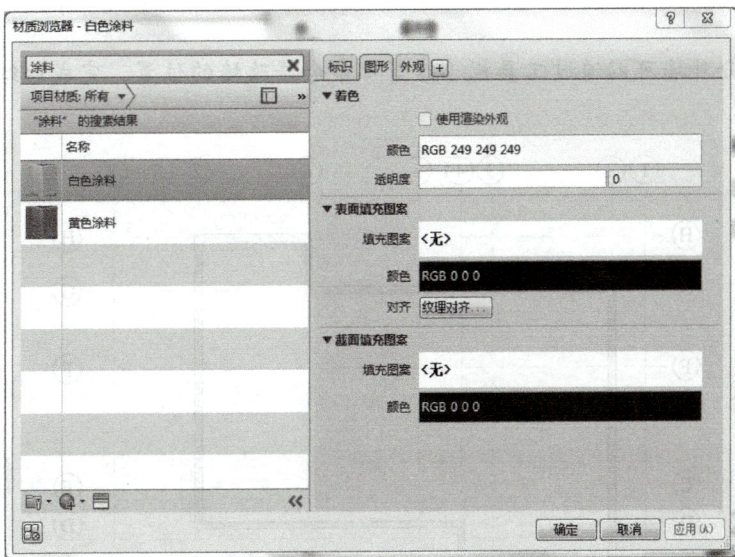

材质浏览器 - 白色涂料

涂料

项目材质: 所有

"涂料"的搜索结果

名称

白色涂料

黄色涂料

标识　图形　外观

着色

使用渲染外观

颜色　RGB 249 249 249

透明度　0

表面填充图案

填充图案　〈无〉

颜色　RGB 0 0 0

对齐　纹理对齐

截面填充图案

填充图案　〈无〉

颜色　RGB 0 0 0

确定　取消　应用(A)

图　3.4-28

● 这样就创建了二层外墙的这个类型，回到"类型属性"对话框，再次单击"确定"按钮。

● 设置二层墙体的"顶部限制条件"为"直到标高 3F"，单击"确定"按钮。

● 这时，二层的外墙就改为了新建的墙体类型，如图 3.4-29 所示。

● 在"项目浏览器"中双击"楼层平面"中的"2F"，打开二层平面视图，对墙体的位置进行编辑。单击工具栏中的"对齐"按钮，移动鼠标指针单击拾取ⓒ轴线作为对齐目标位置，再移动鼠标指针到Ⓑ轴的墙上，按〈Tab〉键拾取墙的中心线位置并单击拾取墙，移动墙的位置使其中心线与ⓒ轴对齐，如图 3.4-30 所示。

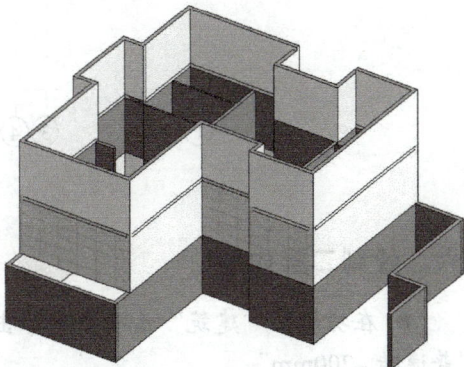

图　3.4-29

● 同理，以④轴线作为对齐目标位置，将⑤轴线上的墙拾取墙中心线，使其对齐至④轴线，如图 3.4-31 所示。

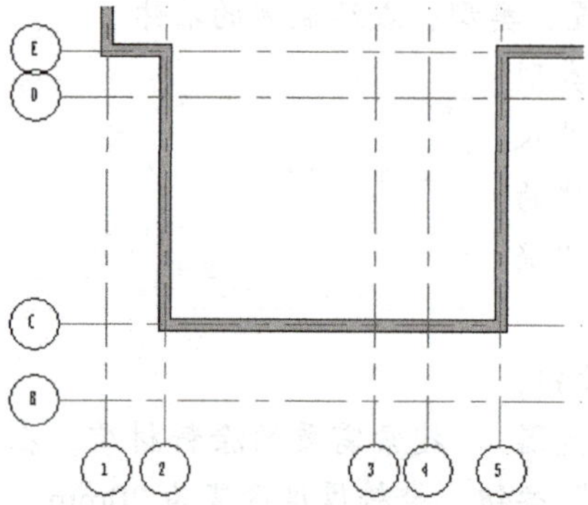

图 3.4-30 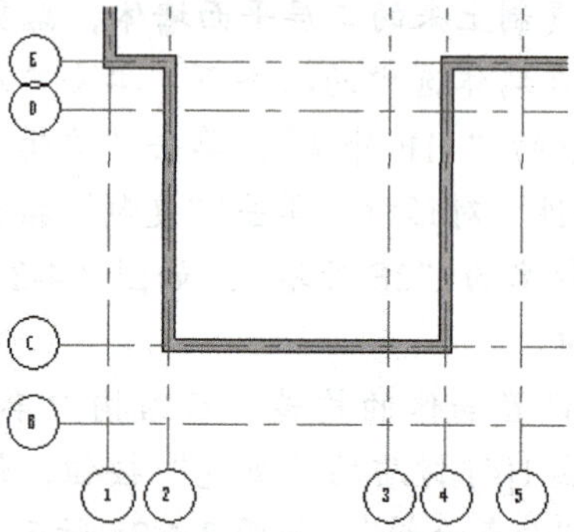　　　　　　　　　　　图 3.4-31

● 其余部分外墙可以通过工具栏"修剪"命令修改墙的位置，完成后结果如图 3.4-32所示。

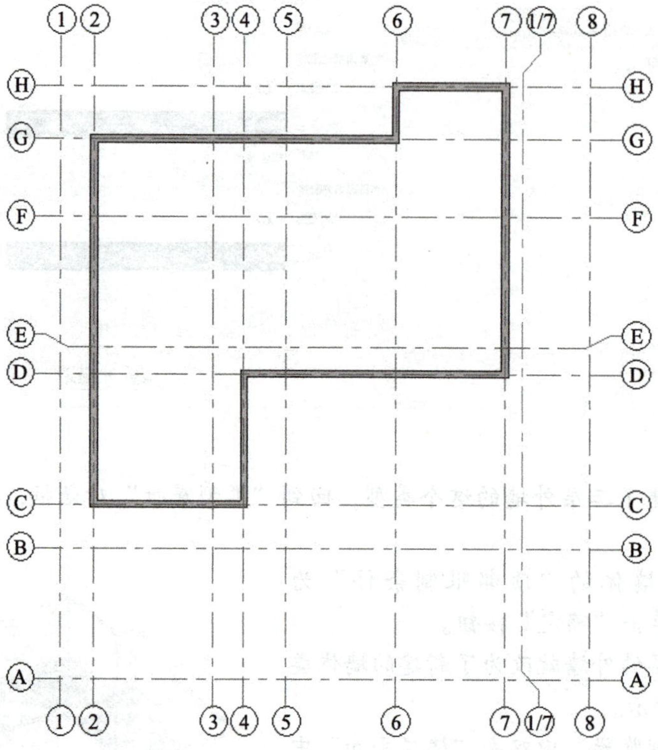

图 3.4-32

六、绘制二层内墙

● 在功能区"建筑"选项卡中单击"墙体"按钮，"属性"选项卡类型选择器中选择"普通砖 –200mm"。

●"绘制"面板选择"直线"命令，选项栏"定位线"选择"墙中心线"，设置实例参数"基准限制条件"为"2F","顶部限制条件"为"直到标高：3F"。

● 选项栏选择"绘制"命令，"定位线"选择"墙中心线"，按内墙位置绘制"普通砖 –200mm"二层内墙，如图 3.4-33 所示。

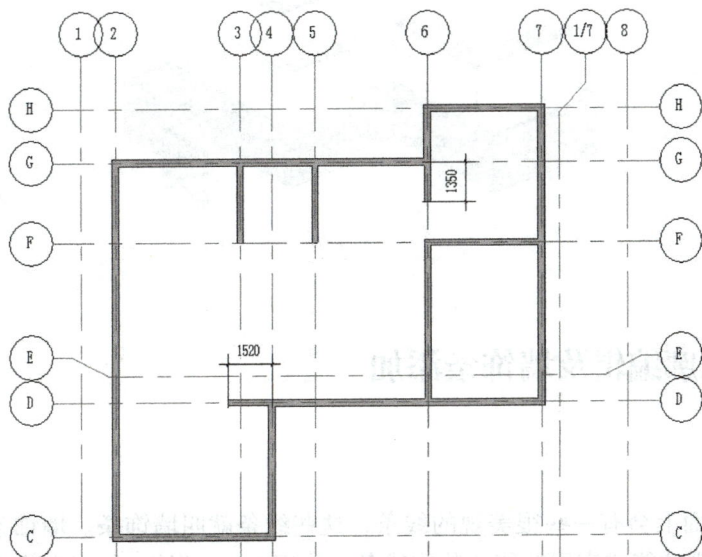

图　3.4-33

● "属性"选项卡类型选择器中选择"普通砖 –100mm"，底部限制条件"2F"，顶部约束"直到标高：3F"，按内墙位置绘制"普通砖 –100mm"二层内墙，如图 3.4-34 所示。

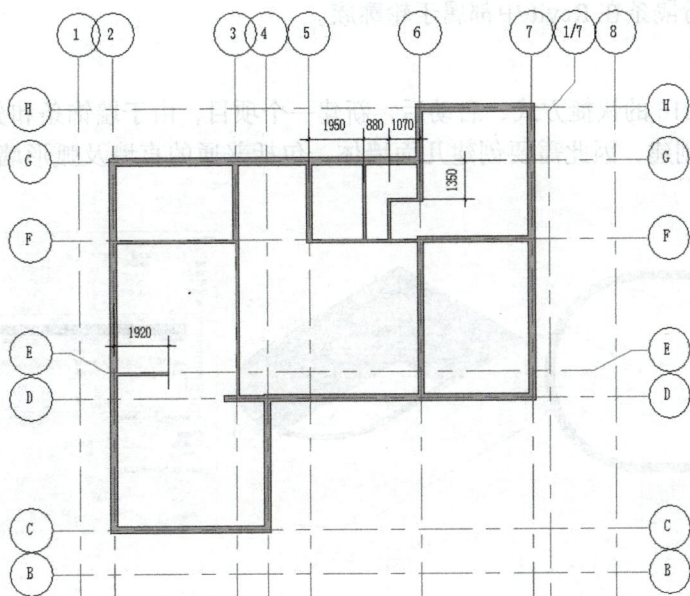

图　3.4-34

● 至此完成别墅墙体的绘制，三维视图如图 3.4-35 所示，保存文件。

图　3.4-35

3.5　墙体轮廓编辑及墙饰条添加

📖 内容导学

　　建筑物外墙面上会有一些很美观的线条，这些线条就叫墙饰条。墙饰条是一种基于墙面添加的具有美观功能或实用功能的装饰线条。使用 Revit "墙：饰条" 命令可以向墙中添加踢脚板、冠顶饰或其他类型的装饰。

　　墙分隔条用于窗台、屋檐及其他建筑边缘的收边处理，可以有效地防止撞击，保护墙角、窗台等，同时具有防止变形和美观的作用。Revit 中 "分隔条" 是根据设定轮廓，基于墙面形成的凹槽。

　　墙饰条和墙分隔条在 Revit 中都属于轮廓族。

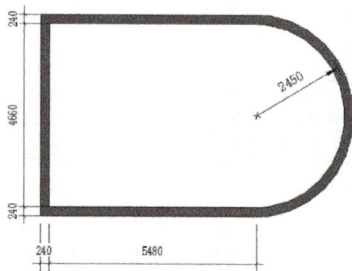

视频 3.5-1
墙体轮廓编辑及墙饰条添加

🖱 项目实战

　　双击 Revit 2016 的快捷方式，启动后，新建一个项目，由于墙饰条和分隔条需在墙体上创建，因此需要创建几面墙体，包括普通的直墙及弧形墙，如图 3.5-1 所示。

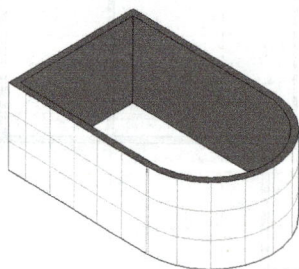

图　3.5-1

一、对单面墙体添加墙饰条

　　● 单击 "建筑" 选项卡 "构建" 面板中 "墙" 下拉菜单，在下面单击 "墙：饰条" 按钮，如图 3.5-2 所示。

● 在"属性"选项卡中可以看到有两种饰条形式，槽钢和檐口，如图 3.5-3 所示，可以根据需要选择，例如选择"檐口"，单击"编辑类型"，打开"类型属性"对话框。

图　3.5-2

图　3.5-3

● 单击"复制"按钮，新建一个墙饰条，命名为"墙饰条"，如图 3.5-4 所示。

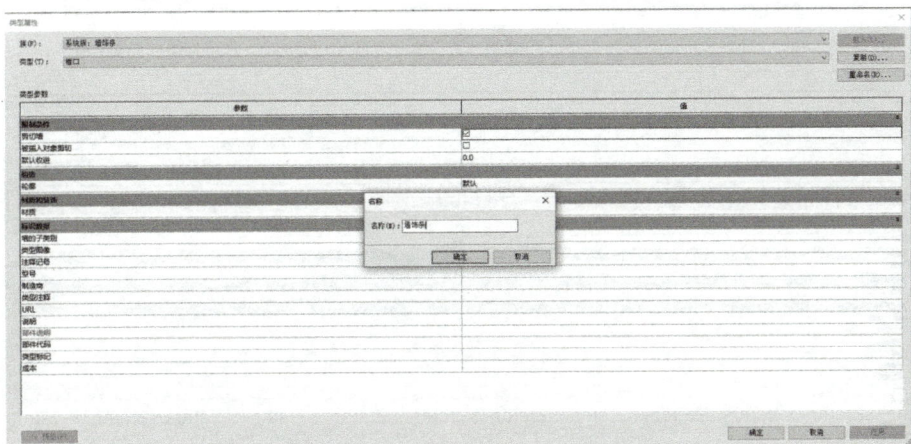

图　3.5-4

● 在轮廓里可以设置需要的墙饰条形状，如果没有想要的，可以单击"插入"选项卡"载入族"按钮，如图 3.5-5 所示。选择轮廓，立面的常规轮廓，找到装饰线条"腰线"，选择想要的形式，例如"腰线 60×35"，如图 3.5-6 所示，单击"打开"按钮。这样就把对应腰线形式载入到了项目中。

● 重新单击"墙：饰条"按钮，"属性"选项卡中选择"编辑类型"，新建墙饰条，在轮廓中选择已经载入的"腰线 60×35"的轮廓，在"材质"中可以设定饰条的材质，例如石材，如图 3.5-7 所示，设置好之后单击"确定"按钮，这时可以添加墙饰条了。

● 在"放置"面板中选择"水平"或"垂直"来设置墙饰条的添加方向，如图 3.5-8 所示。在需要添加墙饰条的墙体上单击添加墙饰条，如图 3.5-9 所示。

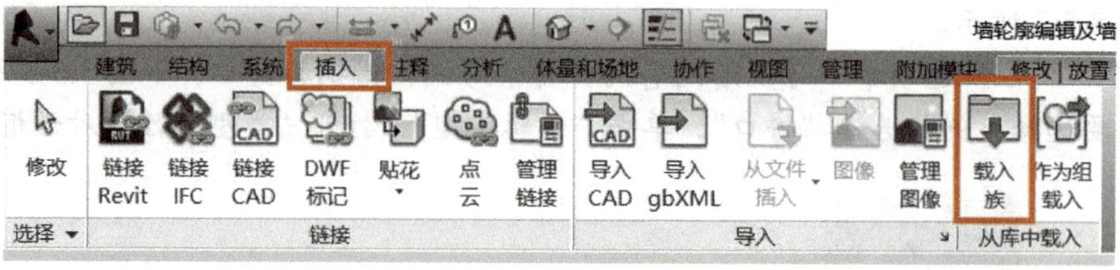

图 3.5-5

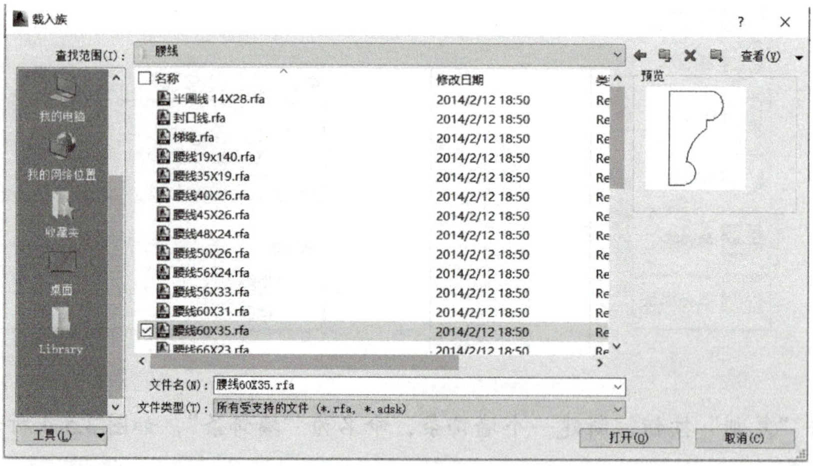

图 3.5-6

图 3.5-7

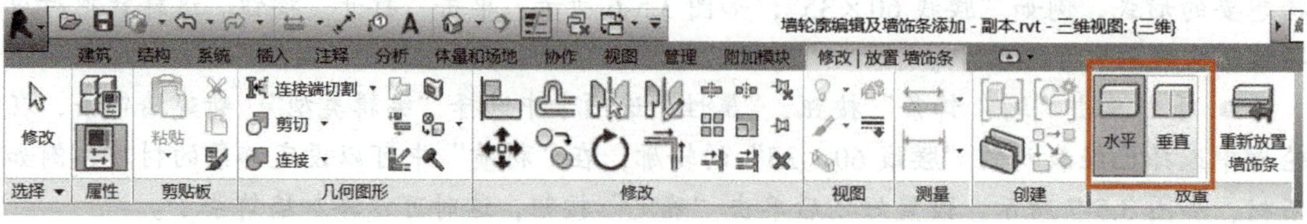

图 3.5-8

图　3.5-9

● 选中添加完成的墙饰条，可以单击它的临时尺寸进行其高度或水平位置的设置，例如水平墙饰条距墙底 800，单击临时尺寸，将其改为"800"，垂直方向的墙饰条将其改为距墙端"1000"，这样就设置好了墙饰条的位置。

二、对单面墙体添加分隔条

● 单击"墙"下拉菜单中的"墙：分隔条"按钮，在"属性"选项卡中单击"编辑类型"，同样可以设定其轮廓，例如仍选择"腰线 60×35"，与墙饰条相同，可以选择"水平"或者"垂直"放置，放置完成后修改其具体位置，如图 3.5-10 所示。

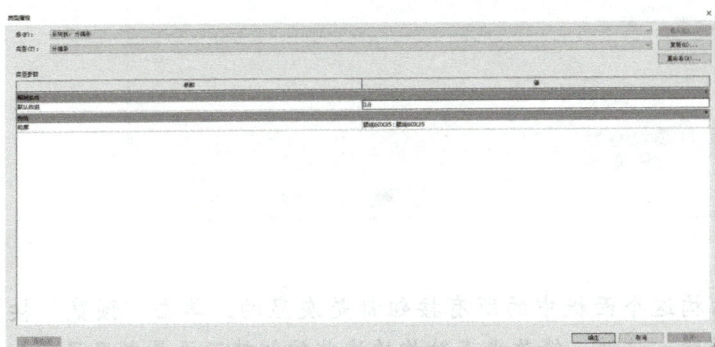

图　3.5-10

三、墙饰条和分隔条的区别

墙饰条和分隔条完全相反，如图 3.5-11 所示，墙饰条是凸出于墙面的，分隔条是凹进墙面的，它对墙体进行了剪切。

图　3.5-11

四、对某一类型的墙体添加墙饰条或分隔条

如果想对某一类型的墙体添加墙饰条或分隔条，可以在墙的类型属性中修改墙体结构。

● 选中一面墙体，在"属性"选项卡中单击"编辑类型"，弹出"类型属性"对话框，单击结构中的"编辑"按钮，进入"编辑部件"对话框，如图 3.5-12 所示。

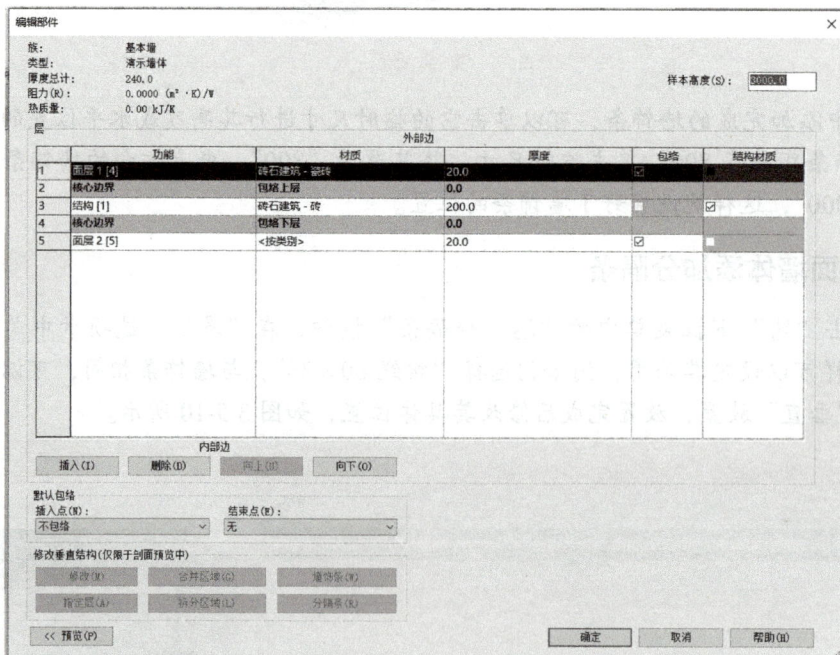

图　3.5-12

● 可以看到在修改垂直结构这个面板中的所有按钮都是灰显的，单击"预览"按钮，将视图改为剖面修改类型属性，这时，修改垂直结构的这些按钮就不再是灰显了，如图 3.5-13 所示。

● 单击"拆分区域"按钮，可以将某一结构层进行水平或竖直拆分，例如将外面层进行水平方向的拆分，将鼠标指针移动到外面层要拆分的位置，例如距墙底 500 的位置，当出现分隔线时单击，这样面层就被拆分成了上下两部分，如图 3.5-14 所示。

● 如果要调整拆分位置，可以单击"修改"按钮，选择刚添加的分隔线，然后修改临时尺寸数值，例如改为"1000"，按下〈Enter〉键，这样面层就在距离墙底 1000 的位置被拆分成了上下两部分，如图 3.5-15 所示。

● 单击"合并区域"按钮，将鼠标指针移动到结构层边界位置，会出现一个带小箭头的符号，表示用一层的材质去指定另一层材质，如果箭头向左，表示将右侧的材质指定给左侧，也就是将结构层的材质合并指定给外面层，单击该符号按钮，面层的材质被修改成了核心层的材质，单击"确定"按钮，回到三维视图中可以看到这一类型的墙体面层被修改成了上下两部分，并且上部分的材质改为了核心层的材质，如图 3.5-16 所示。

● 再次选择墙体，单击"编辑类型"按钮，进入"构造编辑部件"对话框，如图 3.5-17 所示。

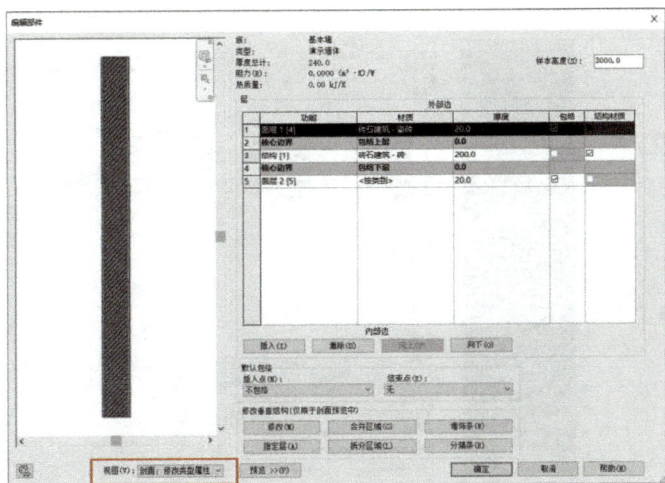

图　3.5-13

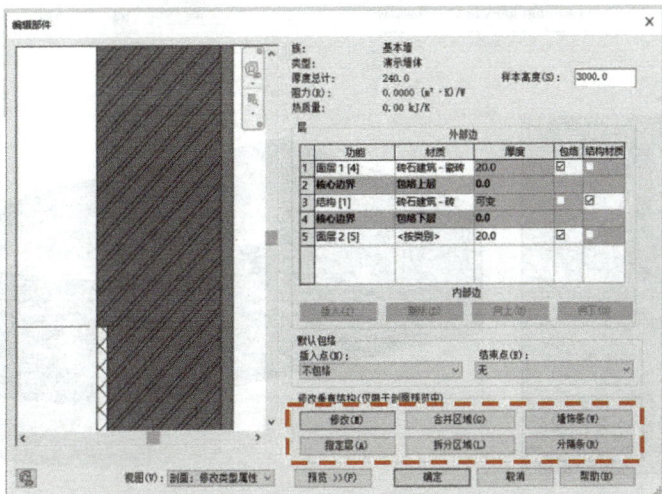

图　3.5-14

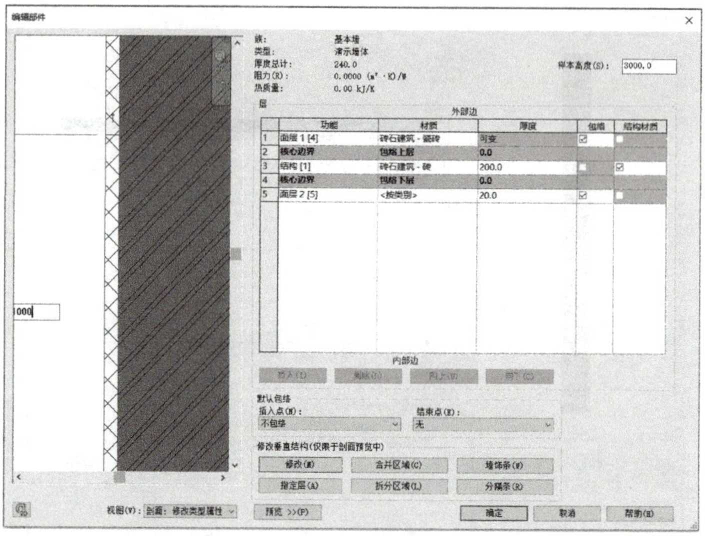

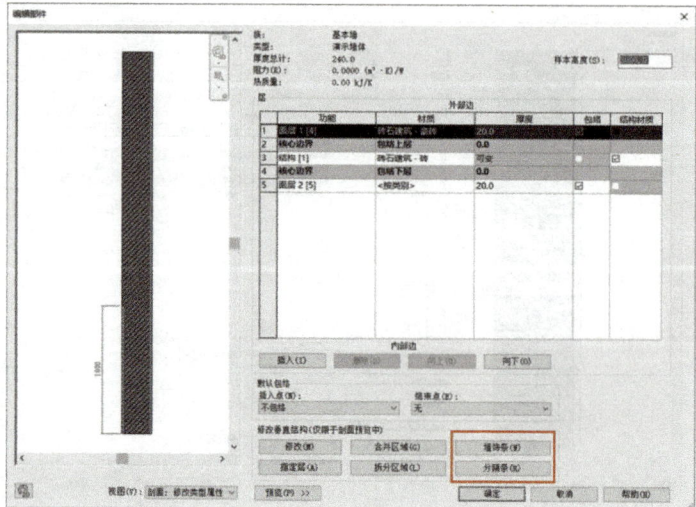

图　3.5-15

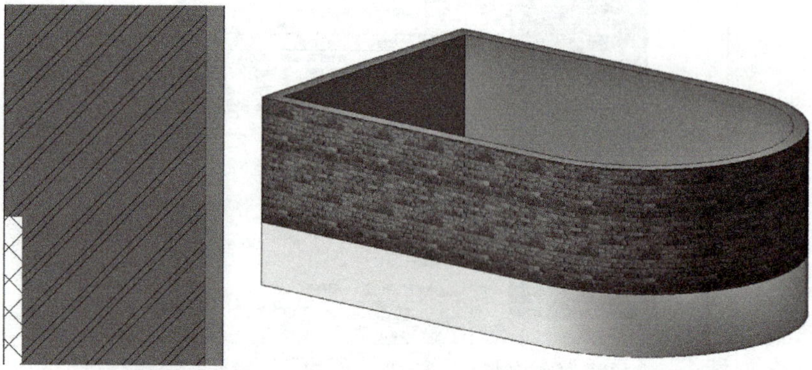

图　3.5-16

图　3.5-17

● 单击"墙饰条"按钮，弹出"墙饰条"对话框，如图 3.5-18 所示，单击"添加"按钮，可以选择需要的轮廓，同样也可以载入轮廓，仍然选择"腰线 60×35"，将其材质设定为石材，"距离"指墙饰条距墙底的距离，设为"1000"，"边"指将墙饰条添加在墙的内部还是外部，选择"外部"，"偏移"指墙饰条相对墙体表面在水平方向的偏移，如果想让墙饰条脱离墙体，可以设定偏移，否则按照默认 0，设置好之后单击"确定"按钮，切换到三维视图，每一面墙体都添加了设置好的腰线形式饰条，如图 3.5-19 所示。

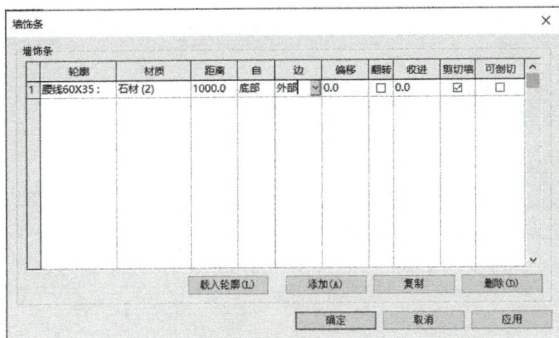

图 3.5-18

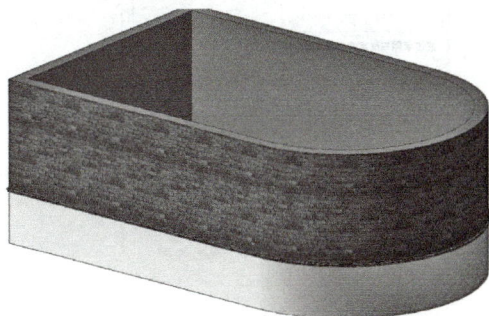

图 3.5-19

● 给墙体添加分隔条与墙饰条相同，选择墙体，单击"编辑类型"，单击"分隔条"按钮，"分隔条"对话框如图 3.5-20 所示，单击"添加"按钮，设定其轮廓、参数，设置好之后单击"确定"按钮，墙体即被添加了分隔条，同时分隔条把墙体进行了剪切处理，也就是分隔条在墙体中是凹进去的，如图 3.5-21 所示。

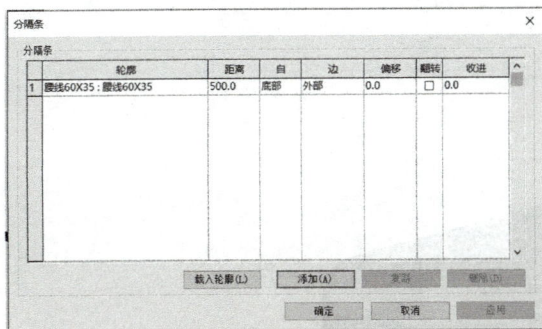

图 3.5-20

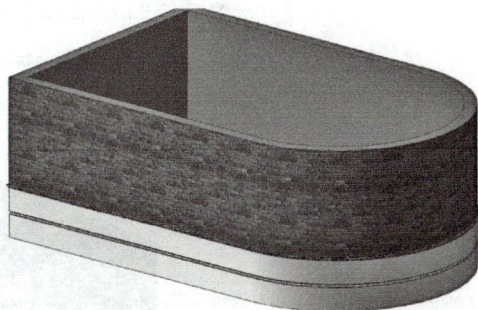

图 3.5-21

五、编辑墙体轮廓

绘制好墙体之后还可以对墙体的轮廓进行编辑。

● 在楼层平面中选中要编辑的墙体，单击"编辑轮廓"按钮，如图 3.5-22 所示。

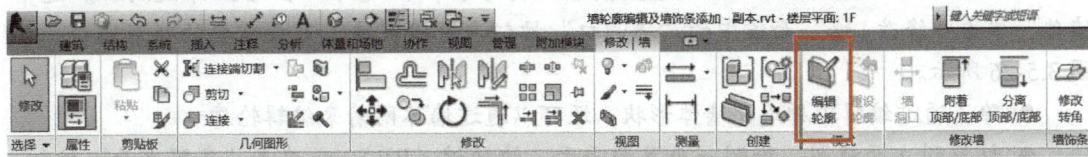

图 3.5-22

● 弹出"转到视图"对话框，单击"北立面"按钮，如图 3.5-23 所示，进入北立面视图，墙体轮廓用粉色的线条来显示，而且墙体是一个规则的矩形，如图 3.5-24 所示。

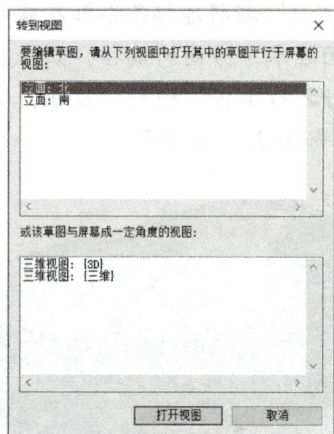

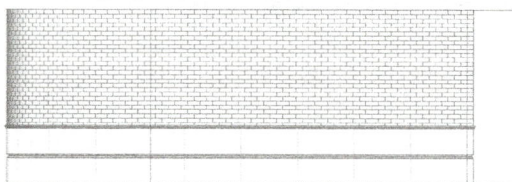

图 3.5-23   图 3.5-24

● 可以用"绘制"面板中的命令修剪其轮廓，也可以给墙体创建不同形状的洞口，例如矩形、多边形、圆形，注意编辑轮廓不允许有相交或者重叠的线，编辑完成后单击"模式"面板中的"对号"，完成轮廓的编辑，如图 3.5-25 所示。

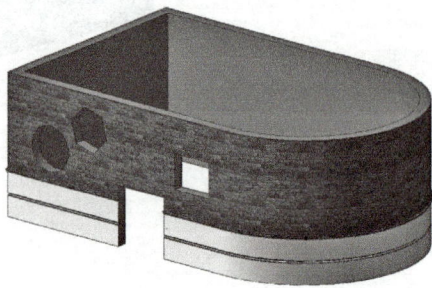

图 3.5-25

● 对于弧形的墙体，Revit 不能直接修改其形状，但是可以在墙上开设洞口。选中墙体，单击"修改|墙"面板中的"墙洞口"按钮，可以在墙上开设需要的矩形洞口，如图 3.5-26 所示。

● 除了通过编辑轮廓改变墙体形状，还可以通过墙体附着来编辑轮廓。

● 切换到立面视图，绘制一个参照平面，快捷键〈RP〉，或单击"参照平面"按钮，绘制一个斜的参照平面，如图 3.5-27 所示。

图 3.5-26

图 3.5-27

● 把墙的上表面附着到参照平面。选中这个墙，单击"附着顶部 / 底部"按钮，在状态栏中有"底"和"顶"两个选项，指要附着的是墙底部或顶部，选择"顶部"，如图 3.5-28 所示，选择要附着的对象，墙的顶面就会附着于这个参照平面，如图 3.5-29 所示。

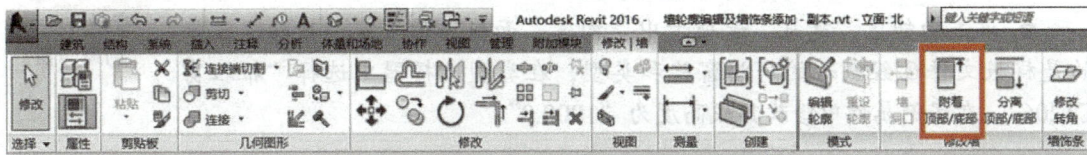

图 3.5-28

图 3.5-29

小提示：在建模过程中可以用"附着"命令将墙附着于参照平面、屋顶、楼板等类似的图元。

3.6 创建门窗

📖 内容导学

在房屋建筑中，门是建筑物的出入口，窗是在墙或屋顶上建造的洞口，以便光线或空气进入室内。门窗是建筑物围护结构系统中重要的组成部分，同时又是建筑造型的重要组成部分。

Revit 在建筑模块提供了创建门窗的命令，用于在项目中添加图元。在 Revit 中门窗都属于可载入族，同时也是基于主体的构件，门窗依附于墙体、屋顶等图元，必须插入在墙体或屋顶等主体图元上。也就是说，墙体、屋顶是主体，门窗是基于主体之上的，如果删掉墙或屋顶，其上的门窗也随之删除。在 Revit 中，门和窗只是形式不一样，具体在放置和编辑时参数的设置方法是相同的。

除了可以用默认的门窗功能创建门窗构件，还可以用自定义的门窗族来定义并创建实际项目中的一些复杂门窗构件。

🖱 项目实战

对小别墅项目，按照图纸要求的门窗类型及参数进行门窗的创建。

一、创建地下一层的窗

- 双击打开"−1F"楼层平面视图。
- 单击功能区"建筑"选项卡中"构建"面板内的"窗"按钮，显示的是样板文件已经载入的一些窗族和类型，在类型选择器中选择"推拉窗C1206"，在实例属性中修改其底高度为"1900.0"。

视频 3.6-1
创建门窗

小提示：在"属性"选项卡中单击"编辑类型"，可以查看或根据需要修改其高度、宽度的尺寸，默认的窗台底高度，窗框材质，玻璃材质。

- 在选项栏上选择"在放置时进行标记"，以便对门进行自动标记。要引入标记引线，请勾选"引线"并指定长度，如图 3.6-1 所示。

修改 | 放置 窗   ⊔ 水平   ∨   标记... ☐ 引线 ⊢⊣ 12.7 mm

图 3.6-1

小提示：如果将鼠标指针放在空白位置是不能添加窗的，把鼠标指针放在墙上，系统就会自动给出放置预览，这是因为门窗是依附于墙体的构件。

● 将鼠标指针移动到②轴外墙上，此时会出现窗与周围墙体距离的蓝色相对尺寸，如图 3.6-2 所示。这样可以通过相对尺寸大致捕捉门窗的位置。在平面视图中放置窗之前，按〈space〉键可以控制窗的内外开启方向。

● 在墙上合适位置单击鼠标左键以放置窗，调整临时尺寸标注蓝色的控制点，拖动蓝色控制点移动到⑥轴与②轴外墙的交点，修改尺寸值为"550.0"，按下〈Enter〉键，如图 3.6-2 所示。选中窗的标记，可以将其拖动到合适的位置。

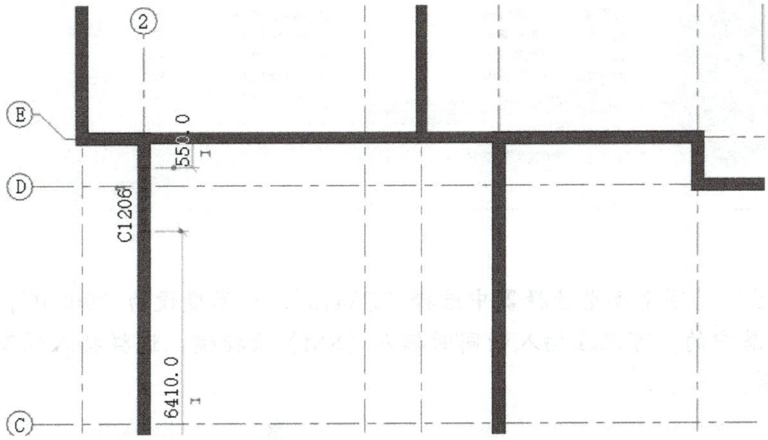

图 3.6-2

> **小提示：** 选中窗，窗旁边有一个双向箭头的翻转符号，箭头代表窗的外侧，可以单击它对窗进行内外的翻转，也可以在选中窗的状态下按〈space〉键来切换窗的开启方向。

● 继续放置其他墙上的窗。在⑤轴外墙上有两扇窗 C0823，单击"建筑"选项卡"窗"按钮选择"C0823"，底高度改为"400.0"，在大致位置放置两扇窗，拖动相对尺寸控制柄到⑥轴及第一个 C0823 的下边缘，将尺寸数值改为"1820.0""800.0"，如图 3.6-3 所示。

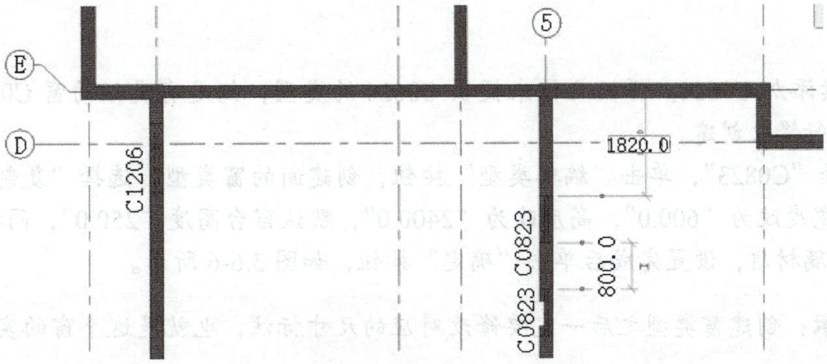

图 3.6-3

● 接下来放置 C3415，由于样板文件未提供 C3415 的类型，需要载入新的窗族。
● 选择"载入族""建筑""窗""样板"，选中"单层四列"这个窗族，单击"打开"按钮，如图 3.6-4 所示，对应的窗族就被载入进来了。

图   3.6-4

● "属性"选项卡类型选择器中选择"C3415"，底高度设为"900.0"，由于 C3415 在该面墙中是居中的，可以在插入的同时输入〈SM〉快捷键，这样插入的窗自动居中，如图 3.6-5 所示。

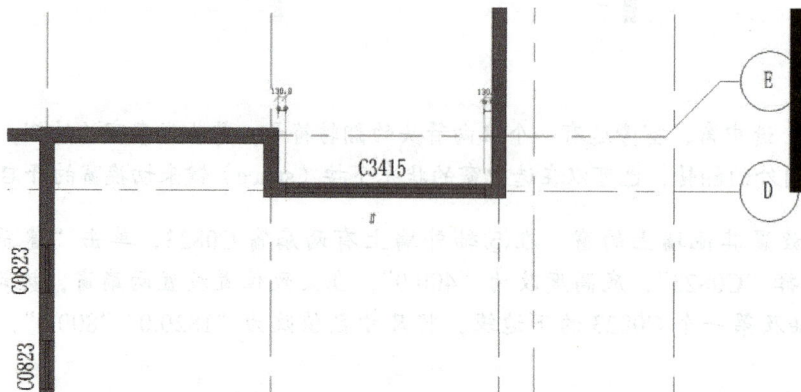

图   3.6-5

● 继续添加 C0624。样板文件未提供 C0624 的类型，但是有类似的窗 C0823 可以在其基础上进行修改创建。

● 选择"C0823"，单击"编辑类型"按钮，创建新的窗类型，选择"复制"，命名为"C0624"，宽度改为"600.0"，高度改为"2400.0"，默认窗台高度"250.0"，同样可以设置其窗框、玻璃材质，设置完成后单击"确定"按钮，如图 3.6-6 所示。

> **小提示**：创建窗类型之后一定要修改对应的尺寸标注，也就是这个窗的实际宽度和高度。

● 放置 C0624，调整其位置。由于⑦轴外墙上有三个 C0624，窗间距为 800.0，可以直接放置，也可以用复制的命令放置另两面窗。选中已经放置的 C0624，单击"复制"按钮，选择"约束"以及"多个"，单击选择复制的基点，输入复制间距"1400.0"，单击完成第二个窗，再次输入"1400.0"，单击完成第三面窗的放置。

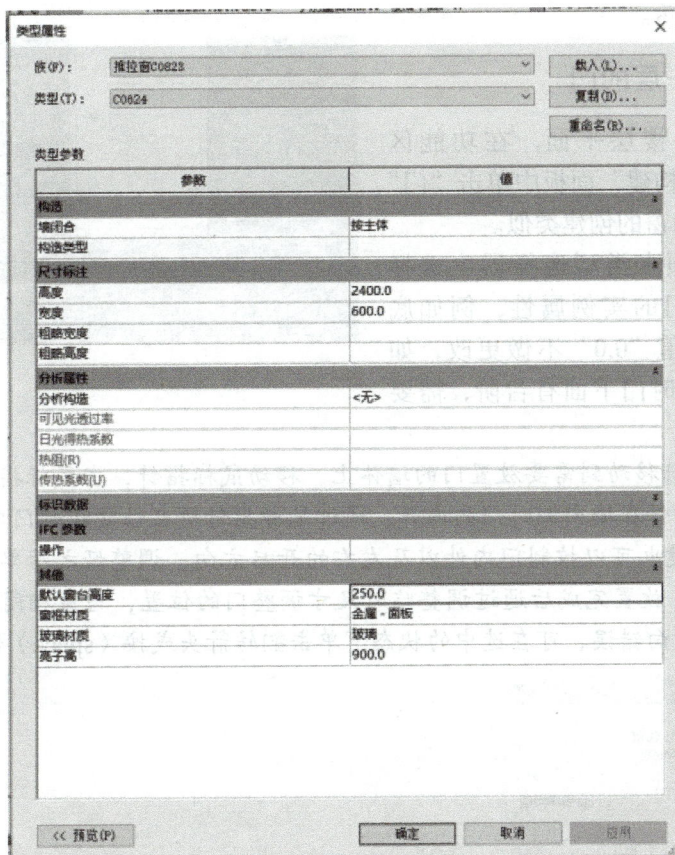

图 3.6-6

● 完成地下一层窗的创建及编辑，如图3.6-7所示。

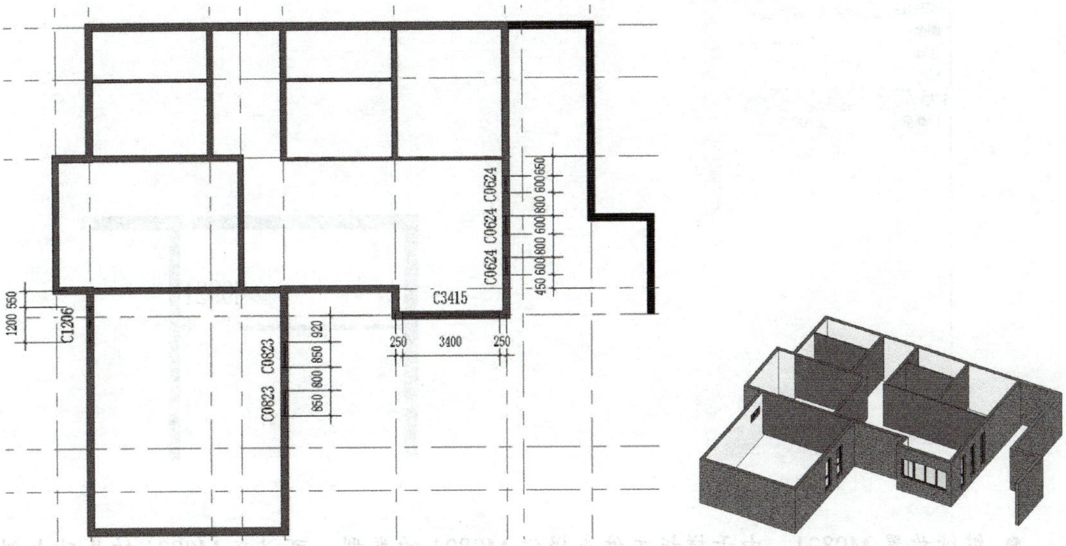

图 3.6-7

● 如果窗的底高度设置错误，也可以在三维视图中选中这面窗，修改其临时尺寸数值，如图 3.6-8 所示。

二、创建地下一层的门

打开"−1F"楼层平面，在功能区"建筑"选项卡"构建"面板中单击"门"按钮，门的创建与窗的创建类似。

"属性"选项卡类型选择器中选择"M0921"，修改门的实例属性，例如底高度，按照默认值"0.0"不做更改，如图 3.6-9 所示。有时门下面有台阶，需要设定其底高度。

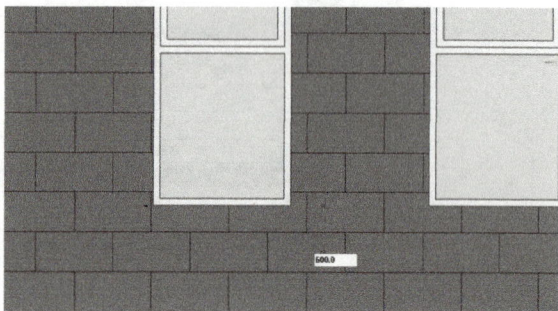

图 3.6-8

● 将鼠标指针移动到需要放置门的墙体上，移动鼠标指针，当鼠标指针在墙外侧时门向外开，当鼠标指针在墙内侧时门向内开，通过鼠标指针所在位置控制门内外的开启方向，同时按〈space〉键也可以控制门内外以及左右的开启方向，调整好之后单击，放置地下一层所有的 M0921，放置完成后通过调整临时尺寸调整门的位置，与窗相同，如图 3.6-10 所示。如果门开启方向错误，可在选中的状态下单击翻转箭头或按〈space〉键来调整。

图 3.6-9

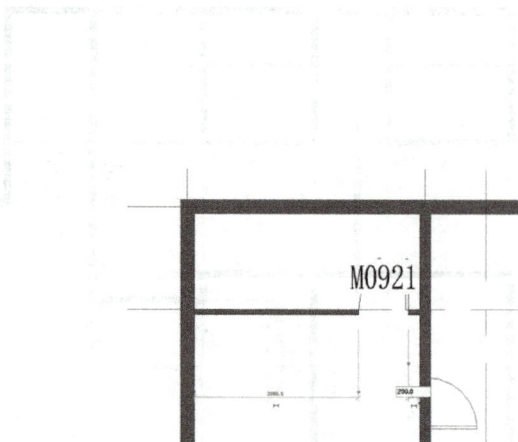

图 3.6-10

● 继续放置 M0821，由于样板文件未提供 M0821 的类型，可以在 M0921 的基础上创建。选择"M0921"，单击"编辑类型"按钮，创建新的门类型，单击"复制"按钮，命名为"M0821"，修改其宽度尺寸为"800.0"，也可以设定其材质和装饰，如图 3.6-11 所示，设置好之后开始放置门，放好之后，调整门的位置。

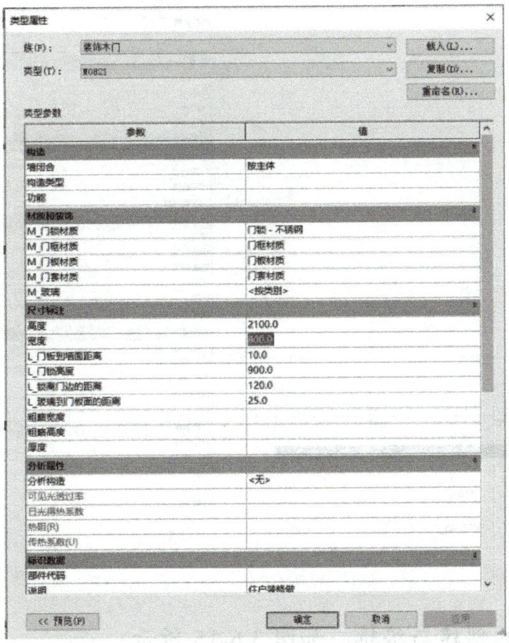

图　3.6-11

● 继续放置 M1824，调整位置。由于 M2124 在墙体上是居中放置的，因此在放置时输入〈SM〉快捷键使其居中放置。

● 最后放置卷帘门 JLM5422。样板文件中没有卷帘门的族，需要载入新的卷帘门族。选择"载入族""建筑""门""卷帘门"，选中"卷帘门"，如图 3.6-12 所示，弹出"指定类型"对话框，需要 5400×2200 的卷帘门，这里没有对应的尺寸，可以选择一个相近尺寸的"6000×2200"，如图 3.6-13 所示，单击"确定"按钮。

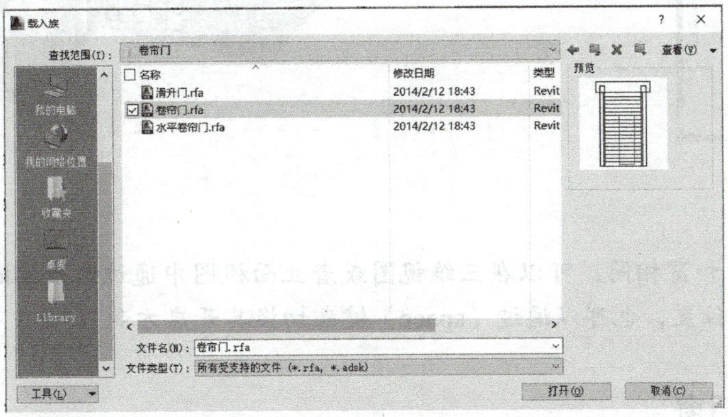

图　3.6-12

● 将载入的卷帘门修改成需要的门。单击"编辑类型"按钮，单击"复制"按钮，命名为"JLM5422"，修改宽度为"5400.0"，如图 3.6-14 所示，单击"确定"按钮，放置门，调整其位置。

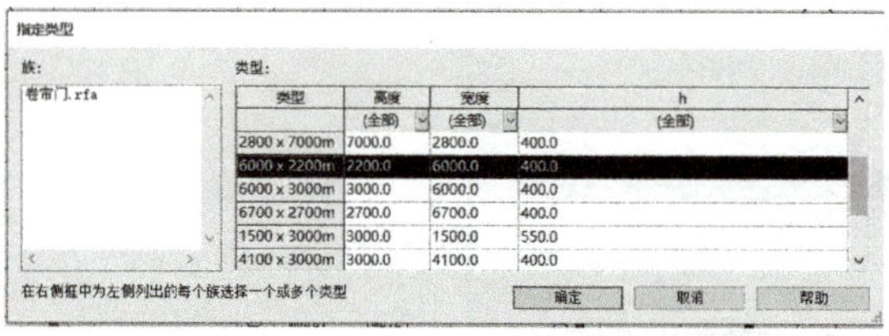

图　3.6-13

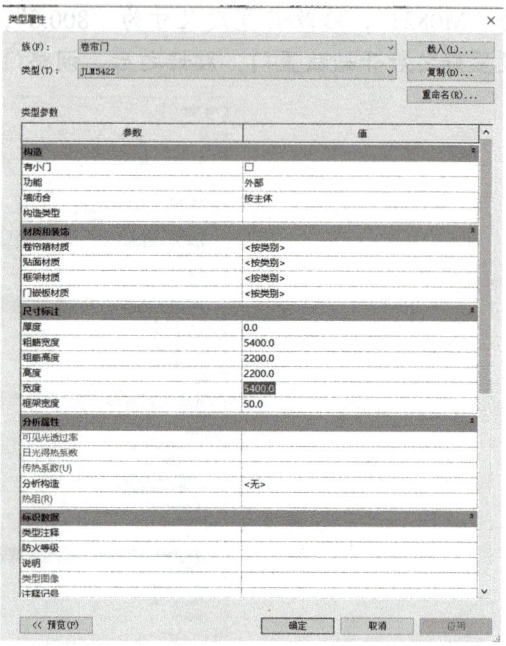

图　3.6-14

● 完成地下一层门的创建与编辑，如图 3.6-15 所示。

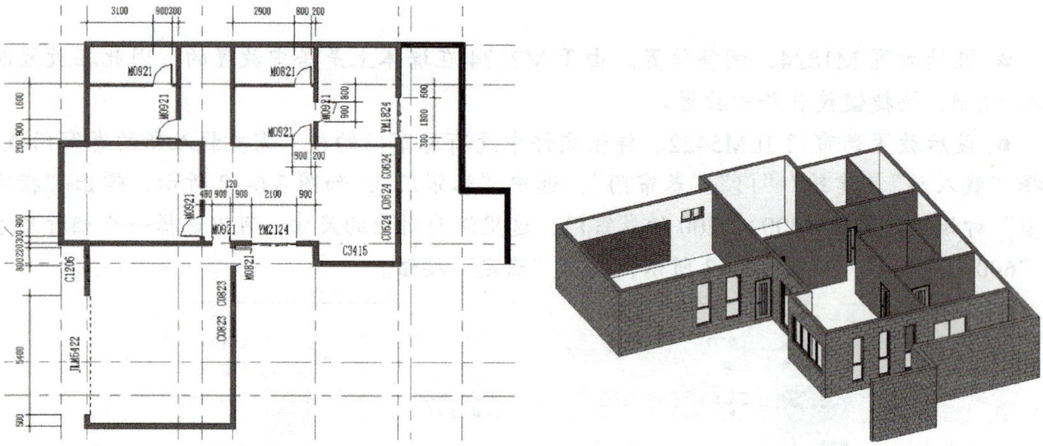

图　3.6-15

> **小提示**：门和窗相同，可以在三维视图或者立面视图中通过修改临时尺寸数值来调整其在墙体中的位置，也可以通过〈space〉键来切换其开启方向。

三、创建首层门窗

● 双击打开"1F"楼层平面视图。

● 在功能区"建筑"选项卡中单击"窗"按钮，"属性"选项卡类型选择器中选择"C0624"，单击"编辑类型"按钮，创建新的窗类型，单击"复制"按钮，命名为

"C0625"，高度改为"2500.0"，默认窗台高度"300.0"，如图3.6-16所示，也可以在实例属性中修改其底高度为"300.0"。

● 在①轴墙体上放置两扇C0625，调整其位置。

● 选择"C0823"，单击"编辑类型"按钮，创建新的窗类型，单击"复制"按钮，命名为"C0825"，高度改为"2500.0"，默认窗台高度"150.0"，如图3.6-17所示。放置并调整其位置。

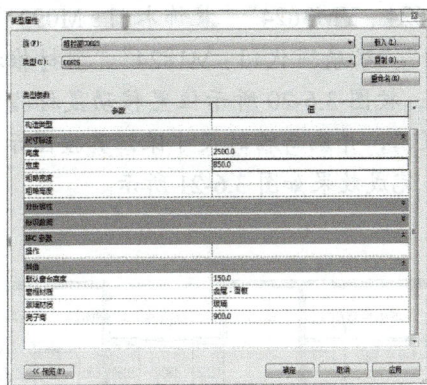

图　3.6-16　　　　　　　　　　　　图　3.6-17

● 选择"C1206"，单击"编辑类型"按钮，创建新的窗类型，单击"复制"按钮，命名为"C2406"，宽度改为"2400.0"，默认窗台高度"1200.0"。放置并调整其位置。

● 在功能区"建筑"选项卡中单击"窗"按钮，在"属性"选项卡类型选择器中分别选择窗类型："推拉窗2406：C2406""C0615：C0609""C0615：C0615""C0915：C0915""单层四列：C3423""推拉窗0823：C0823"，按图3.6-18所示位置移动鼠标指针到墙体上单击放置窗，并编辑临时尺寸保证其按图示尺寸位置精确定位。

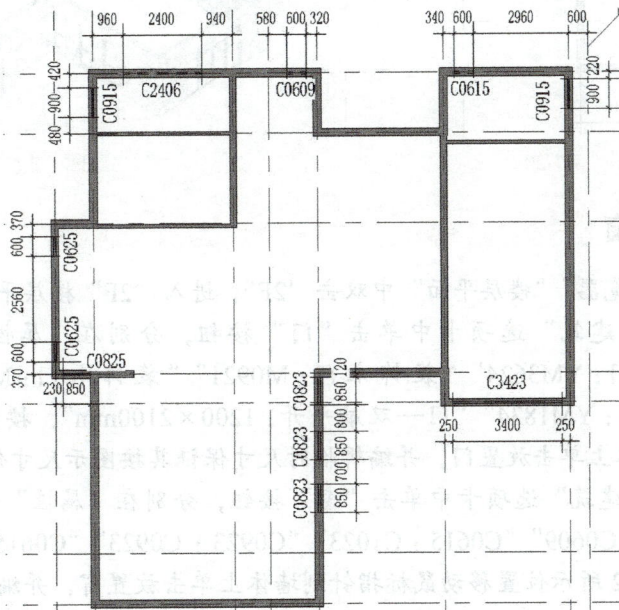

图　3.6-18

● 编辑窗台高。在平面视图中选择窗，在"属性"选项卡中设置"底高度"的参数值，调整窗户的窗台高。各窗的窗台高为：C2406-1200mm、C0609-1450mm、C0615-900mm、C0915-900mm、C3423-100mm、C0823-100mm、C0825-150mm、C0625-300mm。

● 完成效果如图 3.6-19 所示。

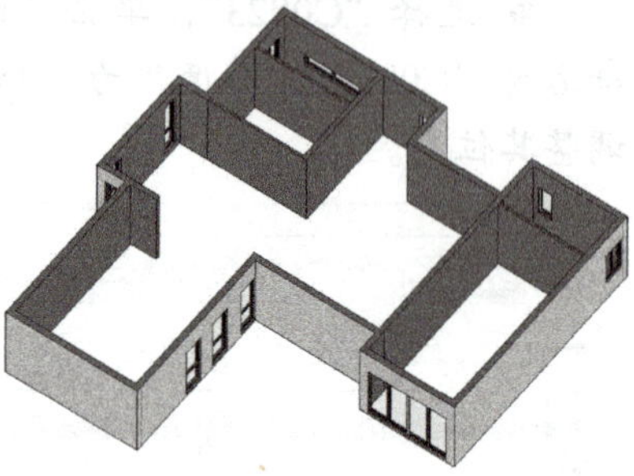

● 在功能区"建筑"选项卡中单击"门"按钮，在"属性"选项卡类型选择器中分别选择门类型："YM3624：YM3624""装饰木门：M0921""装饰木门：M0821""双扇现代门：M1824""型材推拉门：塑钢推拉门"，按图 3.6-20 所示位置移动鼠标指针到墙体上单击放置门，并编辑临时尺寸保证其按图示尺寸位置精确定位。完成效果如图 3.6-21 所示。

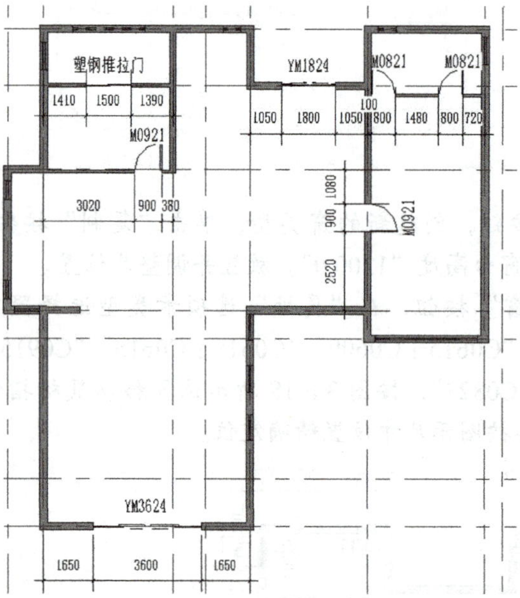

图　3.6-19

图　3.6-20

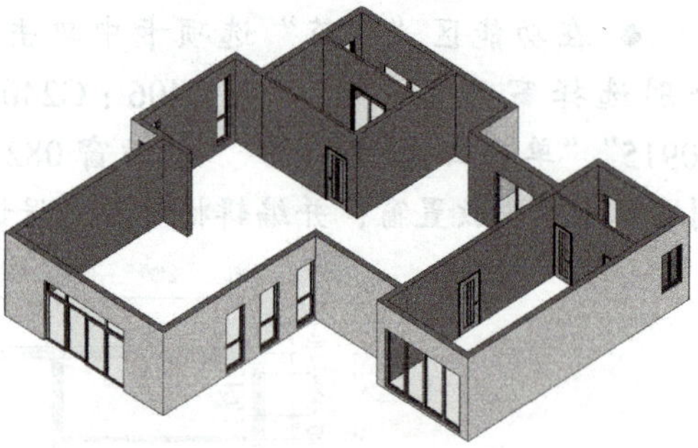

图　3.6-21

四、创建二层门窗

● 在"项目浏览器""楼层平面"中双击"2F"，进入"2F"楼层平面。

● 在功能区"建筑"选项卡中单击"门"按钮，分别在"属性"选项卡类型选择器中选择"移门：YM3624""装饰木门：M0921""装饰木门：M0821""LM0924：LM0924""YM1824：YM1824""门—双扇平开：1200×2100mm"，按图 3.6-22 所示位置移动鼠标指针到墙体上单击放置门，并编辑临时尺寸保证其按图示尺寸位置精确定位。

● 在功能区"建筑"选项卡中单击"窗"按钮，分别在"属性"选项卡类型选择器中选择"C0615：C0609""C0615：C1023""C0923：C0923""C0615：C0615""C0915 C0915"，按图 3.6-22 所示位置移动鼠标指针到墙体上单击放置窗，并编辑临时尺寸保证其按图示尺寸位置精确定位。

● 编辑窗台高。在平面视图中选择窗，在"属性"选项卡中设置"底高度"的参数值，调整窗户的窗台高。各窗的窗台高为：C0609-1450mm、C0615-850mm、C0923-100mm、C1023-100mm、C0915-900mm。

● 完成效果如图 3.6-23 所示。

图　3.6-22

图　3.6-23

3.7　创建幕墙

📖 **内容导学**

　　幕墙是建筑的外墙围护，不承重，像幕布一样挂上去，故又称为"帷幕墙"，是现代大型和高层建筑常用的带有装饰效果的轻质墙体。幕墙由幕墙网格、竖梃和幕墙嵌板组成，相对主体结构有一定位移能力或自身有一定变形能力，不承担主体结构作用。

　　在 Revit 中常规幕墙是墙体的一种特殊类型，其绘制方法和常规墙体相同，并具有常规墙体的各种属性。

　　Revit 提供了三种幕墙的类型，分别是幕墙、外部玻璃和店面，如图 3.7-1 所示，这三种不同的幕墙类型主要区别在于内部的一些参数设定。

　　幕墙没有做任何的参数定义，其表面是没有网格和竖梃的，这种类型灵活性最强。

　　外部玻璃是在幕墙的基础上做了预设网格，如果设置不合适，可以修改网格规则。

　　店面是在外部玻璃的基础上又增加了预设的网格和

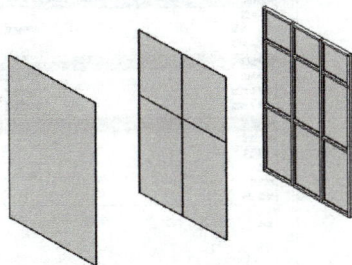

图　3.7-1

竖梃。如果设置不合适，同样可以修改网格和竖梃规则。

所以，每一种类型就相当于在前一种类型的基础上逐渐增加网格和竖梃的划分。

🖱 **项目实战**

绘制小别墅项目中的玻璃幕墙步骤如下。

● 在"项目浏览器"中双击"楼层平面"下"1F"，进入"1F"平面视图。

● 在功能区"建筑"选项卡中单击"墙"按钮，在"属性"选项卡中选择"幕墙"，单击"编辑类型"按钮，创建新的幕墙类型，单击"复制"按钮，输入名称"C2156"。

视频 3.7-1
创建幕墙

● 在"类型属性"对话框中对幕墙的构造、网格及竖梃进行设置。由于本项目中要将幕墙嵌入墙体，所以，在"构造"中勾选"自动嵌入"。幕墙嵌板可以是玻璃，也可以是墙体等实体，本项目选择玻璃，如图 3.7-2 所示。

● 幕墙分割线设置。"水平网格布局"选择"固定距离"，间距"925.0"，勾选"调整竖梃尺寸"。

● 幕墙竖梃设置。垂直竖梃中"内部类型"选"无"，边界 1 类型和边界 2 类型指两边的两根竖梃，选择"矩形竖梃：50×100mm"，"水平竖梃"中"内部类型""边界 1 类型""边界 2 类型"都选为"矩形竖梃：50×100mm"。

● 设置完成后，单击"确定"按钮关闭对话框。

> **小提示：**Revit 提供了四种水平网格布局形式：固定距离、固定数量、最大间距和最小间距，可以根据需要选择合适的形式。

● 在实例属性中，设置"底部限制条件"为"1F"，"底部偏移"为"100.0"，"顶部约束"为"未连接"，"无连接高度"为"5600.0"如图 3.7-3 所示。

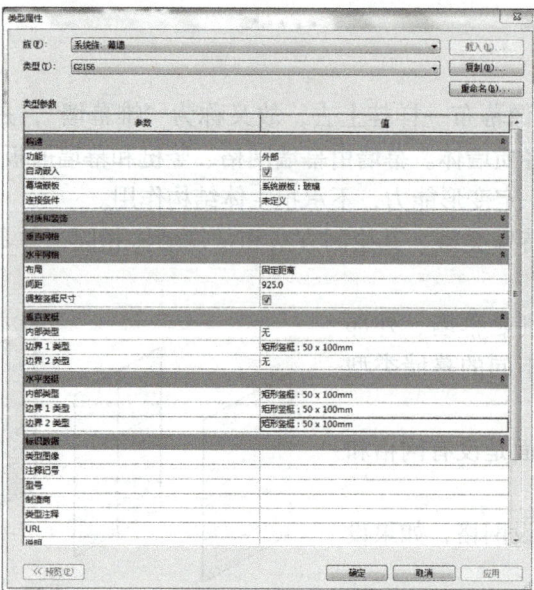

图　3.7-2

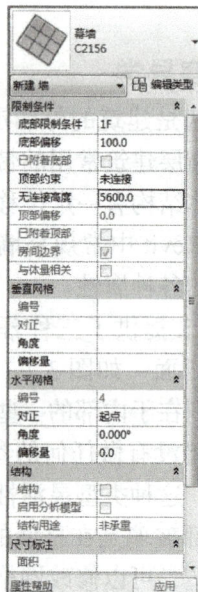

图　3.7-3

● 按照绘制墙一样的方法在Ⓔ轴与⑤轴和⑥轴处的墙上单击捕捉两点绘制幕墙，修改临时尺寸标注调整幕墙的平面位置，如图 3.7-4 所示。

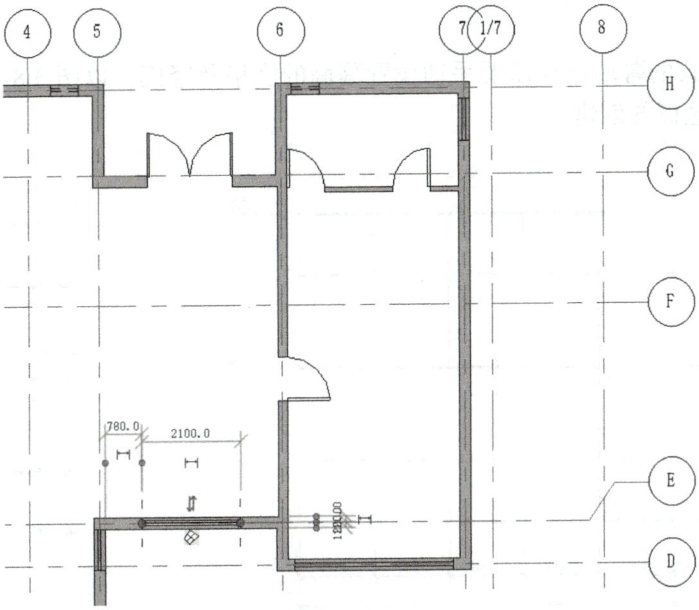

图 3.7-4

完成后的幕墙如图 3.7-5 所示。

图 3.7-5

小提示：幕墙上的幕墙玻璃可以进行替换，移动鼠标指针到要替换的幕墙玻璃上，单击〈Tab〉键，当选定想要替换的玻璃时单击确定，选择旁边锁定符号将其解锁，选择"编辑类型"，在族下拉菜单中可以选择想替换的类型。当然，如果想将这块玻璃嵌板替换为窗族或者门族，可以单击"载入"按钮，选择"建筑""幕墙""门窗嵌板"，在里面选择想要的门窗嵌板类型。载入成功后，在族的下拉菜单中就可以看到载入的窗嵌板，再单击"确定"按钮，这时某一块的玻璃嵌板就替换成了窗嵌板，同样也可以替换为门嵌板或墙体等实体类型。

3.8 手动设置幕墙网格及竖梃

📖 内容导学

对于复杂形式的幕墙往往需要手动设置幕墙的网格及竖梃。以图 3.8-1 为例进行玻璃幕墙及其网格、竖梃的创建。

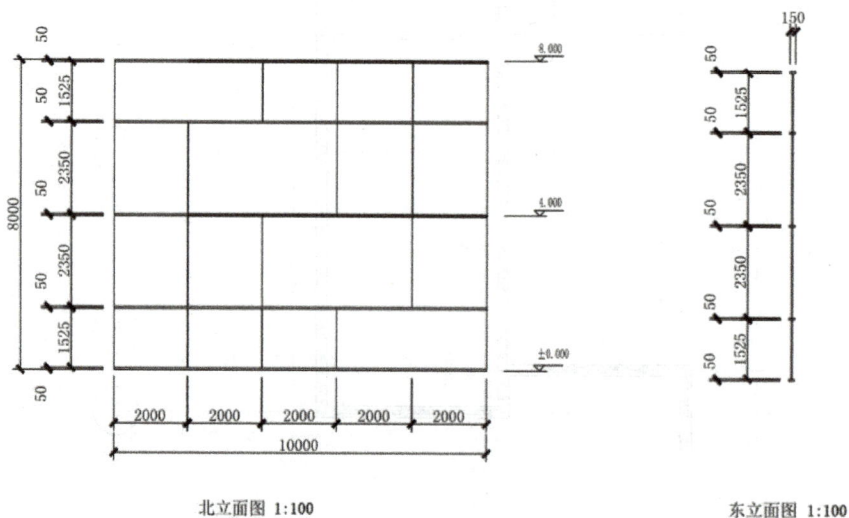

北立面图 1:100 东立面图 1:100

图 3.8-1

🖱 技能实战

一、创建幕墙

● 双击 Revit 2016 快捷方式，新建项目。

● 在"项目浏览器"中双击进入任意一个立面视图，在功能区"建筑"选项卡中单击"标高"按钮，分别创建 4.000m 和 8.000m 处标高，如图 3.8-2 所示。

图 3.8-2

视频 3.8-1
手动设置幕墙
网格及竖梃

● 切换至"标高 1"楼层平面，在功能区"建筑"选项卡中单击"墙"按钮，在"属性"选项卡类型选择器下拉菜单中选择"幕墙"，在空白位置绘制一个幕墙，高度为 8000，长度为 10000，如图 3.8-3 所示。

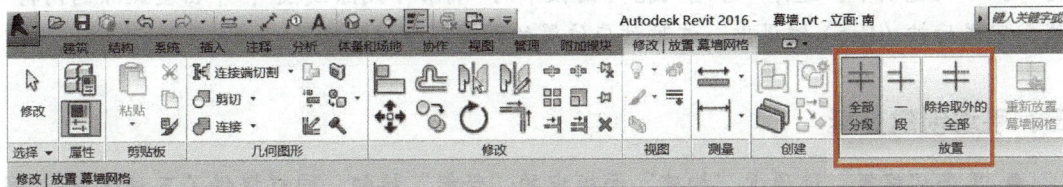

图　3.8-3

> **小提示**：创建完成的幕墙可以通过拖动两端的蓝色小圆圈改变幕墙的长度。在三维视图中，与墙体类似，可以单击"编辑轮廓"按钮，在幕墙上开设洞口，也可以重设轮廓。

二、手动绘制网格

● 双击切换到"南"立面视图。

● 单击"建筑"选项卡，在"构建"面板中有"幕墙网格"和"竖梃"两个功能按钮，如图 3.8-4 所示。选择"幕墙网格"，系统提供了三个按钮，"全部分段""一段"和"除拾取外的全部"，如图 3.8-5 所示。

图　3.8-4

图　3.8-5

● 选择"全部分段"，移动鼠标指针到幕墙的水平边界和垂直边界位置，会自动给出生成网格的预览，在图 3.8-6 所示位置单击，创建水平网格线，完成后按〈Esc〉键两次退出网格的放置。

● 选择"除拾取外的全部"，将鼠标指针放置在指定位置绘制一道分隔线，单击，这时会形成一个红色的临时网格，如图 3.8-7 所示，再次单击不想绘制的那一段，就会在除刚才选取的那一段之外的全部分段进行了网格的划分。

● 采用同样方法绘制其余网格，完成后如图 3.8-8 所示。

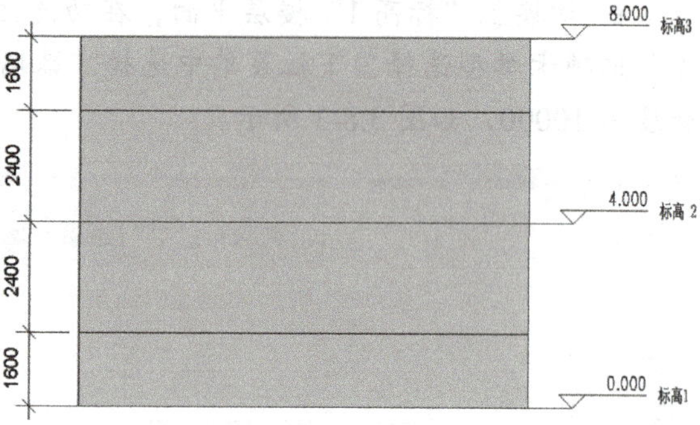

图 3.8-6

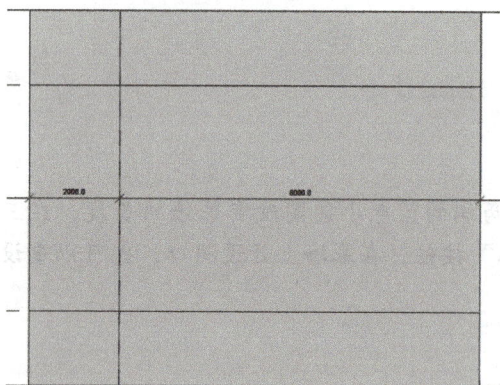

图 3.8-7 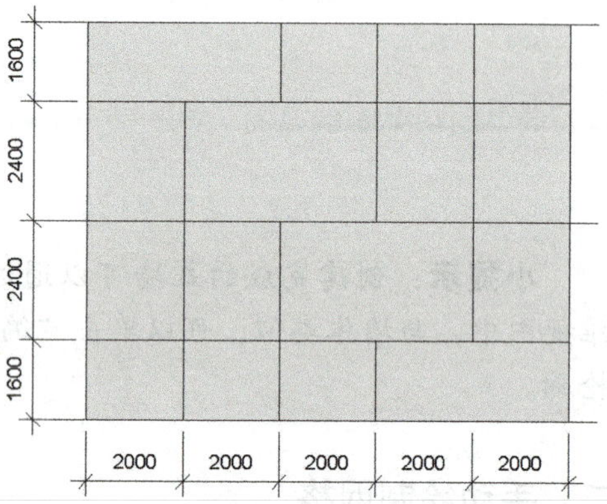   图 3.8-8

> **小提示：**
> 1. 单击"一段"按钮，是单段网格的划分。
> 2. 选择一根网格，Revit 会给出临时尺寸标注，修改临时尺寸数值可以修改相应网格的位置。
> 3. 也可以用复制的方法生成新的幕墙网格。选中要复制的网格线，选择"修改"面板中的复制命令，根据需要设定"约束"及"多个"，选择复制的基点，输入复制的距离，这样就复制生成了一根新的网格线。
> 4. 绘制生成的网格线也可以删除，选中任意一根网格，Revit 自动跳入"修改幕墙网格"上下文选项卡，选择"幕墙网格"面板中的"添加 / 删除线段"，单击要删除的网格线，完成后按〈Esc〉键退出，这时对应位置的网格线就被删除了。

三、手动创建竖梃

● 单击"建筑"选项卡"构建"面板中的"竖梃"按钮，同样提供了三种选项，"网格线""单段网格线"和"全部网格线"，如图 3.8-9 所示。

● 选择"全部网格线"，在"属性"选项卡中选择竖梃的类型，例如选择"30mm 正方形"，单击"编辑类型"按钮，可以对竖梃的构造、材质及尺寸进行设置，按照默认参数不做更改，单击"确定"按钮。移动鼠标指针至幕墙，可以看到所有幕墙网格线的位置都高亮显示，单击，这样全部网格线都添加了选择的竖梃，按〈Esc〉键退出。需要注意的是，在生成竖梃之后，Revit 会自动调整每块嵌板的大小。

图　3.8-9

● 选择"网格线"，在"属性"选项卡中选择竖梃的类型"矩形竖梃50mm×150mm"，如图 3.8-10 所示，单击"编辑类型"按钮，可以对竖梃的构造、材质及尺寸进行设置，按照默认参数不做更改，单击"确定"按钮。

图　3.8-10

● 移动鼠标指针至各水平网格线上单击，创建竖梃，如图 3.8-11 所示。

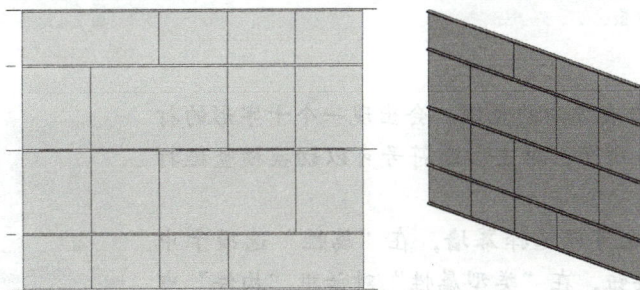

图　3.8-11

● 保存文件。

> **小提示**：Revit 提供了三种手动创建竖梃的方式："网格线""单段网格线"和"全部网格线"。
> 1. 网格线：单击绘图区域中的网格线时，此命令将整个网格线放置竖梃。
> 2. 单段网格线：单击绘图区域中的网格线时，此命令将在单击的网格线的各段上放置竖梃。
> 3. 所有网格线：单击绘图区域中的任何网格线时，此命令将在所有网格线上放置竖梃。

四、拓展：控制竖梃在交点处的连接方式

- 将竖梃放置到幕墙网格上之后，可以控制其在交点的连接方式。
- 在绘图区域中，选择竖梃。
- 单击"修改|幕墙竖梃"上下文选项卡"竖梃"面板"结合"或"打断"命令，如图 3.8-12 所示。

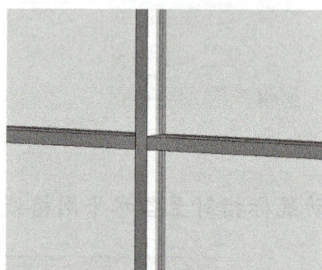

图　3.8-12

- 使用"结合"可在连接处延伸竖梃的端点，以便使竖梃显示为连续的，如图 3.8-13 所示。
- 使用"打断"可在连接处修剪竖梃的端点，以便将竖梃显示为单独的，如图 3.8-14 所示。

图　3.8-13　　　　　　　　　　　　图　3.8-14

- 另外，选择垂直方向的竖梃，会出现一个十字形的打断符号，如图 3.8-15 所示，单击打断符号可以切换横竖梃打断的状态。

- 除此之外，也可以选择幕墙，在"属性"选项卡中单击"编辑类型"按钮，在"类型属性"对话框"构件"中可以设置连接条件。单击下拉三角形，系统提供了四种连接形式："垂直网格连续""水平网格连续""边界和垂直网格连续""边界和水平网格连续"，可根据需要进行选择。

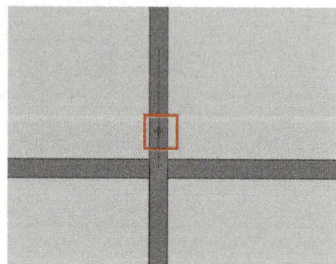

图　3.8-15

五、拓展：替换幕墙嵌板

- 网格竖梃设置完成后也可以对幕墙的嵌板进行替换，鼠标指针移动到要替换嵌板的网格上，按〈Tab〉键选取要替换的嵌板，单击，如图 3.8-16 所示，可将其替换成实体或玻璃。
- 例如选择"玻璃"，可以对玻璃进行编辑。单击"编辑类型"按钮，如图 3.8-17 所示，可以设置偏移量为"100.0"，这样玻璃相对于横竖梃有了 100mm 的偏移；尺寸标注中"厚度"为玻璃的厚度，可根据实际情况进行设置。

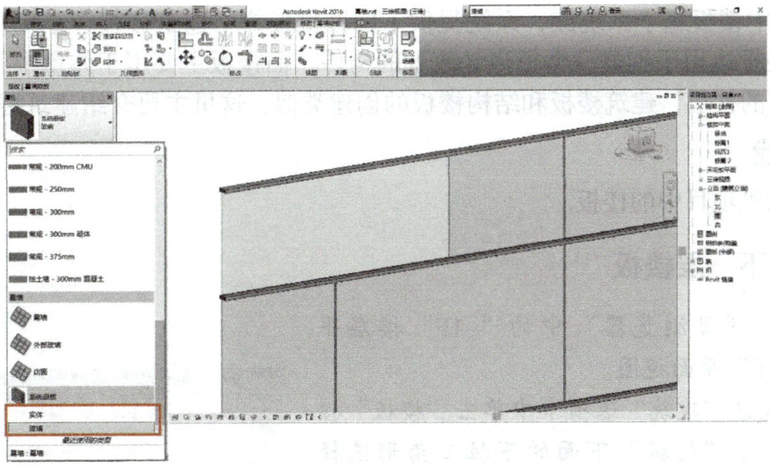

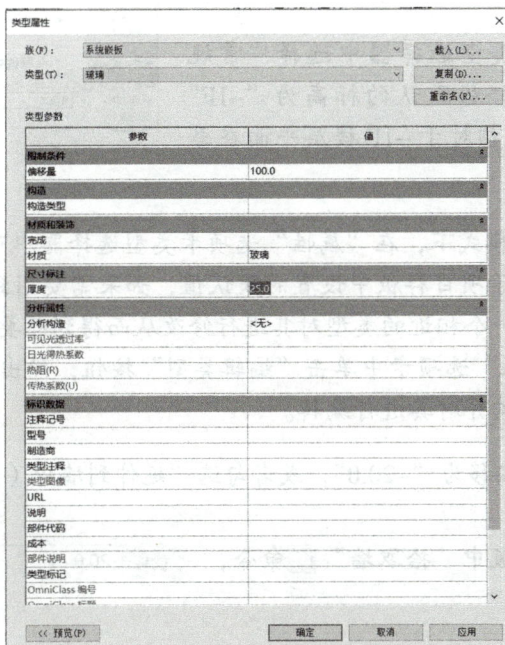

图　3.8-16

图　3.8-17

● 对于其他类型的嵌板，例如实体、门窗等都可以进行同样的编辑。

3.9　创建楼板

📖 内容导学

　　在房屋建筑中，楼板能在垂直方向将建筑物分隔为若干层，同时也是墙、柱水平方向的支撑及联系杆件，保持墙柱的稳定性，并能承受水平方向传来的荷载（如风载、地震载），把这些荷载传给墙、柱，再由墙、柱传给基础。

在 Revit 中楼板属于系统族，系统提供了四种楼板族：建筑楼板、结构楼板、面楼板和楼板边。楼板边用于创建沿楼板边缘放置的构件，面楼板主要用于体量中将体量楼层转换为建筑模型的楼层，建筑楼板和结构楼板的创建类似，这里主要介绍建筑楼板。

项目实战

创建小别墅项目中的楼板。

一、创建地下一层楼板

● 双击"项目浏览器"中的"−1F"楼层平面，进入"−1F"平面视图。

● 在功能区"建筑"选项卡中单击"楼板"按钮，也可以单击"楼板"下面的下拉三角形选择"楼板：建筑"选项，如图 3.9-1 所示，进入楼板绘制模式。

● "属性"选项卡类型选择器中选择"常规−200mm"，限制条件中楼板默认的标高为"−1F"（如果需要可以设定楼板相对于 −1F 楼层平面在垂直方向上的偏移）。

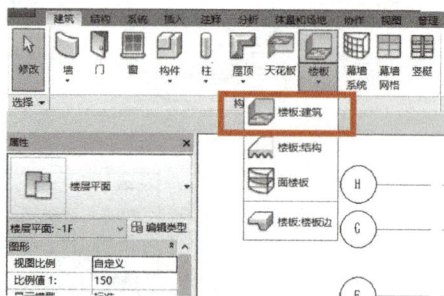

视频 3.9-1
创建楼板

图 3.9-1

> **小提示**：楼板绘制模式下，在"属性"选项卡类型选择器中可以选择任意楼板的类型，这些楼板类型来自于项目样板中设置的默认值，如果需要用到的楼板类型不在这些楼板结构中，可以选择一个相近的类型对其进行修改从而得到想要的楼板结构。
>
> 与墙体类似，"属性"选项卡中单击"编辑类型"按钮，弹出"类型属性"对话框，在这里可以创建楼板结构并对其进行编辑。

● 在选项栏中设置偏移为"−20.0"，或者勾选"延伸到墙中（至核心层）"，如图 3.9-2 所示。

● 选择"绘制"面板中"拾取墙" ![icon] 命令，如图 3.9-3 所示。

偏移: -20.0 　　☑延伸到墙中(至核心层)

图 3.9-2

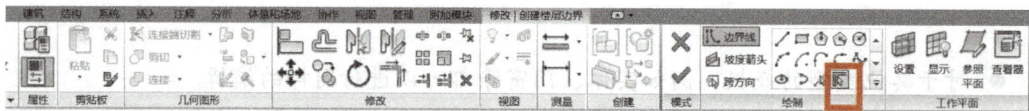

图 3.9-3

> **小提示**：楼板绘制模式下，在绘制面板中提供了很多命令，可以用直线、矩形、多边形、圆形等命令绘制，也可以拾取线、拾取墙来绘制楼板边界。

● 绘制楼板轮廓线。移动鼠标指针到外墙外边线上，依次单击拾取外墙边线，Revit会自动创建楼板轮廓线并保持所拾取的线的关联性，如图 3.9-4 所示。轮廓线是沿着核心层外表面生成的。

图 3.9-4

● 完成后单击"模式"面板中的"完成"按钮。由于绘制的楼板轮廓与墙有部分重叠，因此 Revit 会提示楼板与高亮显示的墙重叠，是否希望连接几何图形并从墙中剪切重叠的体积，选择"是"，如图 3.9-5 所示，这样完成了地下一层楼板的创建。

● 创建的地下一层楼板如图 3.9-6 所示。

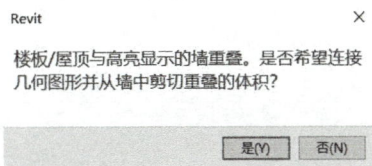

图 3.9-5

图 3.9-6

二、创建首层楼板

● 双击"项目浏览器"中的"1F"楼层平面，进入"1F"平面视图。

● 单击"建筑"选项中的"楼板"按钮，进入楼板绘制模式，选择"常规 –200mm"，单击"拾取墙"按钮，偏移为"–20.0"，勾选"延伸到墙中（至核心层）"，移动鼠标指针到外墙外边线上，依次单击拾取外墙外边线自动创建楼板轮廓线。

> **小提示：**楼板轮廓线应完全封闭。可以通过工具栏中"修剪"命令修剪轮廓线使其封闭，也可以通过鼠标指针拖动迹线端点移动到合适位置来实现，Revit 将会自动捕捉附近的其他轮廓线的端点。当完成楼板绘制时，如果轮廓线没有封闭，系统会自动提示。
>
> 也可以在绘制面板中选择需要的"线""矩形""圆弧"等绘制命令，绘制封闭楼板轮廓线。

● 由于在Ⓑ轴线下方部分区域有一个阳台，因此需要修改楼板边缘。选择Ⓑ轴下面的轮廓线，单击工具栏"移动" 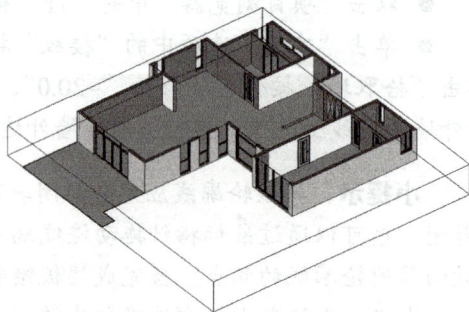 按钮，选择移动的基点，鼠标指针往下移动，输入"4490.0"，如图3.9-7所示。

● 单击绘制面板中的"直线"按钮，绘制阳台右下角的部分，如图3.9-8所示。

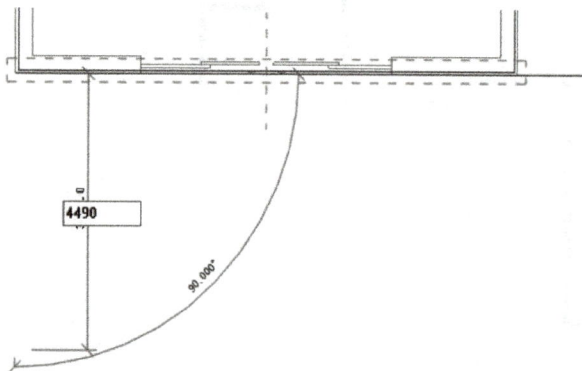

图 3.9-7　　　　　　　　　　　　　　　　　图 3.9-8

● 单击"修剪"按钮，分别单击图3.9-8中的线1和线2、线3和线4，修剪轮廓线使其封闭，也可以通过鼠标指针拖动迹线端点移动到合适位置来实现，Revit将会自动捕捉附近的其他轮廓线的端点。完成后的楼板轮廓线草图如图3.9-9所示。

● 完成后单击"模式"面板中的"完成"按钮，完成首层楼板的创建，如图3.9-10所示。

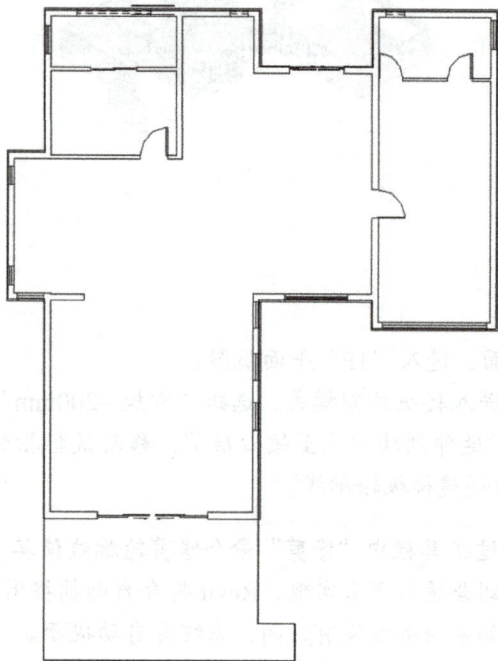

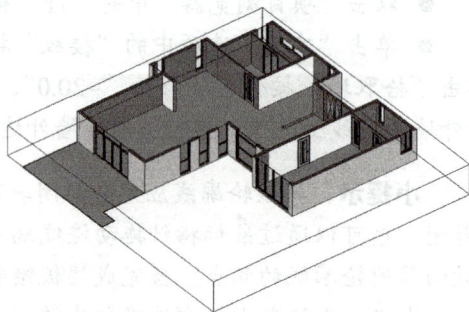

图 3.9-9　　　　　　　　　　　　　　　　图 3.9-10

三、创建二层楼板

采用复制首层楼板的方式创建二层楼板。

● 选择首层楼板，单击"编辑"面板中的"复制到剪切板" 按钮，将首层楼板复制到剪切板中备用，单击"编辑"面板中的"粘贴" 按钮，如图3.9-11所示，与选定的标高对齐，在弹出的"选择标高"对话框中选择"2F"，如图3.9-12所示，单击"确定"按钮，首层的楼板被复制到了二层。

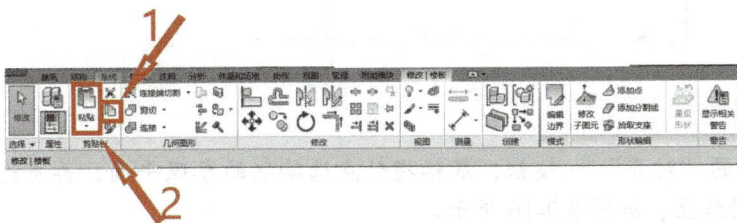

图　3.9-11

图　3.9-12

● 选中二层楼板，单击"模式"面板中的"编辑边界"按钮，如图3.9-13所示，打开楼板轮廓草图。

图　3.9-13

● 删除图3.9-14中标"1"和"2"的线段。单击"修剪"按钮，移动鼠标指针先点选"3"线，再点选"4"线左侧要相交的部分，让"3"线与"4"线相交，如图3.9-14所示，从而使楼板轮廓线封闭。

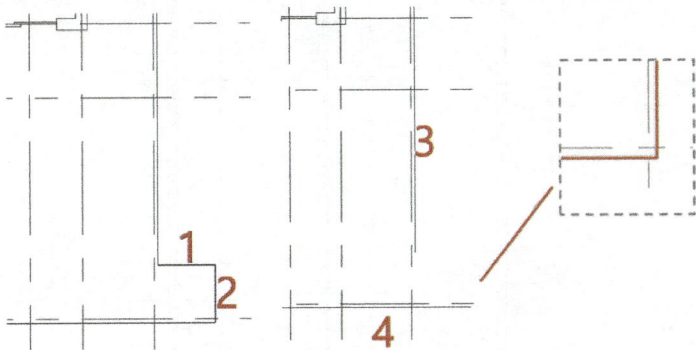

图　3.9-14

● 根据图纸，二层楼板的轮廓线在Ⓑ轴线下方100mm的位置。借助于参照平面的命令定位。单击工作平面中的"参照平面" 按钮，在当前视图中绘制一条相对于Ⓑ轴线

100mm 的辅助线，如图 3.9-15 所示。

图　3.9-15

● 单击"修改"面板中的"对齐" 按钮，鼠标指针点选绘制的参照平面，再点选"4"线，将轮廓线对齐到辅助线上，如图 3.9-16 所示。

图　3.9-16

● 单击"修剪" 按钮，鼠标指针分别点选"5"线与"6"线，让"5"线与"6"线相交连接，删除多余的线段，如图 3.9-17 所示。

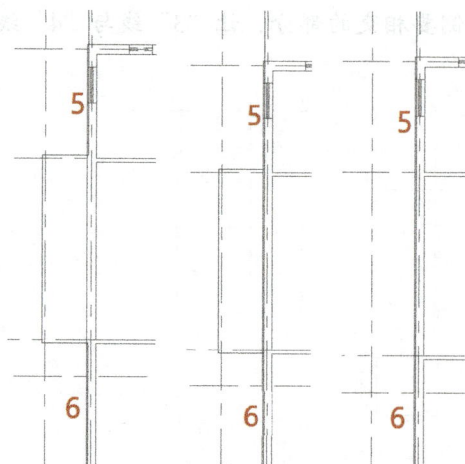

图　3.9-17

● 同理，如图 3.9-18 所示，修剪"6"线与"7"线，让"6"线与"7"线相交，再删除多余线段，修改结果如图 3.9-19 所示。

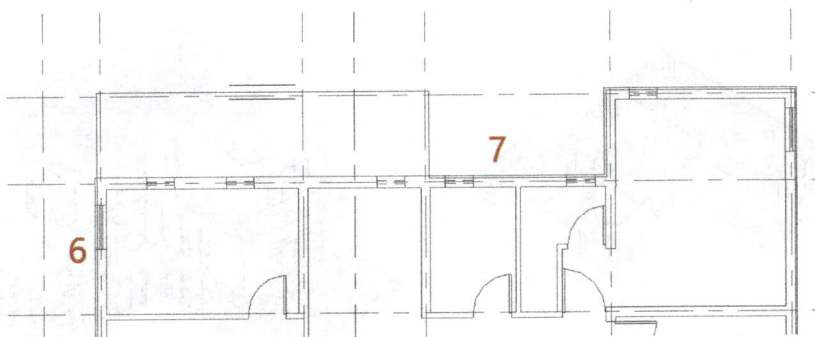

图　3.9-18

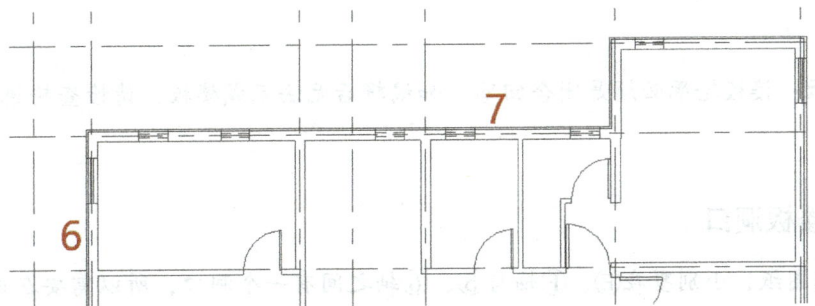

图　3.9-19

● 修剪完成后的二层楼板轮廓线草图如图 3.9-20 所示。

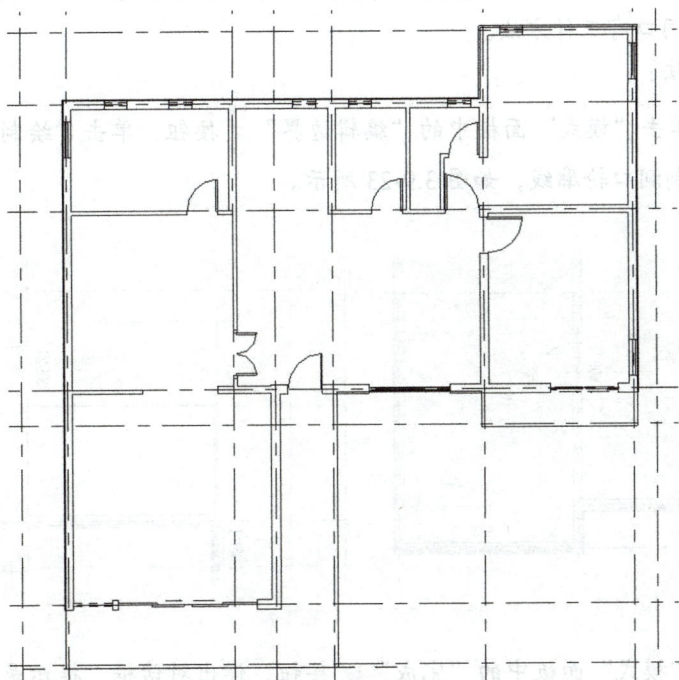

图　3.9-20

● 完成轮廓绘制后，单击"完成"按钮，创建生成二层楼板，如图 3.9-21 所示。

图　3.9-21

> **小提示：**楼板轮廓必须是闭合回路，如编辑后无法完成楼板，请检查轮廓线是否闭合或重叠。

四、创建楼板洞口

● 根据图纸，小别墅在Ⓔ、Ⓕ轴与⑤、⑥轴之间有一个洞口，所以需要在该位置对楼板开洞口。

● 首先借助于参照平面的命令定位洞口的位置。将视图切换到"1F"楼层平面，单击工作平面中的"参照平面"按钮，绘制如图3.9-22所示的辅助线。

● 创建楼板洞口有三种方法。

➤ 第一种方法：

选中楼板，单击"模式"面板中的"编辑边界" 按钮，单击"绘制"面板中的"矩形" 按钮，绘制洞口轮廓线，如图3.9-23所示。

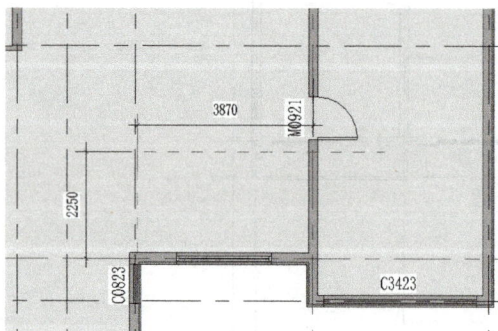

图　3.9-22

图　3.9-23

完成后单击"模式"面板中的"完成" 按钮，弹出对话框，提示是否希望将高达此楼层标高的墙附着到此楼层的底部，选择"是"，如图3.9-24所示。这个位置处的洞口形成结果如图3.9-25所示。

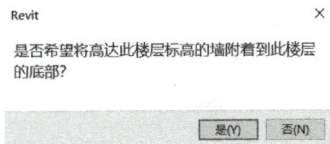

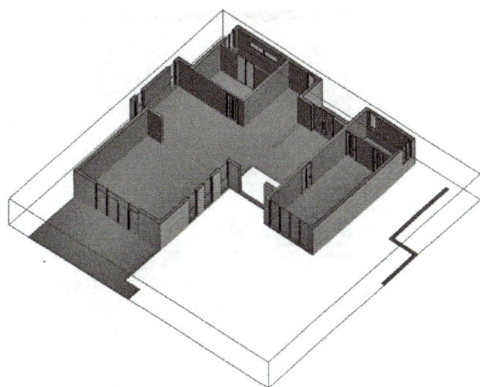

图　3.9-24

图　3.9-25

➤ 第二种方法：

采用 Revit 提供的"洞口"命令。切换到"1F"楼层平面。单击"建筑"选项卡，在"洞口"面板中提供了几种洞口的创建方法："按面""竖井""墙""垂直""老虎窗"（按面和垂直的区别在于按面洞口垂直于面，垂直洞口垂直于视图），如图 3.9-26 所示。

图　3.9-26

选择"按面"，在"绘制"面板中选择"矩形"，在需开设洞口的位置绘制洞口的轮廓，如图 3.9-27 所示，单击"完成"按钮，洞口就创建完成了。

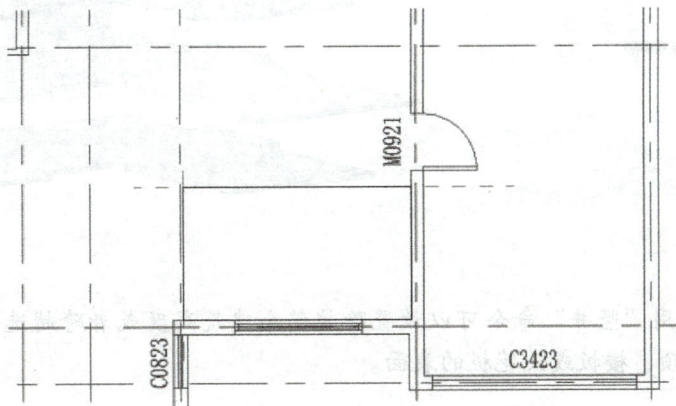

图　3.9-27

➤ 前两种方法形成的都是单一的洞口，对于实际项目中楼梯间需要在各层楼板均创建洞口，可以采用第三种方法：

将视图切换到"1F"楼层平面，单击"建筑"选项卡"洞口"面板中的竖井按钮，单击"矩形"按钮绘制竖井也就是楼梯间洞口的轮廓，在"属性"选项卡中进行属性参数的设置，一般底层楼板不需要开设洞口，所以将底部约束设为"1F"，偏移为"–200.0"。顶部约束设为"2F"，如图 3.9-28 所示。

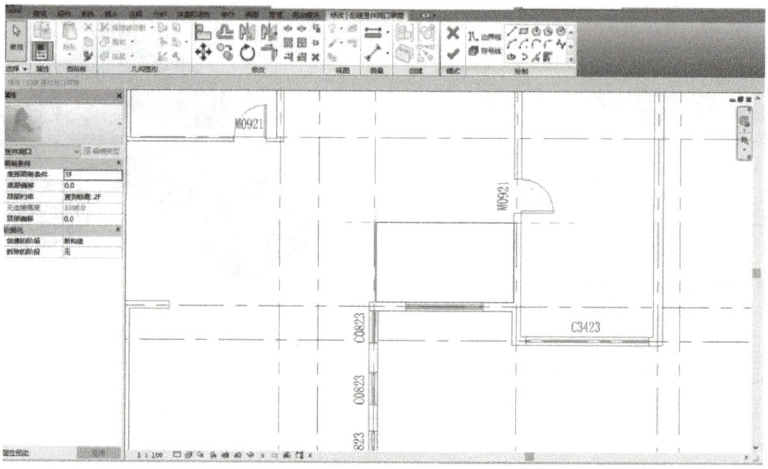

图　3.9-28

切换到三维视图，为了便于观察，选中所有图元，单击"选择"面板中的过滤器，在弹出的对话框中勾选除楼板和竖井洞口之外的所有图元，如图 3.9-29 所示，单击"确定"按钮，这样除楼板和竖井洞口之外的所有图元全部被选中，使用快捷键〈HH〉，将这些图元隐藏，只显示楼板和竖井洞口，这时可以清楚地看到创建的竖井洞口。如图 3.9-30 所示。在这里也可以通过拖拽基点进行调整，需要注意的是竖井的命令也可以在屋顶上创建洞口，所以这里注意调整竖井，防止剪切到屋顶。

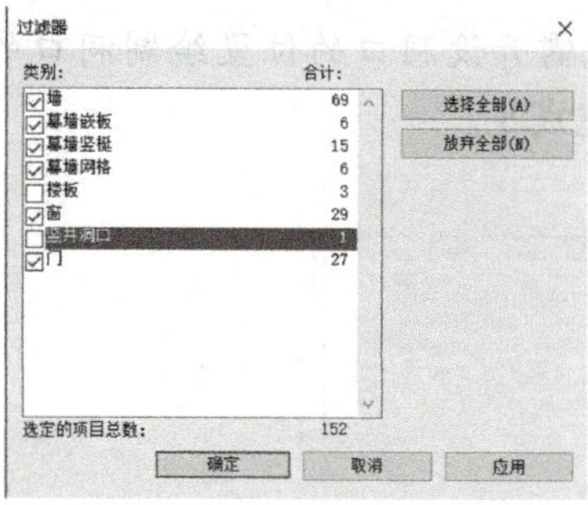

图　3.9-29

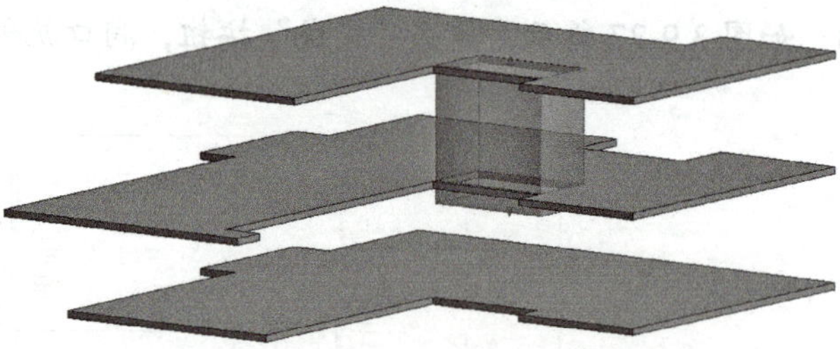

图　3.9-30

> **小提示**：使用"竖井"命令可以放置跨越整个建筑高度或者跨越选定标高的洞口，洞口同时贯穿屋顶、楼板或天花板的表面。

五、创建及编辑楼板操作要点

1）楼板边界必须为闭合环，若要在楼板上开洞，与墙体相同，可以在需要开洞的位置绘制另一个环。

2）当使用"拾取墙体"命令时，可以在选项栏中勾选"延伸到墙中（至核心层）"，设置到墙体核心的偏移量参数值，然后再单击"拾取墙体"按钮，可直接创建带偏移的楼板轮廓线。

3）连接几何图形并剪切重叠体积后，墙体和楼板的交接位置将自动处理。

4）编辑楼板轮廓或者使用"洞口"命令可以在单一楼板上创建洞口，使用竖井可以放置跨越整个建筑高度或者跨越选定标高的洞口，洞口同时贯穿屋顶、楼板或天花板的表面。

3.10 创建楼梯

📖 内容导学

楼梯是建筑物楼层间垂直交通用的构件，是建筑中的小建筑，由连续梯级的梯段、平台和围护构件等组成。

在 Revit 建筑选项卡中提供了楼板的绘制命令，其中，楼板的创建方法有两种，一种是按构件创建，这种方法适用于创建比较规则的楼梯，比如双跑楼梯、螺旋楼梯等；另一种是按草图创建，这种方法适用于创建形状不规则的异形楼梯。

🖰 项目实战

打开之前保存的小别墅项目，进行小别墅项目楼梯的创建，包含一个室外楼梯和一个室内楼梯。

在创建楼梯之前需要先根据图纸查阅楼梯构件的尺寸、定位、属性等信息，保证楼梯模型的正确性。

视频 3.10-1
创建楼梯

一、创建室外楼梯（按构件创建楼梯）

● 在"项目浏览器"中双击"楼层平面"项下的"-1F-1"，打开"-1F-1"平面视图。

● 用"参照平面"命令来定位楼梯的位置及尺寸信息。单击功能区"建筑"选项卡"工作平面"面板中的"参照平面"按钮，或者输入快捷键〈RP〉，在距离Ⓓ轴线向下3480mm 的位置绘制一个水平的参照平面，作为楼梯的起始位置，命名为"1"。在距离Ⓑ轴线向下 1000mm 的位置绘制一个水平的参照平面，作为楼梯休息平台的结束位置，命名为"2"。在距离墙体边缘 575mm 的位置绘制一个竖直的参照平面，作为楼梯的中心位置，命名为"3"，如图 3.10-1 所示。

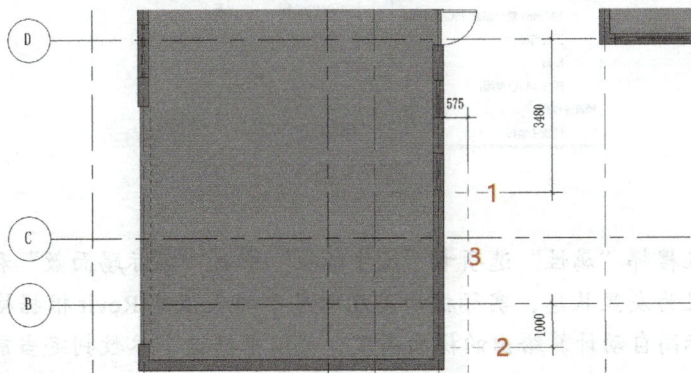

图 3.10-1

● 单击"建筑"选项卡"楼梯坡道"面板中的"楼梯"🔘 按钮，默认按构件创建楼梯，Revit 自动切换到"修改楼梯"上下文选项卡，"构件"面板中选择"直梯"▥。

> **小提示**：Revit 提供了五种楼梯形式，直梯、全踏步螺旋楼梯、圆心端点螺旋楼梯、L 型转角楼梯以及 U 型转角楼梯，可根据需要进行选择。

● 在"属性"选项卡类型选择器中有样板文件提供的几种楼梯形式，选择"室外楼梯"，在实例属性中设置当前楼梯的参数，如图 3.10-2 所示。

● "限制条件"中设置楼梯的底部标高为"–1F-1"，顶部标高（当前楼梯要达到的标高位置）为"1F"，另外，还可以设置其"底部偏移"和"顶部偏移"，本项目按照默认值"0.0"不做修改。

● 尺寸标注中设置"所需的踢面数"（根据实际项目信息进行设定）为"20"，"实际踏板深度"为"280.0"。

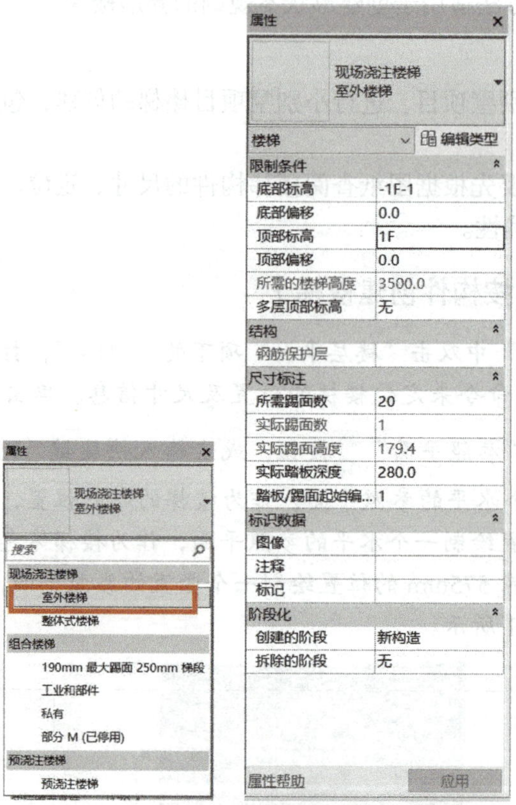

图　3.10-2

> **小提示**：在楼梯"属性"选项卡"尺寸标注"中有"实际踢面数"和"实际踢面高度"参数，并且为灰显状态，实际梯面高度所显示的数值是 Revit 根据楼梯的踢面数以及底部、顶部标高自动计算给出的梯面高度，可以根据这个参数判定当前楼梯设计是否合理，是否符合规范要求。

● 在状态栏中设定绘制楼梯的定位线，系统提供了五种方式，分别是梯边梁外侧左、梯段左、梯段中心、梯段右和梯边梁外侧右，选择"梯段中"，还可以设置当前定位线的偏移，本项目默认为"0.0"，实际梯段宽度设为"1150.0"，按下〈Enter〉键，"自动平台"默认勾选，如图 3.10-3 所示，自动平台表示如果创建了两个梯段，系统将会在两个梯段之间自动生成休息平台。

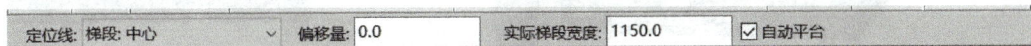

图 3.10-3

小提示：单击楼梯"属性"选项卡中的"编辑类型"按钮，弹出楼梯的"类型属性"对话框，在计算规则中可以修改当前这个类型楼梯的一些计算规则，一般情况下不做修改，默认是符合规范的，构造中可以设定梯段的类型，以及平台类型，例如单击"梯段类型"后方的小按钮，弹出梯段的"类型属性"对话框，在这里可以修改梯段的结构深度、材质、踏板及踢面构造，也可以创建新的梯段类型，本项目不做更改。"功能"可以选择外部或内部，楼梯的功能属于楼梯信息的一部分，可以在后面的统计或管理中通过功能这个参数对楼梯进行进一步的区分。"支撑"中可以设置楼梯的梯边梁或踏步梁。

● 鼠标指针移动到参照平面 1 与参照平面 3 的交点单击确定楼梯的起点，在下方会有提示，当前创建了多少个踢面，还剩余多少个踢面，现在创建 10 个，如图 3.10-4 所示，单击"确定"按钮，完成第一段梯段的创建。

● 鼠标指针移动到参照平面 2 与参照平面 3 的交点，单击确定第二段梯段的起点位置，向下移动鼠标指针，当剩余 0 个踢面时单击完成绘制，如图 3.10-5 所示。室外楼梯的创建完成结果如图 3.10-6、图 3.10-7 所示。

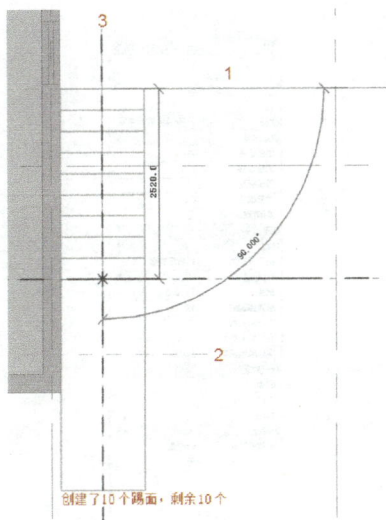

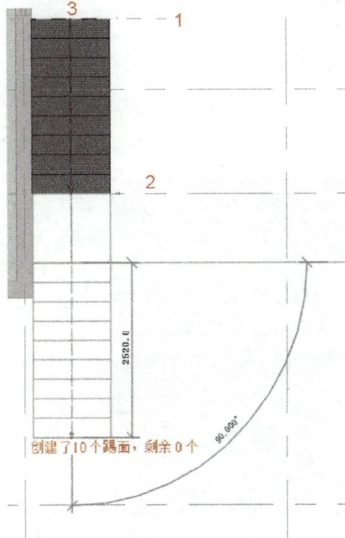

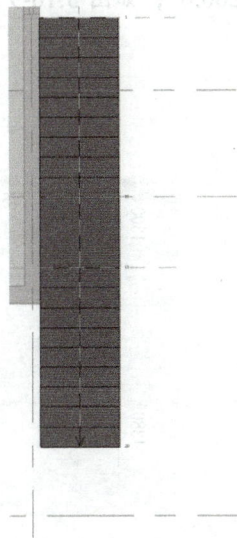

图 3.10-4   图 3.10-5   图 3.10-6

图　3.10-7

小提示：Revit 在创建楼梯的同时自动创建了栏杆。

二、创建室内楼梯（按草图创建楼梯）

● 在"项目浏览器"中双击"楼层平面"项下的"–1F"，打开"–1F"平面视图。

● 定位楼梯的位置及尺寸信息。在距离Ⓕ轴线向上 1380mm 的位置绘制一个水平的参照平面，作为楼梯的起始位置，命名为"4"，在距离Ⓗ轴线向下 1300mm 的位置绘制一个水平的参照平面，作为休息平台的位置，命名为"5"，在距离左侧墙体边缘 575mm 的位置绘制一个竖直的参照平面，作为左侧梯段的中心线，命名为"6"，在距离右侧墙体边缘 575mm 的位置绘制一个竖直的参照平面，作为右侧梯段的中心线，命名为"7"，如图 3.10-8 所示。

● 单击"建筑"选项卡"楼梯"下拉三角形，选择"楼梯（按草图）" ⊞楼梯(按草图)。

● "属性"选项卡中设定楼梯的参数。类型选择器中选择"整体式楼梯"，底部标高为"–1F"，顶部标高为"1F"，梯段宽度为"1150.0"，所需踢面数为"19"，实际踏板深度为"260.0"，如图 3.10-9 所示。

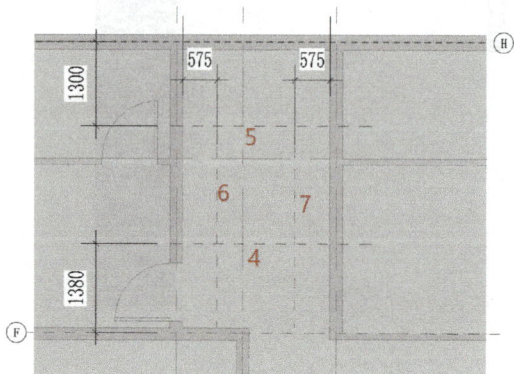

图　3.10-8

图　3.10-9

● 单击"编辑类型"按钮，在"梯边梁"项中设置参数"楼梯踏步梁高度"为"80.0"，"平台斜梁高度"为"100.0"。在"材质和装饰"项中设置楼梯的"整体式材质"参数为"混凝土-现场浇注"，如图3.10-10所示，完成后单击"确定"按钮。

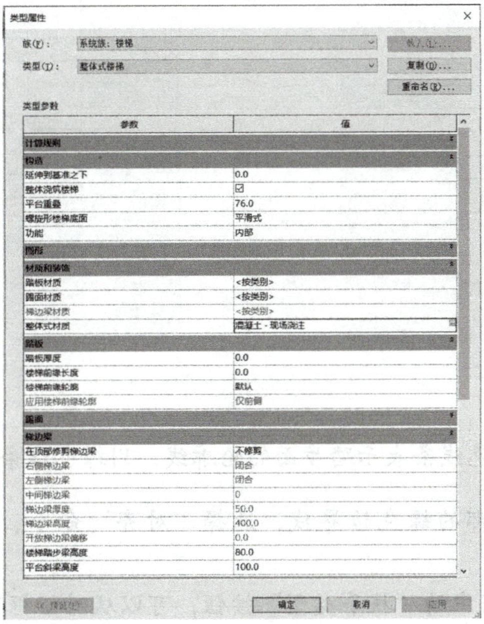

图 3.10-10

● 单击"梯段" 梯段 按钮，默认选择"直线" 绘图模式，移动鼠标指针至参照平面4与参照平面7交点位置，单击确定楼梯第一跑起跑位置，向上垂直移动鼠标指针至参照平面5与参照平面7交点位置，同时在起跑点下方出现灰色显示的"创建8个踢面，剩余12个"的提示字样和蓝色的临时尺寸，表示从起点到鼠标指针所在尺寸位置创建了8个踢面，还剩余12个，如图3.10-11所示。单击确定第一跑终点位置，Revit自动绘制第一跑踢面和边界草图，如图3.10-12所示。

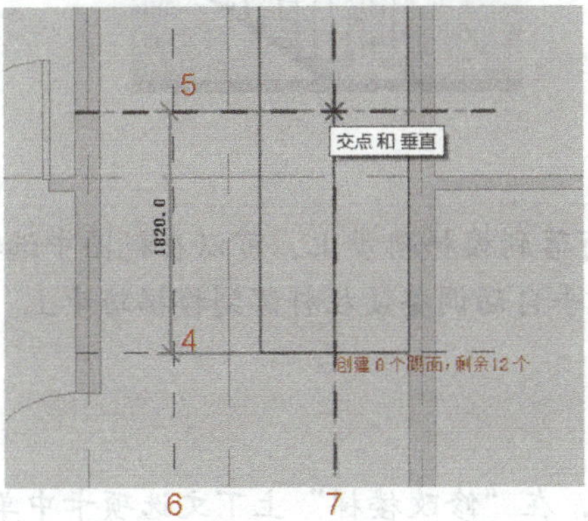

图 3.10-11

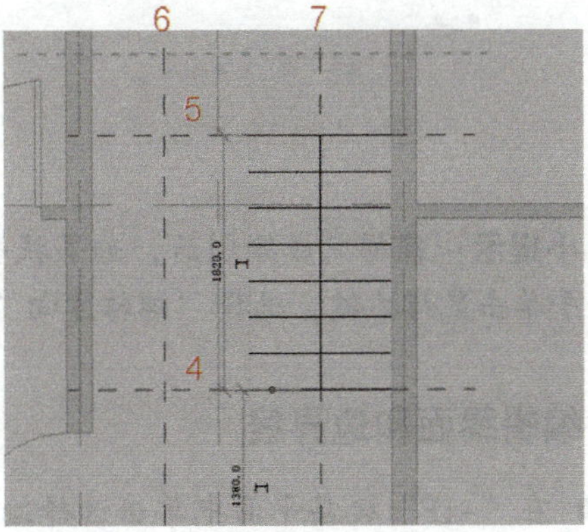

图 3.10-12

● 移动鼠标指针到参照平面5与参照平面6交点位置单击确定第二跑起点位置，向下垂直移动鼠标指针到楼板边缘单击，如图3.10-13所示，完成第二跑楼梯的绘制，系统会自动创建休息平台和第二跑梯段草图，如图 3.10-14 所示。

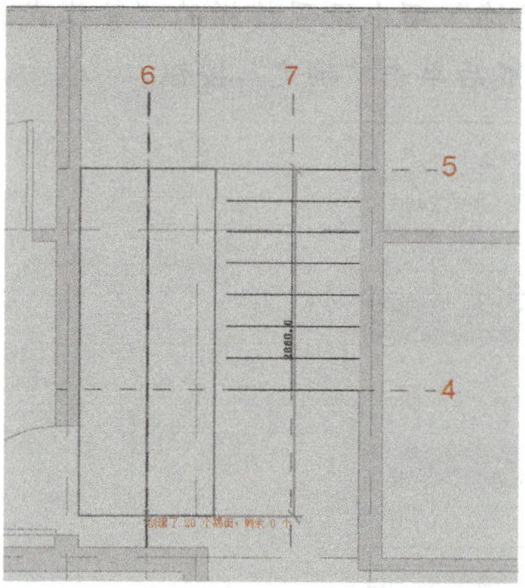

图 3.10-13

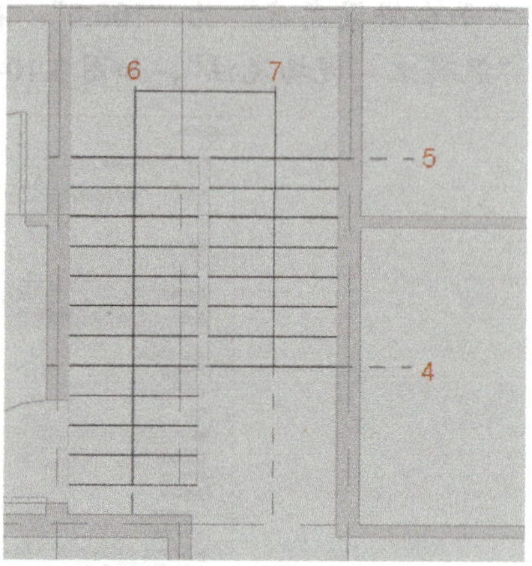

图 3.10-14

小提示：Revit 用黑色线条表示踏步面的轮廓线，用绿色线条表示边界线的位置。

● 单击选择楼梯顶部的绿色边界线，选择"对齐"命令，使其和顶部墙体内边界重合。

● 单击"工具"面板中的"扶手类型"按钮，可以从对话框下拉列表中选择需要的扶手类型，本项目选择默认的扶手类型，如图 3.10-15 所示。

● 单击"完成"按钮创建了如图 3.10-16 所示地下一层的 U 型不等跑楼梯。

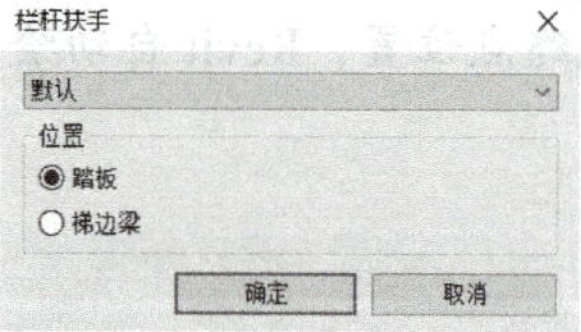

图 3.10-15

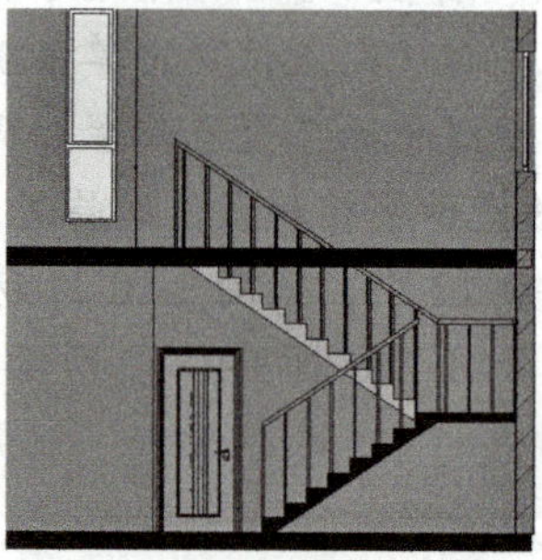

图 3.10-16

小提示：楼梯完成绘制后，如果扶手栏杆没有落到楼梯踏步上，可以在视图中选择此扶手单击鼠标右键，选择"翻转方向"命令，扶手自动调整使栏杆落到楼梯踏步上。

三、编辑踢面和边界线

● 在 "–1F" 楼层平面中单击选择绘制的楼梯，在"修改楼梯"上下文选项卡中单击"编辑草图" 按钮，重新回到绘制楼梯边界和踢面草图模式。

● 选择右侧第一跑的踢面线，按〈Delete〉键删除，如图 3.10-17 所示。

● 单击"绘制"面板"踢面" 踢面按钮，选择"起点 – 终点 – 半径弧" 命令，单击捕捉水平参照平面左右两边踢面线端点，再捕捉弧线中间一个端点绘制一段圆弧，如图 3.10-18 所示，复制 7 条该圆弧踢面。

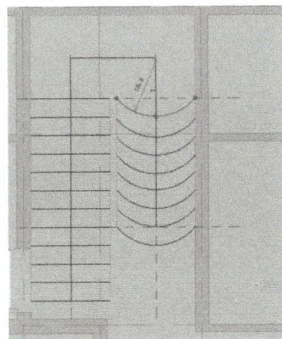

图 3.10-17   图 3.10-18

● 单击"完成"按钮，即可创建圆弧踢面楼梯，如图 3.10-19 所示。

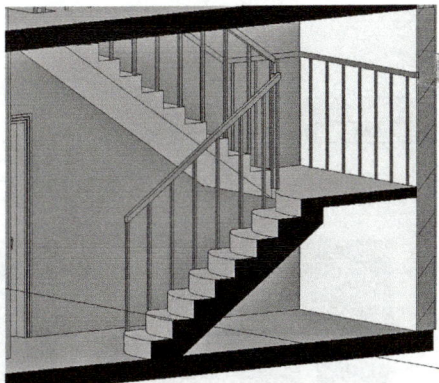

图 3.10-19

> **小提示**：三维视图中，由于楼梯在内部，看不到楼梯。可以在三维视图不选择任何图元，"属性"选项卡中显示当前三维视图的实例属性，勾选"范围参数类别"中的"剖面框"，单击"应用"按钮，Revit 会在三维视图中给出剖面框，选择剖面框，修改剖面框的剖切位置，使其显示出楼梯。这样，可以看到创建的楼梯。

● 由于在楼梯的外侧边缘是有墙体的，不需要设置栏杆，所以选中外侧栏杆，将其删除，只保留内侧扶手。

四、多层楼梯

在首层创建同样的楼梯，有两种方法。

● 第一种方法，选择已经创建的楼梯，单击"复制剪贴板"按钮，然后单击"粘贴"按钮，与选定的标高对齐，选择"1F"楼层平面，如图 3.10-20 所示，这样将楼梯复制到了首层。

● 第二种方法，选择已经创建的楼梯，在"属性"选项卡实例属性中将多层顶部标高设为"2F"，单击"应用"按钮，如图 3.10-21 所示，这样就产生了一个多层的楼梯，而且这个楼梯是一体的，不仅把楼梯复制到上一层，而是将两个楼梯有效地连接到了一起，如图 3.10-22 所示。

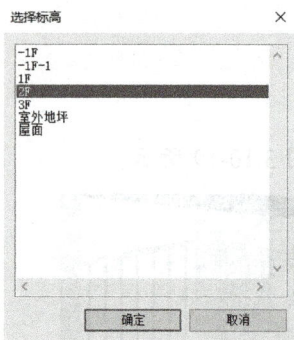

图 3.10-20

图 3.10-21

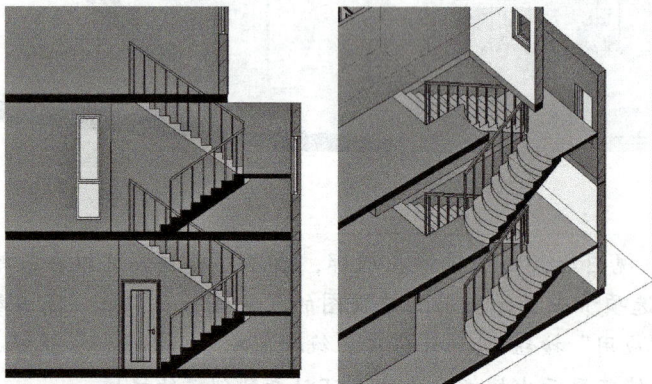

图 3.10-22

小提示：楼梯间位置楼板需要开洞，开洞方法见"创建楼板"。

五、创建及编辑楼梯操作要点

在使用 Revit 创建以及编辑楼梯时需要注意：

1）绘制梯段是创建楼梯的最简单方法，绘制梯段时，将自动生成边界和踢面，完成绘制后，将自动生成栏杆。

2）对比较规则的异形楼梯，如弧形踏步边界、弧形休息平台楼梯等，可以先用"梯段"命令绘制常规楼梯，然后删除原来的直线边界或踢面线，再用"边界"和"踢面"命令完成绘制即可。

3）在多层建筑物中，可以只创建一层楼梯，然后为其他楼层创建相同的楼梯，直到楼梯实例属性中定义的最高标高。

3.11　创建栏杆

📖 内容导学

栏杆在实际生活中很常见，其主要作用是保护人身安全，是建筑上的安全设施，例如楼梯两侧、残疾人坡道等区域都会设置栏杆。栏杆除了保护人身安全外，还可以起到分隔、导向的作用，使被分割区域边界明确清晰。设计好的栏杆，也有着非常不错的装饰意义。

在 Revit "建筑"选项卡中提供了"栏杆扶手"命令，如图 3.11-1 所示，栏杆的创建方法有两种，分别是"绘制路径"和"放置在主体上"。使用"绘制路径"命令，可以在平面或三维视图任意位置创建栏杆；使用"放置在主体上"命令时，必须先拾取主体才可以创建栏杆。在实际应用中，主体可以是楼梯、坡道、楼板、屋顶等。

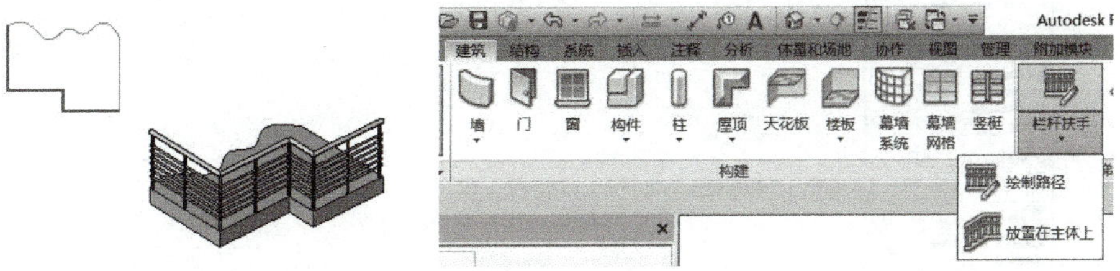

图　3.11-1

如图 3.11-2 所示，在创建栏杆扶手时，先要设置栏杆扶手的参数。扶栏结构，指栏杆的扶手及横挡，顶部扶手也称为顶部扶栏，其余为常规扶手。竖直方向的立柱为栏杆，根据位置的不同有起点支柱、转角支柱、终点支柱以及其余部位的常规支柱。栏杆扶手高度指顶部扶手距主体的垂直距离，也叫作顶部扶栏高度。

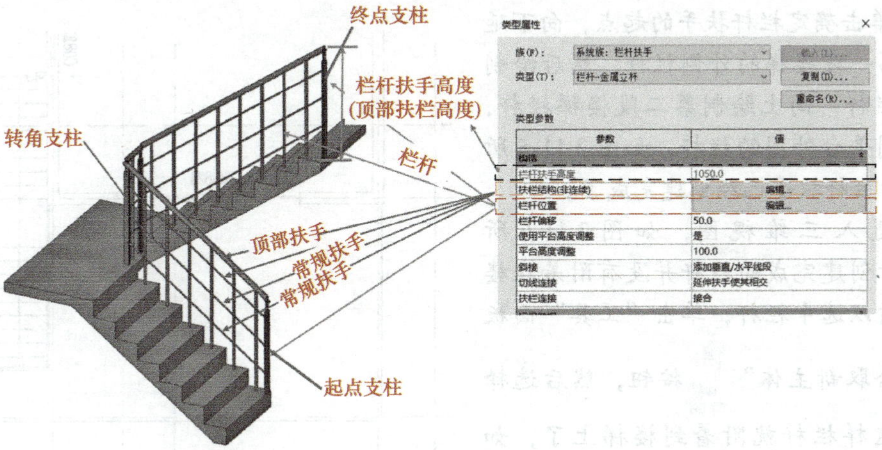

图　3.11-2

项目实战

小别墅项目栏杆的绘制与编辑包括一个室外楼梯的栏杆及阳台的栏杆。

视频 3.11-1
绘制与编辑
栏杆

一、创建栏杆扶手

● 在创建楼梯时，Revit 已经自动生成了栏杆，如果自动生成的栏杆不是需要的类型，可以删掉重新绘制。首先删掉室外楼梯栏杆，然后重新绘制围绕楼梯及平台内外两侧的栏杆。

● 在"项目浏览器"中双击"楼层平面"项下的"1F"，打开"1F"平面视图。

● 单击"建筑"选项卡"楼梯坡道"面板中"栏杆扶手"下拉三角形，选择绘制路径，可以看到在类型选择器中提供了几种栏杆扶手的类型，可以根据需要选择，本项目选择"900mm 圆管"，在实例属性中设置其限制条件，底部标高"1F"，底部偏移为"0.0"，如图 3.11-3 所示。

● 绘制栏杆路径。在"绘制"面板中选择"直线" ✎ 命令，由于需要绘制多条线组成的路径，所以勾选"链"这个选项，偏移量为"0.0"，如图 3.11-4 所示。

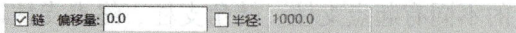

图 3.11-3

图 3.11-4

● 单击确定栏杆扶手的起点，向下延伸绘制第一段楼梯的外侧栏杆，然后绘制平台处栏杆，向上绘制第二段楼梯栏杆，继续绘制平台外围的栏杆，如图 3.11-5 所示，这时栏杆扶手已经创建完成了。

● 进入三维视图，如图 3.11-6 所示，由于创建完成的栏杆并没有附着在楼梯上，所以选中栏杆，单击"工具"面板中的"拾取新主体" 拾取新主体 按钮，然后选择楼梯，这样栏杆就附着到楼梯上了，如图 3.11-7 所示。

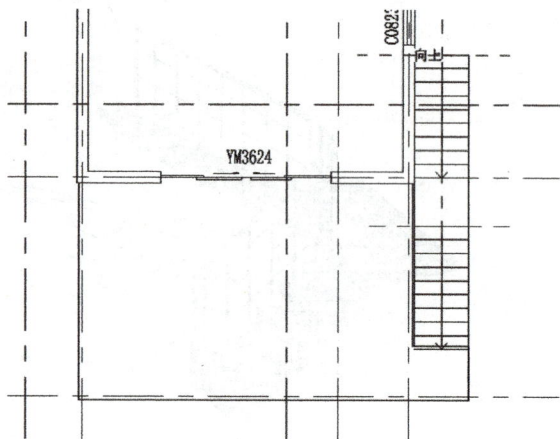

图 3.11-5

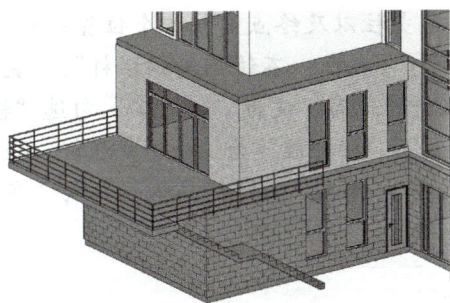
图　3.11-6

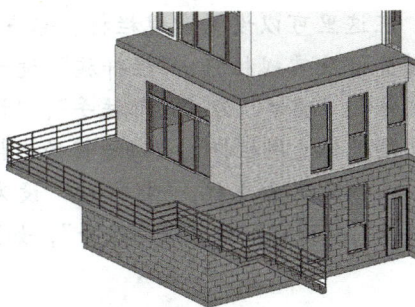
图　3.11-7

二、编辑栏杆扶手

可以对创建好的栏杆进行样式的编辑。

● 选择栏杆，单击"属性"选项卡中的"编辑类型"按钮，打开"类型属性"对话框。

● 创建一种新的栏杆类型，单击"复制"按钮，命名为"室外栏杆"，如图 3.11-8 所示。

● 首先编辑扶栏结构，单击旁边的"编辑"按钮，打开"编辑扶手"对话框，可以看到，之前的栏杆样式中已经设置了五个扶手，可以对其进行修改。将扶手高度分别设为"200.0""350.0""500.0""650.0""800.0"，在上方再插入一个扶手，命名为"顶部扶手"，高度"1050.0"，偏移"−25.0"，轮廓改为"公制 _ 圆形扶手：50mm"，材质为"木质 – 桦木"，其余扶手轮廓改为"公制 _ 圆形扶手：12mm"，材质为"不锈钢"，如图 3.11-9 所示。

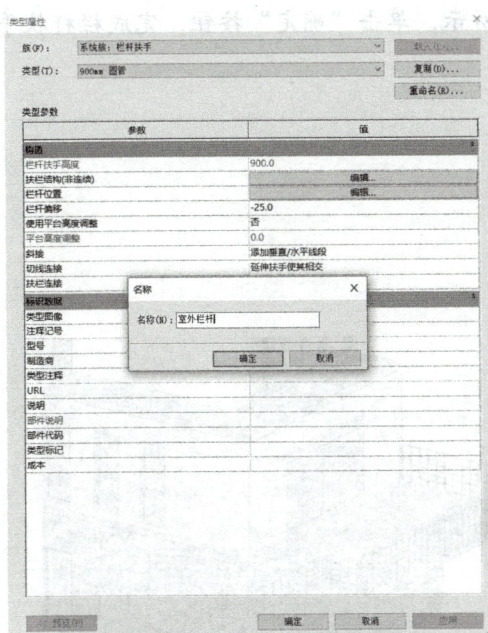
图　3.11-8

	名称	高度	偏移	轮廓	材质
1	顶部扶手	1050.0	-25.0	公制_圆形扶手：50mm	木质 - 桦木
2	扶手 1	800.0	-25.0	公制_圆形扶手：12mm	不锈钢
3	扶手 2	650.0	-25.0	公制_圆形扶手：12mm	不锈钢
4	扶手 3	500.0	-25.0	公制_圆形扶手：12mm	不锈钢
5	扶手 4	350.0	-25.0	公制_圆形扶手：50mm	不锈钢
6	扶手 5	200.0	-25.0	公制_圆形扶手：50mm	不锈钢

图　3.11-9

● 修改栏杆位置以及栏杆样式。单击后方的"编辑"按钮，弹出"编辑栏杆位置"对话框，在这里可以设置常规栏杆、起点支柱、转角支柱以及终点支柱四个位置栏杆的样式。首先修改常规栏杆，"栏杆族"设为"扁钢立杆－双根：不锈钢扁钢栏杆"，"底部"为"主体"，"顶部"为"顶部扶手"，"相对前一栏杆的距离"设为"1000.0"，勾选"楼梯上每个踏板都使用栏杆"，"每踏板的栏杆数"为"1"，"栏杆族"为"公制＿栏杆－矩形：20mm"。修改其余支柱，"栏杆族"设为"扁钢立杆－双根：不锈钢扁钢栏杆"，"底部"为"主体"，"顶部"为"顶部扶手"，如图 3.11-10 所示。

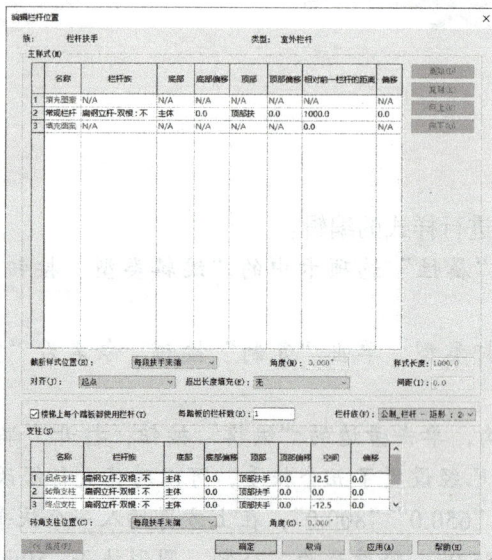

图　3.11-10

●"扶栏连接"改为"接合"，如图 3.11-11 所示，单击"确定"按钮，完成栏杆扶手样式的编辑。

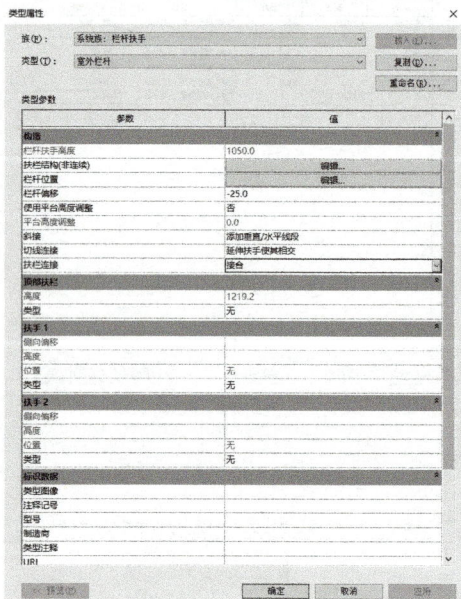

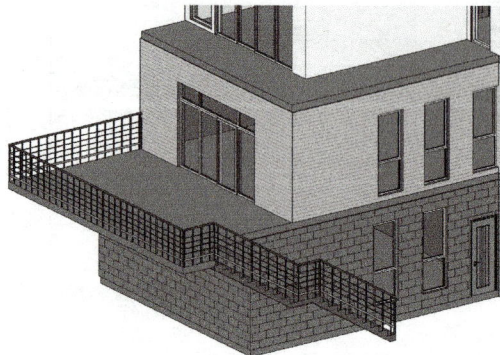

图　3.11-11

● 同样方法绘制内侧的栏杆及二层栏杆。"建筑"选项卡中选择"栏杆扶手"下的"绘制路径"命令，"属性"选项卡类型选择器中选择刚创建的室外栏杆，实例属性中"踏板/梯边梁偏移"根据栏杆的位置进行设置，本项目设置为"50.0"，单击"直线绘制"按钮，绘制栏杆的路径，注意在栏杆转折处栏杆路径一定要断开，且每次只能绘制并生成一处楼梯，绘制完成后单击"完成"按钮，如图 3.11-12 所示，单击"工具"面板中的"拾取新主体"按钮，选择楼梯，这样栏杆就创建好了，并且栏杆已经附着到了楼梯上，切换到三维查看一下效果，如图 3.11-13 所示。

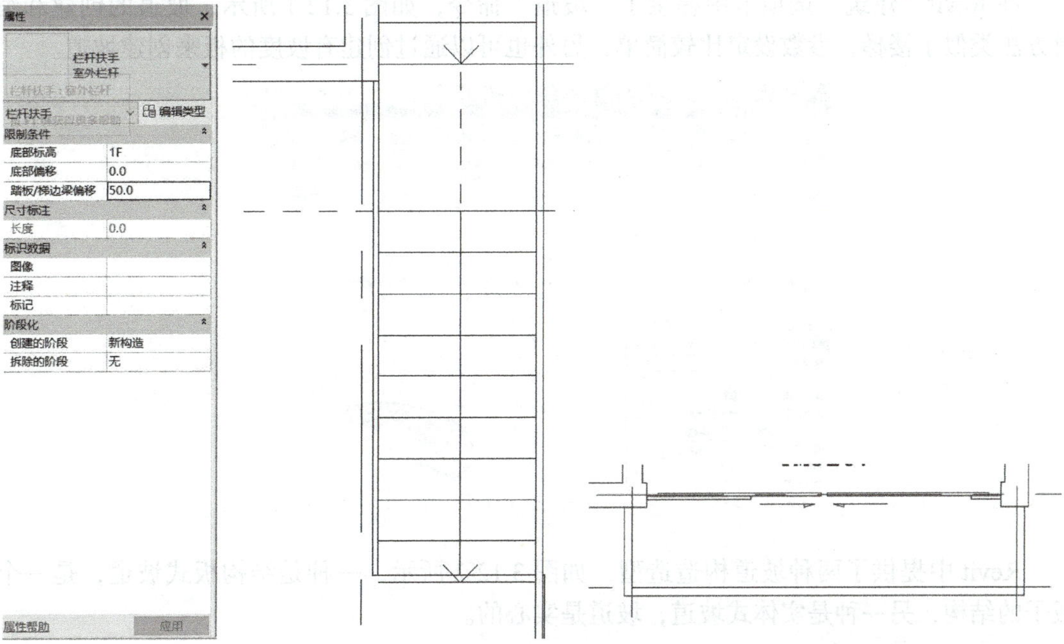

图　3.11-12

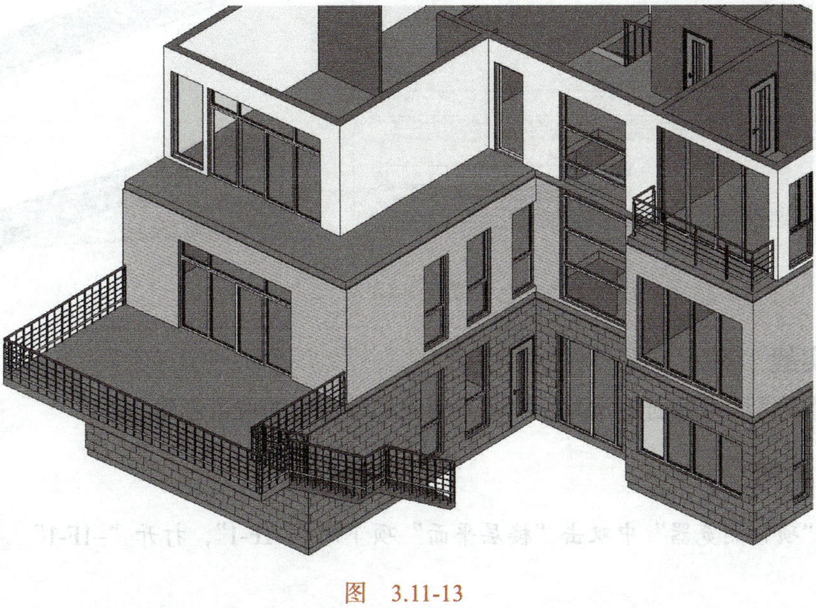

图　3.11-13

3.12 创建坡道

📖 内容导学

在房屋建筑中，坡道是连接高差地面或者楼面的斜向交通通道以及门口的垂直交通和疏散措施。人流量较大的建筑（如火车站、体育馆、影剧院等）常设置疏散通道，在室外公共场所也有结合台阶而设置的坡道，以便于残疾人轮椅和婴儿车通过。

在 Revit "建筑" 选项卡中提供了 "坡道" 命令，如图 3.12-1 所示，坡道的创建和编辑方法类似于楼梯，参数设定比较简单，另外也可以通过创建有坡度的板来创建坡道。

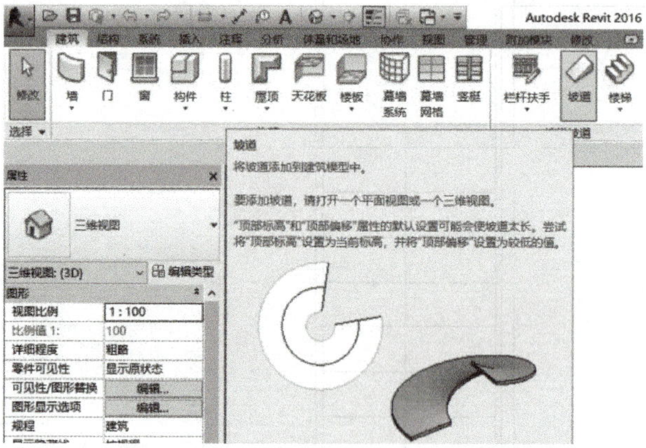

图 3.12-1

Revit 中提供了两种坡道构造造型，如图 3.12-2 所示，一种是结构板式坡道，是一个板子的结构，另一种是实体式坡道，坡道是实心的。

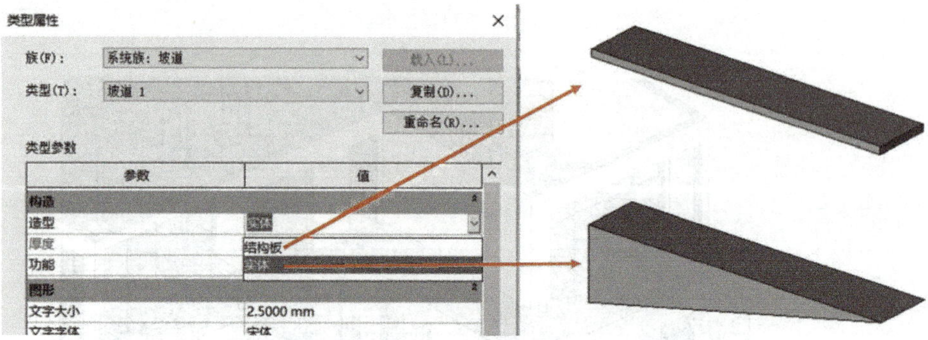

图 3.12-2

🖐 项目实战

小别墅项目坡道的创建分为普通坡道创建和带边坡的坡道创建。

一、普通坡道

● 在 "项目浏览器" 中双击 "楼层平面" 项下的 "–1F-1"，打开 "–1F-1" 平面视图。

视频 3.12-1
创建坡道

● 在"建筑"选项卡"楼梯坡道"面板中单击"坡道" 按钮，系统自动跳入"修改|创建坡道草图"上下文选项卡，如图 3.12-3 所示，与楼梯的创建类似，在绘制面板中提供了梯段、边界和踢面的绘制命令。

图　3.12-3

● 创建坡道的样式。在"属性"选项卡中单击"编辑类型"按钮，进入"坡道类型属性"对话框，单击"复制"按钮，命名为"–1F 坡道 1"，"构造"中设置"造型"为"实体"，"功能"为"外部"，"图形"中可以设置"文字大小"及"文字字体"，指的是在平面视图中坡道向上文字和向下文字的字体大小，设为"3.5mm""仿宋"，"坡道材质"为"现浇混凝土结构"，"尺寸标注"中"坡道最大坡度（1/x）"为"4"，这是根据图纸中坡道的高差与水平投影长度的比值计算得到的，设置完成后单击"确定"按钮。

● 实例属性中"底部标高"与"顶部标高"都设为"–1F-1"，"顶部偏移"为"200.0"，"宽度"为"2500.0"，如图 3.12-4 所示。

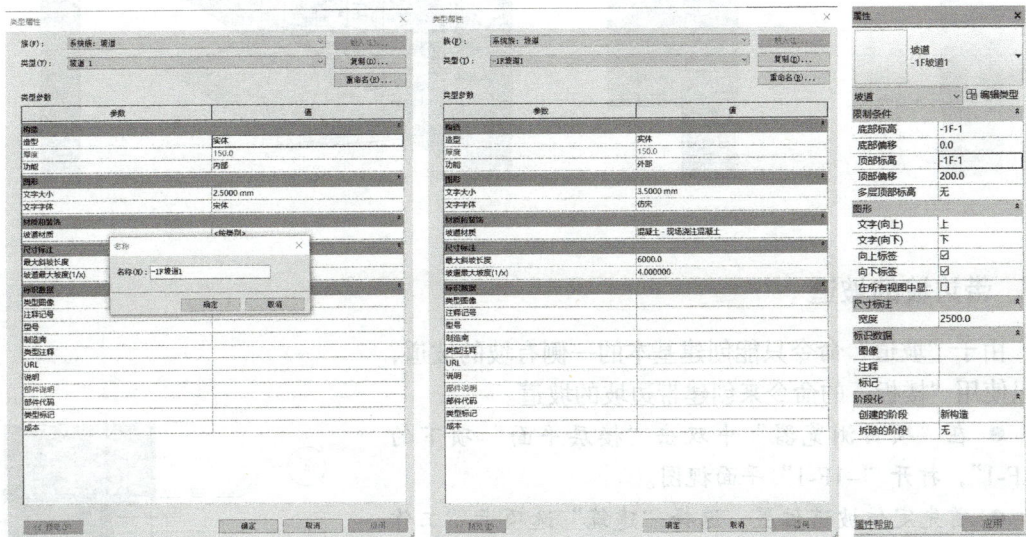

图　3.12-4

● 单击"修改|创建坡道草图"上下文选项卡"工具"面板"栏杆扶手" 按钮，设置"扶手类型"参数为"无"，单击"确定"按钮，如图 3.12-5 所示。
● 单击"工作平面"面板中的"参照平面"按钮，为坡道定位，在距离⑦轴线墙体外侧 800mm 的位置绘制一个竖直的参照平面，作为坡道的外边线；在距离⑥轴线向下 1525mm 的位置绘制一个水平的参照平面，作为坡道的中心线，如图 3.12-6 所示。

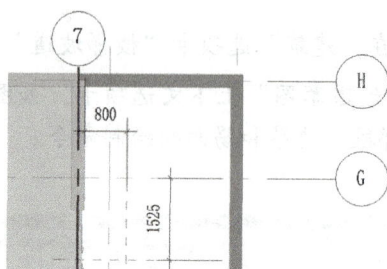

图 3.12-5　　　　　　　　　　　　图 3.12-6

● 单击"绘制"面板"梯段"按钮，选项栏选择"直线"命令，单击两条参照平面交点作为坡道的起点，从右向左拖曳鼠标指针绘制坡道梯段，注意创建坡道要从低处向高处创建，绘制完成后单击"完成"按钮，完成坡道的创建，如图 3.12-7 所示。

> **小提示**：楼层平面中显示坡道的坡度箭头，单击坡度箭头可以改变坡道的方向。

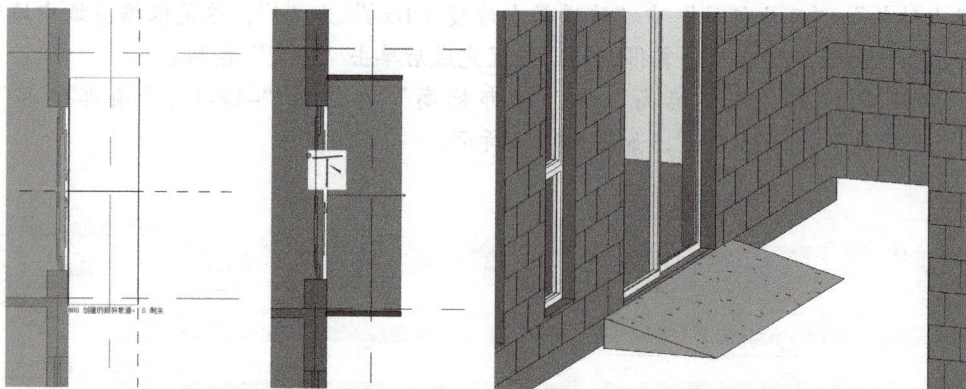

图　3.12-7

二、带边坡的坡道

由于"坡道"命令只能创建基本的一侧有坡的坡道，所以使用"楼板"的命令来创建带边坡的坡道。

● 在"项目浏览器"中双击"楼层平面"项下的"–1F-1"，打开"–1F-1"平面视图。

● 首先定位坡道位置。选择"建筑"选项卡"工作平面"面板中的"参照平面"命令，在距离②轴线墙体外侧 1500mm 的位置绘制一个竖直的参照平面，作为坡道左侧边线；在距离Ⓓ轴线向下 1000mm 的位置绘制一个水平的参照平面，作为坡道的上侧边线，如图 3.12-8 所示。

● 单击"建筑"选项卡"构建"面板中的"楼板"按钮，在"属性"选项卡类型选择器中选择"常规–200mm"楼板。

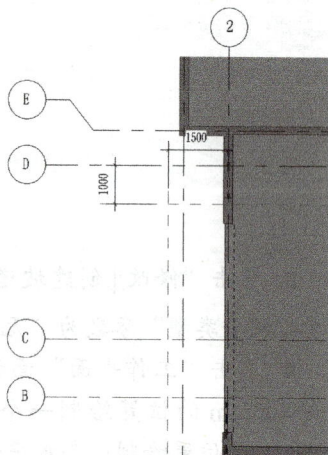

图　3.12-8

● 单击"编辑类型"按钮，在"类型属性"对话框中创建坡道类型，单击"复制"按钮，命名为"–1F 坡道 2"，单击"结构"旁边的"编辑"按钮，可以定义坡道的材质，例如现浇混凝土，"功能"设为"外部"，单击"确定"按钮，如图 3.12-9 所示。

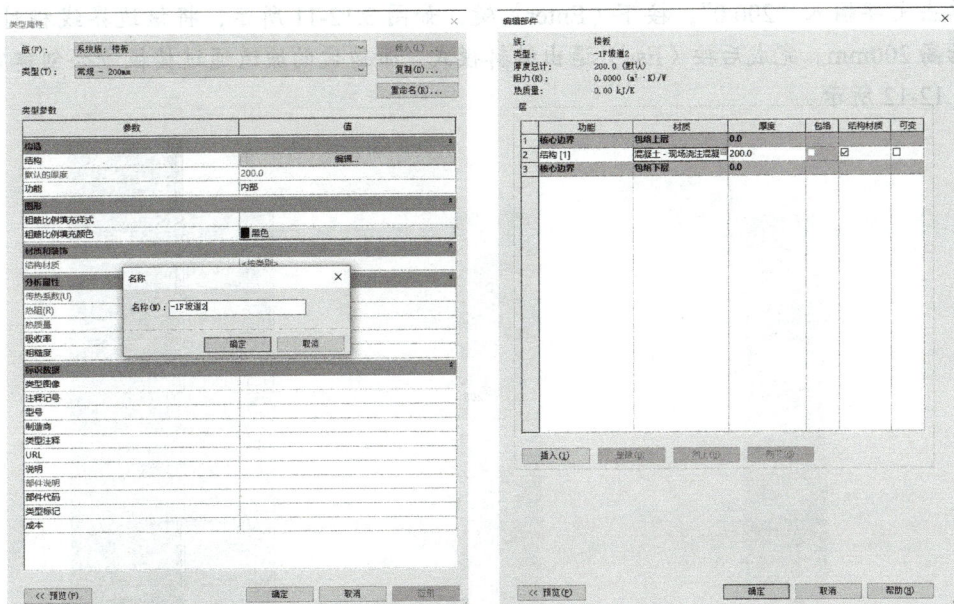

图 3.12-9

● 在实例属性中设置"标高"为"–1F-1"。选择"修改楼板"上下文选项卡中"绘制"面板的"矩形"命令，绘制坡道的四边轮廓，单击"完成"按钮，一块平楼板创建完成，如图 3.12-10 所示。

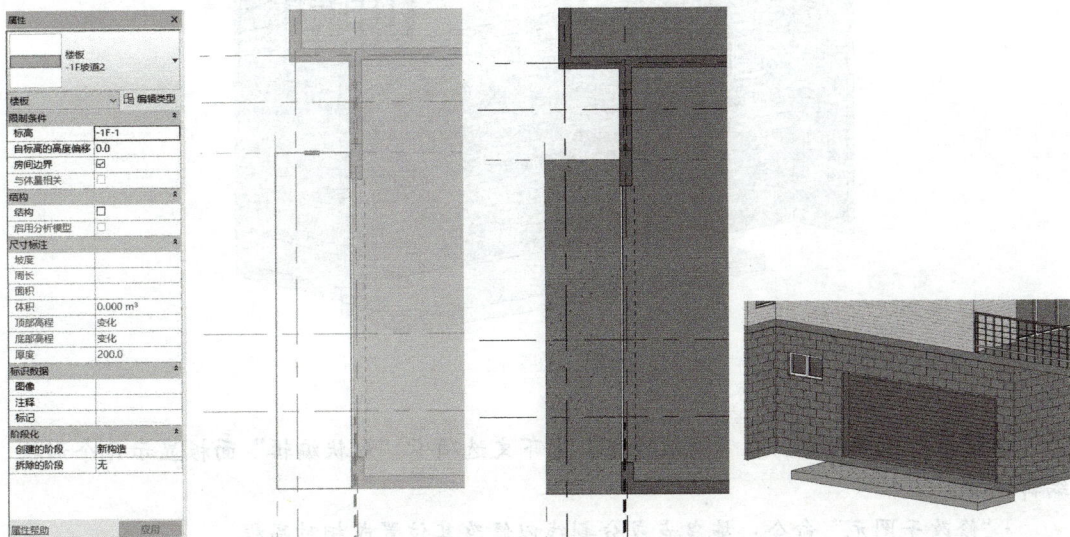

图 3.12-10

● 在 –1F-1 楼层平面中，选中绘制好的楼板，单击"修改楼板"上下文选项卡"形状编辑"面板中的"添加点" 添加点 按钮，在楼板右侧边线上、卷帘门上侧边线位置单击添加一个点，卷帘门下侧边线位置单击添加第二个点，也可以用"添加分隔线"的命令添加这两条斜向的线，可以根据自己的绘图习惯选择任意一种。

● 单击"修改子图元"按钮，单击右侧中间的楼板边界线，出现蓝色临时相对高程值，单击文字输入"200.0"，按下〈Enter〉键，如图 3.12-11 所示，将该边界线相对于其他线抬高 200mm。完成后按〈Esc〉退出编辑模式，带边坡的坡道通过楼板命令创建完成，如图 3.12-12 所示。

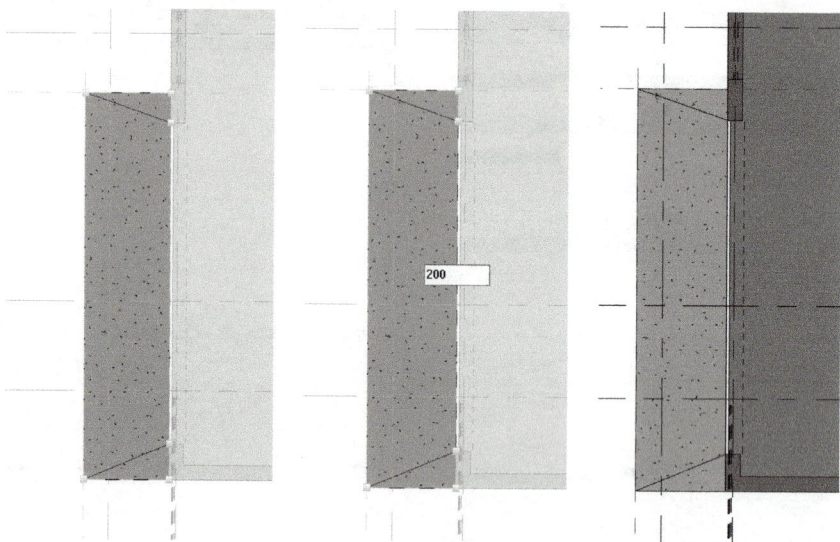

图 3.12-11

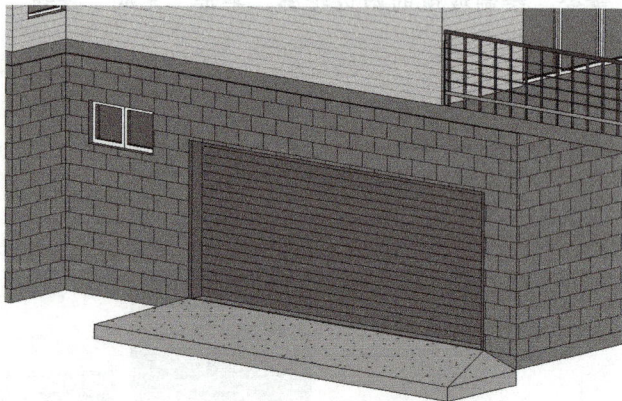

图 3.12-12

小提示：选中楼板，在"修改楼板"上下文选项卡"形状编辑"面板显示几个形状编辑命令：

·"修改子图元"命令：拖曳点或分割线以修改其位置或相对高程。

·"添加点"命令：可以向图元几何图形添加单独的点，每个点可设置不同的相对高程值。

·"绘制分割线"命令：可以绘制分割线，将板的现有面分割成更小的子区域。

三、创建与编辑坡道操作要点

Revit 中创建坡道有两种方法：

1）直接用 Revit 提供的坡道命令创建单面带坡度的坡道，注意创建坡道要从低处向高处创建。

2）利用楼板及编辑楼板形状的命令，创建带边坡的坡道。在对楼板进行形状编辑时，"添加点"命令可以向图元几何图形添加单独的点，每个点可设置不同的相对高程值。"绘制分割线"命令可以绘制分割线，将板的现有面分割成更小的子区域。

3.13　创建室外台阶

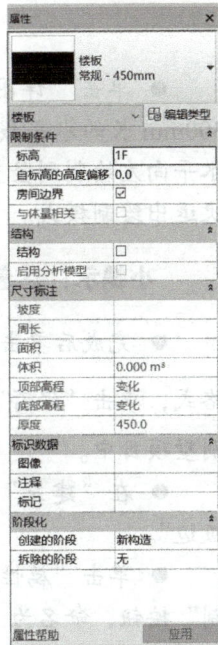

📖 内容导学

在 Revit "建筑"选项卡楼板中提供了"楼板：楼板边"的命令，如图 3.13-1 所示，应用"楼板：楼板边"命令可以创建一些沿楼板边缘放置的构件，例如台阶、散水等。

图　3.13-1

🖱 项目实战

一、主入口台阶

查看图纸，明确室外台阶的参数信息。在首层平面图中可以看到平台的形状、尺寸，以及室外台阶的尺寸：台阶的踏面宽度为 300mm，对照东立面图，台阶的踢面高 150mm，共三个台阶，平台厚度为 450mm。

● 在"项目浏览器"中双击"楼层平面"项下的"1F"，打开"1F"平面视图。

● 单击"建筑"选项卡"构建"面板中的"楼板"按钮，在"属性"选项卡类型选择器中选择"常规−450mm"楼板，如图 3.13-2 所示。

● 在"绘制"面板中选择"直线"命令，绘制平台的轮廓线如图 3.13-3 所示，绘制完成后单击"完成"按钮，在入口处绘制了一块楼板作为平台。

利用"楼板：楼板边"命令添加楼板两侧台阶。在 Revit 中楼板边属于轮廓族，由于样板文件中没有需要的台阶样式的楼板边缘的轮廓族，所以需要先创建相应的楼板边缘轮廓族。

● 单击"新建"→"族"，选择"公制轮廓"，单击"打开"按钮，如图 3.13-4 所示，进入族编辑模式。

● 在公制轮廓族这个样板文件中默认提供了水平竖直相交的两个参照平面，参照平面的交点位置可理解为所拾取的楼板边的投影位置。

图　3.13-2

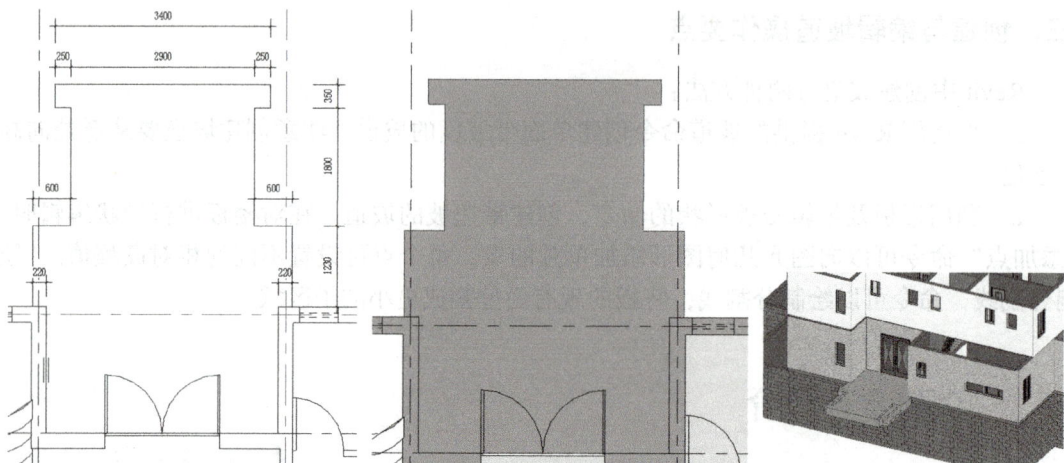

图　3.13-3

图　3.13-4

● 单击"详图"中的"直线"按钮，以交点下方150mm的位置为起点，绘制一条300mm长的水平线，垂直向下绘制150mm，水平向右再绘制300mm，垂直向下150mm，水平向左绘制到竖直参照平面的位置，向上闭合，如图3.13-5所示，完成后按〈Esc〉键两次退出绘制模式。

小提示：注意所有的轮廓族必须是首尾相连的封闭线段。

● 完成后单击"保存"按钮，命名为"室外台阶"，注意保存的文件类型为族文件 .rfa 格式，单击"保存"按钮，单击"族编辑器"中的"载入到项目" 按钮，将其载入到小别墅项目中。

● 在"建筑"选项卡"构建"面板中单击"楼板"下拉三角形，选择"楼板：楼板边"。

● 单击"属性"选项卡中的"编辑类型"按钮，创建室外台阶的楼板边缘，单击"复制"按钮，命名为"室外台阶"，在构造中选择轮廓为载入的"室外台阶"轮廓族，设定其材质为"混凝土 – 现场浇注混凝土"，如图3.13-6所示。

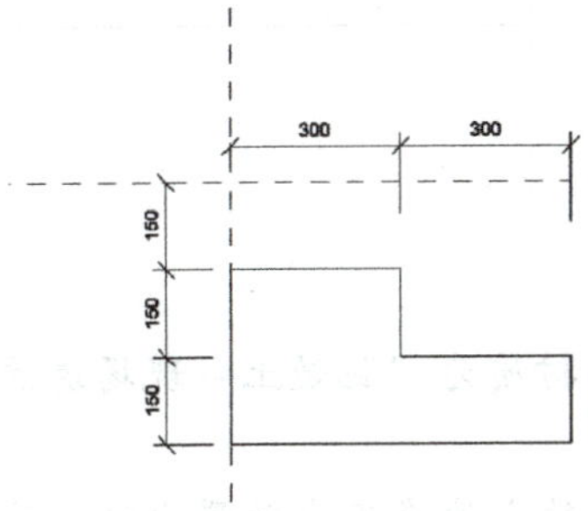

图 3.13-5

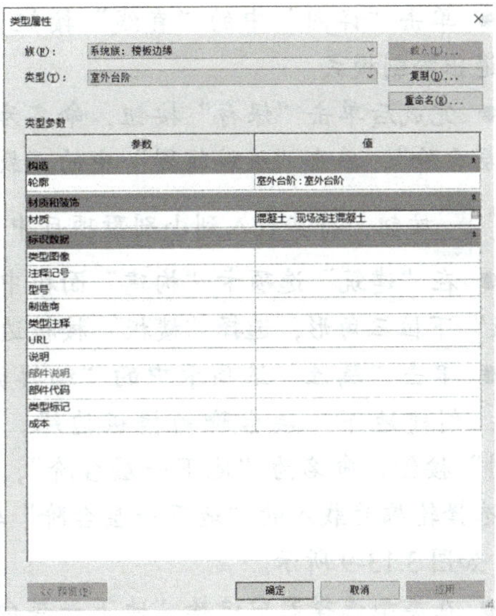

图 3.13-6

● 在三维视图中，移动鼠标指针到楼板一侧凹进部位的水平上边缘，边线高亮显示时单击鼠标放置楼板边缘。单击边时，如图 3.13-7 所示，Revit 按照指定的轮廓形状及尺寸生成了楼板边缘，它将作为室外台阶的踏步和踢面。如果楼板边的线段在角部相遇，它们会相互拼接。

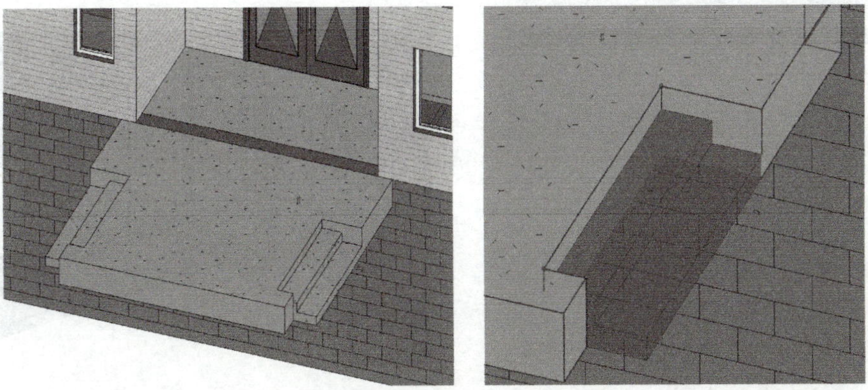

图 3.13-7

小提示：选择创建的楼板边缘，可以根据需要对其进行位置及尺寸的编辑。拖动蓝色小圆圈的控制柄，可以改变边缘的长度；单击水平、竖直方向的翻转箭头可以使楼板边缘分别在水平方向和竖直方向翻转。在实例属性中也可以设定其垂直轮廓偏移和水平轮廓偏移。

二、地下一层台阶

● 用"楼板边缘"命令在地下一层南侧入口处添加台阶。单击"新建"→"族"，选择"公制轮廓"，进入族编辑模式。

● 单击"详图"中的"直线"按钮，绘制轮廓，如图 3.13-8 所示，完成后按〈Esc〉两次退出绘制模式。

● 完成后单击"保存"按钮，命名为"地下一层台阶"，单击"族编辑器"中的"载入到项目" ![按钮] 按钮，将其载入到小别墅项目中。

● 在"建筑"选项卡"构建"面板中单击"楼板"下拉三角形，选择"楼板：楼板边"。

● 单击"属性"选项卡中的"编辑类型"按钮，创建地下一层台阶的楼板边缘，单击"复制"按钮，命名为"地下一层台阶"，在构

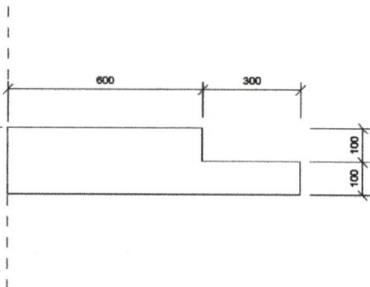

图　3.13-8

造中选择轮廓为载入的"地下一层台阶"轮廓族，设定其材质为"混凝土 – 现场浇注混凝土"，如图 3.13-9 所示。

● 在类型选择器中选择"地下一层台阶"，拾取楼板的上边缘单击放置台阶，拖动蓝色小圆圈的控制柄，可以改变边缘的长度，结果如图 3.13-10 所示。

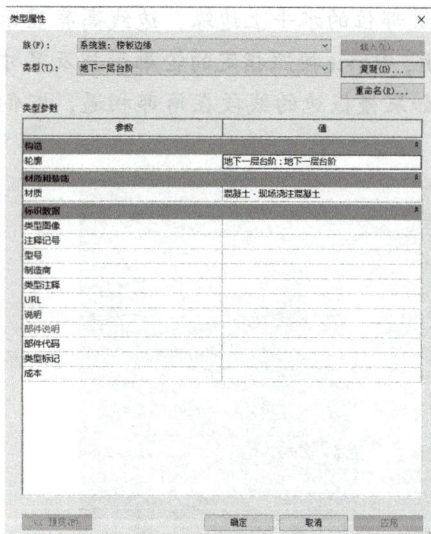

图　3.13-9

图　3.13-10

3.14　创建拉伸屋顶

📖 内容导学

屋顶是建筑的重要组成部分，常见的有平屋顶和坡屋顶两种形式，其中坡屋顶又有单坡屋顶、双坡屋顶和四坡屋顶等。屋顶在建筑物中主要起隔热、防晒、防雨等作用。Revit 当中提供了多种屋顶的创建命令，如迹线屋顶、拉伸屋顶、面屋顶以及屋顶底板、屋顶封檐带和屋顶檐槽等。

在 Revit "建筑" 选项卡 "构建" 面板中提供了 "屋顶" 命令，如图 3.14-1 所示，屋顶的创建主要有两种方法，迹线屋顶和拉伸屋顶。

迹线屋顶是使用建筑迹线定义屋顶边界进而创建屋顶的方法，常用于创建不规则的屋顶，如图 3.14-2a 所示。拉伸屋顶是通过拉伸绘制的轮廓来创建屋顶，适用于屋顶形状在垂直方向上截面一致的情况，利用拉伸屋顶可以创建平屋顶或者双坡屋顶等常用的屋顶形式，如图 3.14-2b 所示。

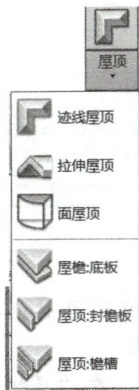

图　3.14-1

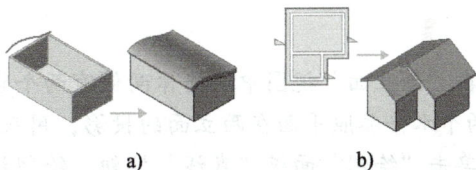

图　3.14-2

项目实战

以小别墅项目首层左侧凸出部分墙体的双坡屋顶为例，详细讲解 "拉伸屋顶" 命令的使用方法。

视频 3.14-1
创建拉伸
屋顶

一、创建屋顶

在创建屋顶之前，首先需要查看图纸，明确屋顶的尺寸及位置信息，在二层平面图中通过测量可以知道，屋顶左侧边界线与②轴线距离为 1700mm，上侧边界线与 ⑤ 轴线距离为 800mm，下侧边界线与 ⑥ 轴距离为 800mm。另外，在西立面视图中可以测得屋顶的坡度为 22°。

● 在 "项目浏览器" 中双击 "楼层平面" 下的 "2F"，打开 "2F" 平面视图。

● 应用参照平面的命令对屋顶进行定位。单击 "建筑" 选项卡 "工作平面" 面板 "参照平面" 按钮，在 ⑤ 轴和 ⑥ 轴向外 800mm 处各绘制一个参照平面，在 ① 轴向左 500mm 处绘制一个参照平面，如图 3.14-3 所示。

● 单击 "建筑" 选项卡 "屋顶" 下拉三角形菜单中 "拉伸屋顶" 按钮，系统会弹出 "工作平面" 对话框提示设置工作平面。选择 "拾取一个平面"，如图 3.14-4 所示，单击 "确定" 按钮关闭对话框。

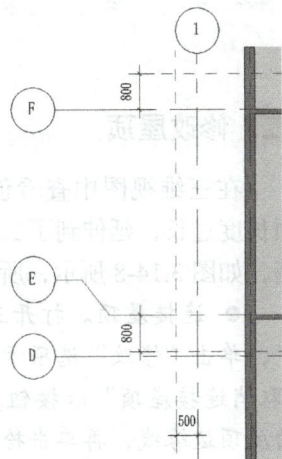

图　3.14-3

● 移动鼠标指针单击拾取绘制好的垂直参照平面，打开"转到视图"对话框，提示在东立面还是西立面绘制屋顶，如图 3.14-5 所示，由于是在西侧创建的参照平面，所以在上面的列表中单击选择"立面：西"，单击"打开视图"关闭对话框进入"西立面"视图，同时弹出"屋顶参照标高和偏移"对话框，如图 3.14-6 所示，选择标高为"2F"，偏移为"0.0"。

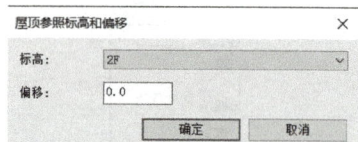

图 3.14-4　　　　　　图 3.14-5　　　　　　图 3.14-6

● 在"西立面"视图中间墙体两侧有两个竖向的参照平面，这是刚才在"2F"视图中绘制的两个水平参照平面在西立面的投影，用来创建屋顶时精确定位。

● 单击"绘制"面板"直线"按钮，绘制拉伸屋顶截面形状线。在"属性"选项卡类型选择器中选择"青灰色琉璃筒瓦"，在实例属性中可以设定拉伸的起点和终点，完成后单击"修改 | 创建拉伸屋顶轮廓"上下文选项卡"模式"面板中的"完成"按钮，完成拉伸屋顶的创建，如图 3.14-7 所示。

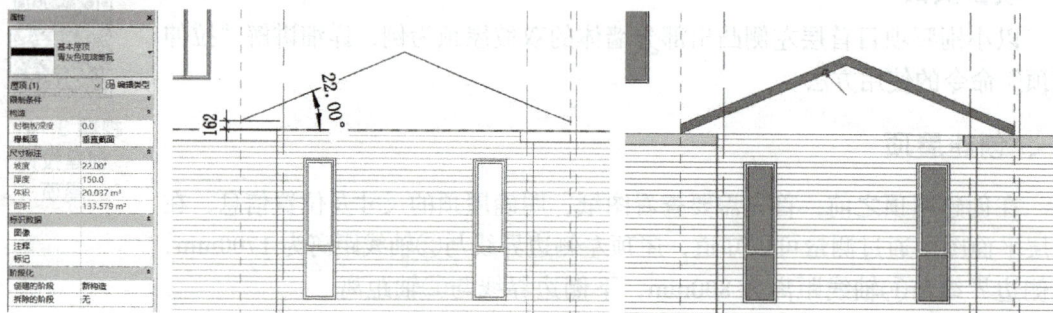

图 3.14-7

二、修改屋顶

在三维视图中查看创建的拉伸屋顶，可以看到屋顶长度过长，延伸到了二层屋内，同时屋顶下面没有山墙，如图 3.14-8 所示，所以需要对屋顶进行修改。

● 连接屋顶。打开三维视图，在选中屋顶的状态下，单击"修改"选项卡"几何图形"面板中的"连接 / 取消连接屋顶" 按钮。先单击拾取延伸到二层屋内的屋顶边缘线，再单击拾取左侧二层外墙墙面，这样系统自动调整屋顶长度使其端面和二层外墙墙面对齐，如

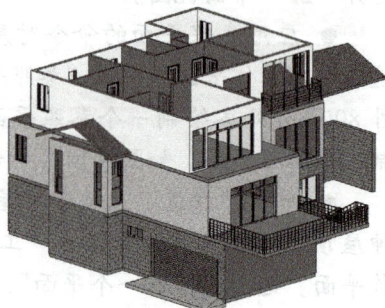

图 3.14-8

图 3.14-9 所示。

图 3.14-9

● 附着墙修改屋顶下面的山墙，使其与屋顶连接。按住〈Ctrl〉键连续单击选择屋顶下面的三面墙，在"修改墙"面板单击"附着顶部/底部" 按钮，再在选项栏中选择"顶部"，如图 3.14-10 所示，然后选择屋顶为被附着的目标，墙体自动将其顶部附着到屋顶下面，墙体和屋顶之间的关联关系创建完成，如图 3.14-11 所示。

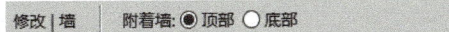

修改 | 墙   附着墙：◉ 顶部 ○ 底部

图 3.14-10

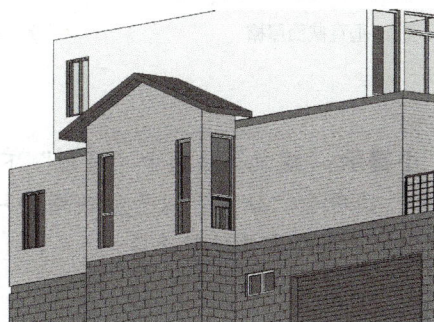

图 3.14-11

小提示：也可以对创建好的屋顶进行类型编辑，在"属性"选项卡中单击"编辑类型"按钮，在"类型属性"对话框中可以编辑屋顶的结构，可以插入多层并对多个层的材质进行定义，这里的操作步骤和墙体的操作步骤是一样的。

● "橡截面"在屋顶的"属性"选项卡中有一个"橡截面"的选项，如图 3.14-12 所示，在这里可以对屋顶进行垂直截面、垂直双截面以及正方形双截面的选择，各截面形式如图 3.14-13 所示。

● 选择垂直截面，封檐板深度为灰显状态，屋顶会产生一个垂直截面的屋檐。

● 选择垂直双截面，同时为封檐板深度指定一个介于零和屋顶厚度之间的值，屋顶会生成一个垂直截面和一个水平截面的双截面屋檐。如果将封檐板深度设为零，垂直双截面屋檐的形式是水平的；如果将封檐板深度设为一个比屋顶厚度大的数值，垂直双截面屋檐变成了一个垂直的截面。

● 选择正方形双截面，封檐板深度同样分三种情况，零、介于零和屋顶厚度之间以及大于屋顶厚度。输入零时会出现一个水平的截面；

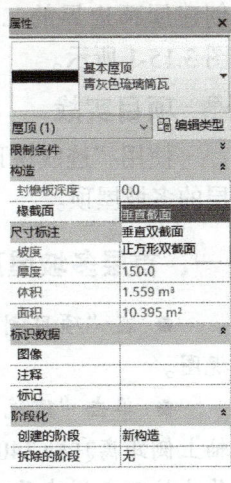

图 3.14-12

输入一个介于零和屋顶厚度之间的数值会出现一个正方形双截面屋檐；输入一个大于屋顶厚度的数值，屋檐截面是一个屋面法线方向上的截面。

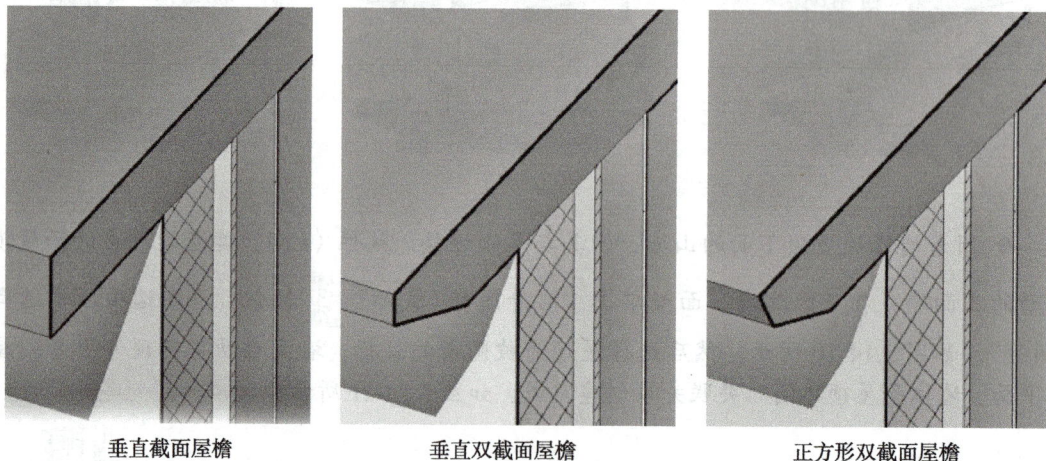

垂直截面屋檐　　　　　垂直双截面屋檐　　　　　正方形双截面屋檐

图　3.14-13

小提示："建筑"选项卡"屋顶"下拉菜单中还提供了"屋檐底板""封檐板"以及"檐槽"的命令，分别可以为屋顶增加一个下底板、封檐板以及檐槽，可根据项目的实际结构以及实际需要进行选择。

3.15　创建迹线屋顶

📖 内容导学

迹线屋顶是在平面视图中通过选择墙或绘制线来创建屋顶边界的二维闭合草图进而创建屋顶的方法，如图 3.15-1 所示。

🖱 项目实战

使用"迹线屋顶"命令创建小别墅项目首层北侧和顶层的多坡屋顶。

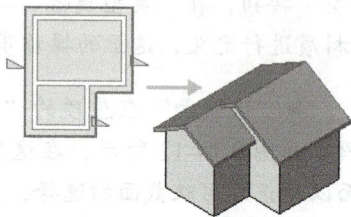

图　3.15-1

一、首层多坡屋顶

● 在"项目浏览器"中双击"楼层平面"下的"2F"，打开"2F"平面视图。

● 单击"建筑"选项卡"工作平面"面板中的"参照平面"按钮，在Ⓗ轴上侧距离Ⓗ轴 3400mm 位置处绘制一个水平的参照平面，如图 3.15-2 所示，作为接下来创建屋顶的辅助线。

视频 3.15-1 创建迹线屋顶

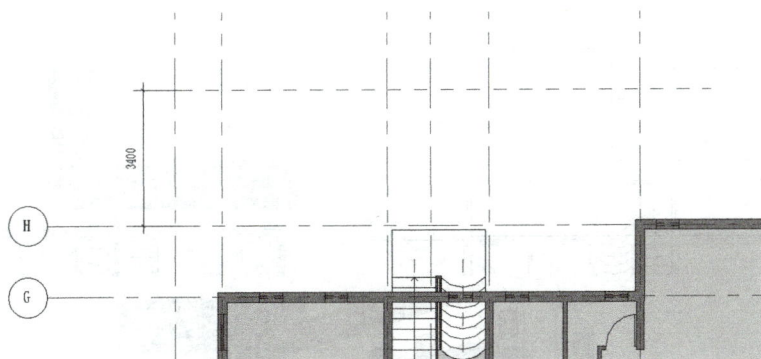

图　3.15-2

● 单击"建筑"选项卡"屋顶"下拉三角形菜单中"迹线屋顶"按钮，进入绘制屋顶轮廓迹线草图模式。

● 在"属性"选项卡"类型"选择器中选择"基本屋顶 – 青灰色琉璃筒瓦"，在绘制面板中选择"直线"命令，状态栏中勾选"定义坡度"，偏移值设为"600"，如图 3.15-3 所示。

图　3.15-3

● 依次单击Ⓖ轴外墙与②轴交点、②轴Ⓗ轴交点、⑤轴Ⓗ轴交点、⑤轴与参照平面交点、⑥轴与参照平面交点、⑥轴与Ⓗ轴外墙交点，按〈Esc〉键退出。

● 偏移值设为"0"，绘制沿墙部分轮廓线，如图 3.15-4 所示。注意轮廓线必须为闭合的环线。

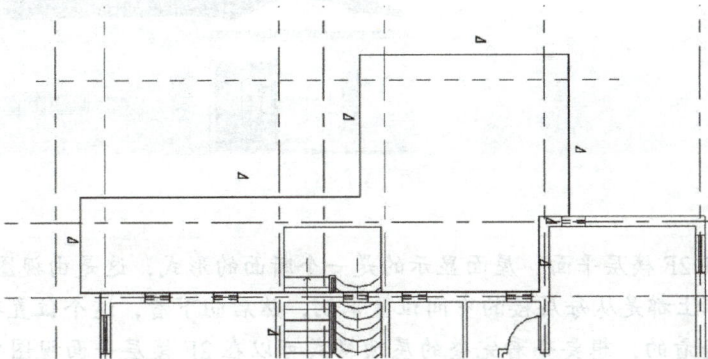

图　3.15-4

● 选中所有的屋顶轮廓线，在"属性"选项卡中将坡度修改为"22°"，如图 3.15-5 所示。按住〈Ctrl〉键连续单击选择最上面、最下面和右侧最短的这条水平迹线，以及下方左侧垂直迹线，选项栏取消勾选"定义坡度"选项，取消这些边的坡度。

● 单击"模式面板"中的"完成"命令创建完成二层的多坡屋顶，如图 3.15-6 所示。

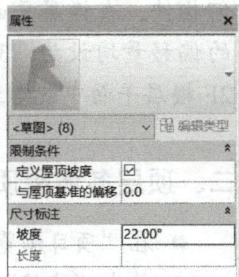

图　3.15-5

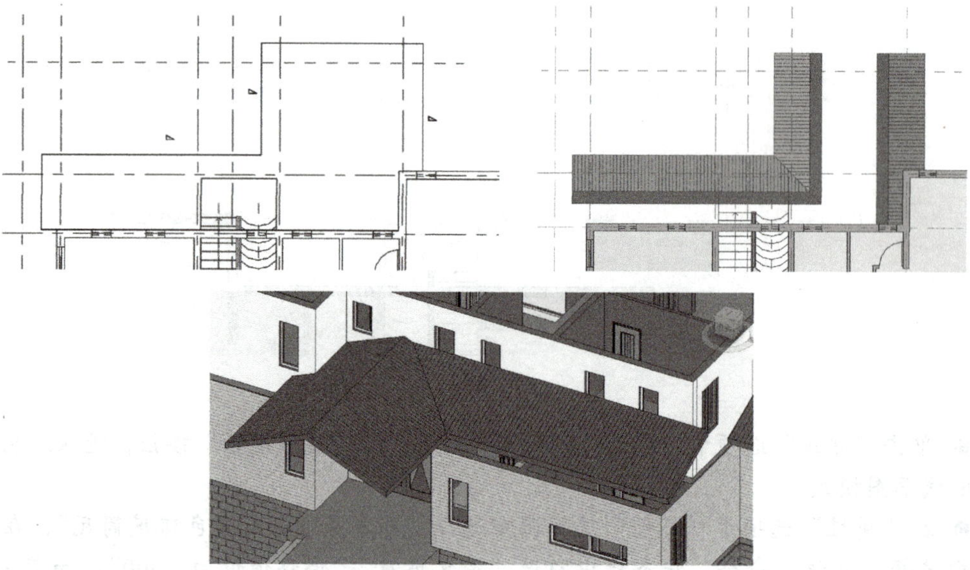

图　3.15-6

● 按住〈Ctrl〉键单击选择屋顶下面两面墙体，单击修改墙面板中的"附着顶部／底部"按钮，单击要附着到的屋顶，将墙顶部附着到屋顶下面。

● 西侧的墙体需要通过编辑轮廓使其与屋顶连接，在三维视图中，单击Viewcube"左"，进入左视图，双击该面墙体，转入修改编辑轮廓模式，绘制需要修改的墙体的轮廓线，如图 3.15-7 所示，单击完成。完成后所有墙体都连接到了屋顶下方。

图　3.15-7

> **小提示**：在 2F 楼层平面，屋面显示的是一个断面的形式，这是由视图范围造成的，因为每层楼基本上都是从每层楼的中间位置剖切，然后向下看，这个位置也是按照这种默认的状态去查看的，想要查看完整的屋顶样式可以在 2F 楼层平面视图中，不选中任何构件，在楼层平面的"属性"选项卡中找到"视图范围"，单击编辑，将顶和剖切面的偏移量均设为"3000"，剖切面的偏移量一定不能大于顶的偏移量，设置完成后，在 2F 楼层平面中就看到了整个屋面的投影。

二、顶层多坡屋顶

● 在"项目浏览器"中双击"楼层平面"下的"3F"。

● 单击"建筑"选项卡"屋顶"下拉三角形菜单中"迹线屋顶"按钮，进入绘制屋顶轮廓迹线草图模式。在属性选项卡类型选择器中选择"基本屋顶－青灰色琉璃筒瓦"，在绘制面板中单击"直线"按钮，状态栏中勾选"定义坡度"，偏移值设为"600.0"，绘制出屋顶的轮廓，如图 3.15-8 所示。

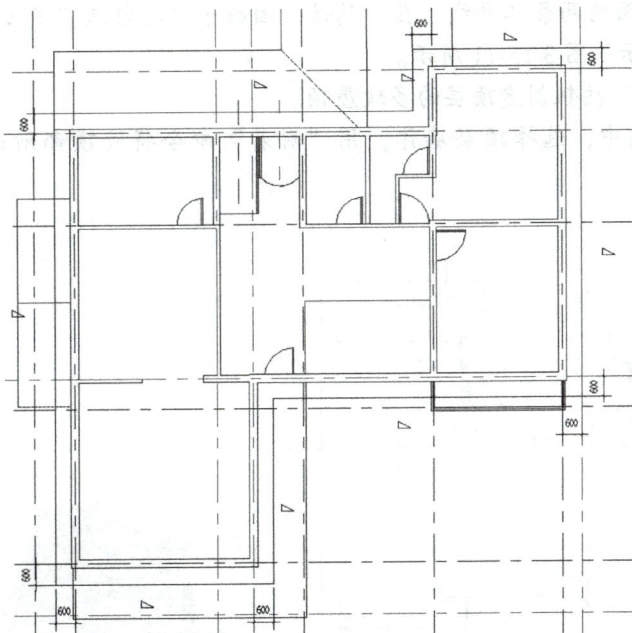

图　3.15-8

● 选中所有的屋顶轮廓线，在"属性"选项卡中将坡度修改为"22°"，如图 3.15-9 所示。

● 单击"工作平面"面板"参照平面"按钮，绘制两个参照平面，使其和中间两条水平迹线平齐，并和左右最外侧的两条垂直迹线相交，如图 3.15-10 所示。

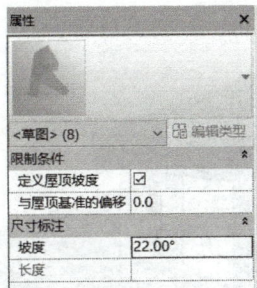

图　3.15-9

图　3.15-10

● 选择修改面板中的"拆分" ⊞命令，移动鼠标指针到参照平面和左右最外侧的两条垂直迹线交点位置分别单击鼠标左键，将两条垂直迹线拆分成上下两段。

● 按住〈Ctrl〉键单击选择最左侧迹线拆分后的上半段和最右侧迹线拆分后的下半段以及最上面和最下面的两条水平线，在"属性"面板中取消勾选"定义坡度"选项，取消坡度，绘图区域显示如图 3.15-11 所示。

● 单击"完成"按钮创建顶层的多坡屋顶。

● 在三维视图中，选择顶层墙体，用"附着"命令将墙顶部附着到屋顶下面，如图 3.15-12 所示。

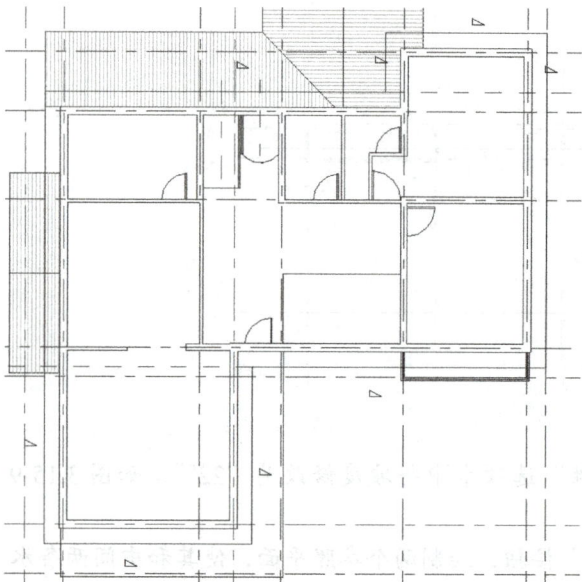

图　3.15-11

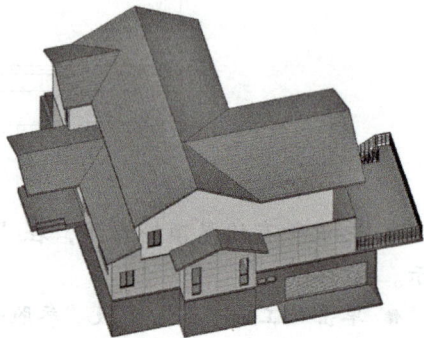

图　3.15-12

3.16 应用老虎窗及坡度箭头创建屋顶

📖 内容导学

老虎窗又称为老虎天窗，是一种开在屋顶上的天窗，也就是在斜屋面上凸出的窗，用作房屋顶部的采光和通风，如图 3.16-1 所示。

在 Revit 中，创建老虎窗的方法有两种，一种是在平面视图中修改屋顶草图并使用坡度箭头创建老虎窗；另一种是添加老虎窗墙、创建老虎窗屋顶，并将其附加到主屋顶，然后创建老虎窗洞口以在屋顶中进行垂直剪切以及水平剪切，从而形成一个穿过屋顶的洞口。

图　3.16-1

技能实战

下面使用"老虎窗"命令创建案例中的屋顶，屋顶形式及参数如图 3.16-2 所示。

视频 3.16-1
应用老虎窗
及坡度箭头
创建屋顶

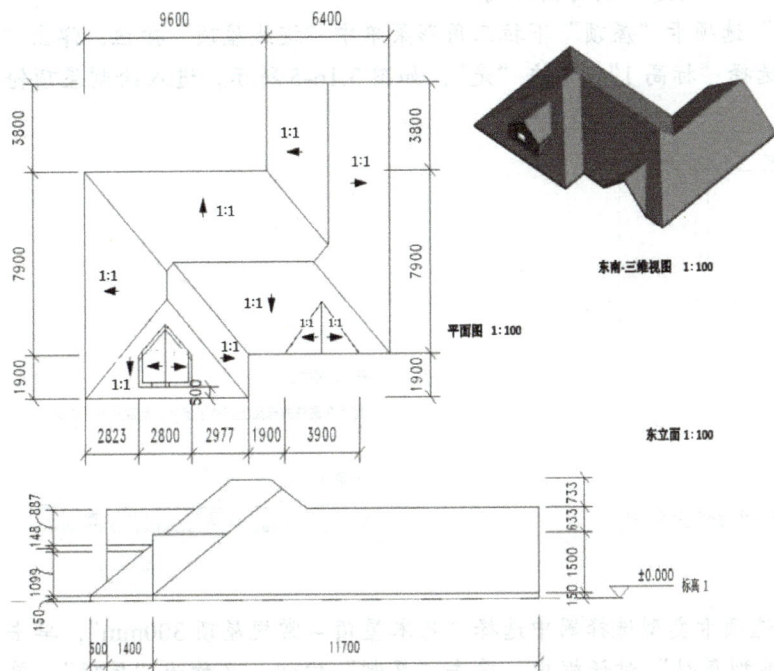

图 3.16-2

一、创建多坡屋顶

● 双击 Revit 2016 的快捷方式，将它打开。

● 单击窗口左侧"新建" ▣新建… 按钮，或者单击左上角"应用程序菜单"→"新建"→"项目"按钮，弹出"新建项目"对话框。单击三角下拉菜单，选择"建筑样板"，如图 3.16-3 所示，进入新建的空白项目。

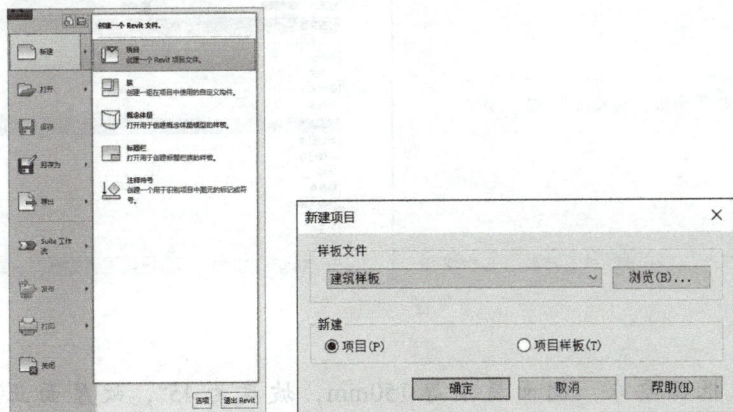

图 3.16-3

● 在"项目浏览器"中双击"楼层平面"项下的"标高1"，打开"标高1"平面视图。

● 单击"建筑"选项卡"工作平面"面板中的"参照平面"按钮，绘制如图3.16-4所示参照平面，作为接下来创建屋顶的辅助线。

● 单击"建筑"选项卡"屋顶"下拉三角形菜单中"迹线屋顶"按钮，弹出"最低标高提示"对话框，选择"标高1"，单击"是"，如图3.16-5所示，进入绘制屋顶轮廓迹线草图模式。

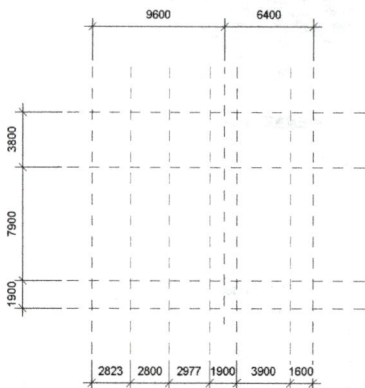

图 3.16-4

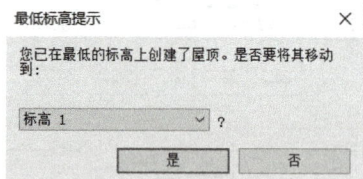

图 3.16-5

● 在"属性"选项卡类型选择器中选择"基本屋顶 – 常规屋顶300mm"，单击"编辑类型"按钮，在"类型属性"对话框中，单击"复制"按钮，名称为"屋顶"。单击"结构"右侧的"编辑"按钮，"结构 [1]"厚度设为"106.0"，回到"类型属性"对话框，单击"确定"按钮，如图3.16-6所示。

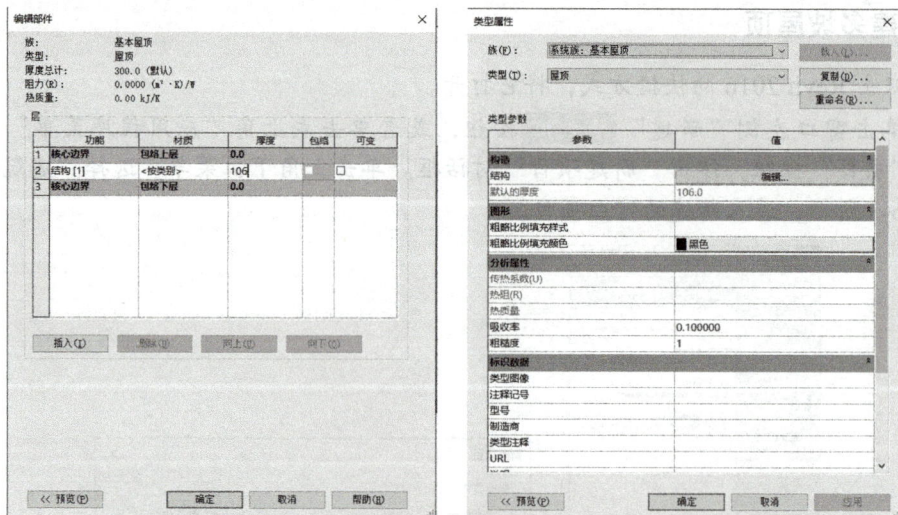

图 3.16-6

小提示： 根据要求，侧面屋顶厚150mm，坡度为45°，故屋面正截面厚度为150mm×cos45°=106mm。

● 在绘制面板中选择"直线"命令，状态栏中勾选"定义坡度"，绘制屋顶轮廓线。注意轮廓线必须为闭合环线，如图3.16-7所示。

● 选中所有的屋顶轮廓线，在"属性"选项卡中将坡度修改为"45°"，如图3.16-8所示。

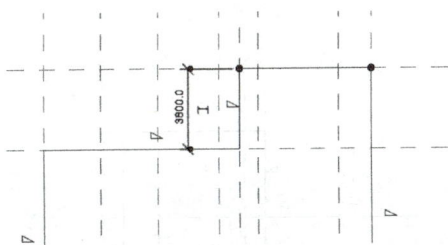

图 3.16-7

图 3.16-8

● 单击选择最上面右侧的水平迹线，如图3.16-9所示，选项栏取消勾选"定义坡度"选项，如图3.16-10所示，取消这条边的坡度，单击"模式"面板中的"完成"按钮创建多坡屋顶，如图3.16-11所示。

图 3.16-9

图 3.16-10

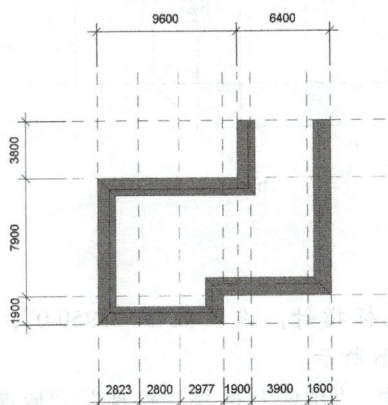

图 3.16-11

二、应用坡度箭头创建右下小屋面

● 在"标高 1"楼层平面中双击屋顶，进入"修改 | 编辑屋顶"模式。

● 单击"修改"选项卡中的"拆分图元" ⬛ 按钮，分别在图 3.16-12 所示位置单击，将该条轮廓线分为三部分。

● 选择中间一段轮廓线，在"属性"选项卡中取消勾选"定义坡度"选项，取消坡度，取消坡度后如图 3.16-13 所示。

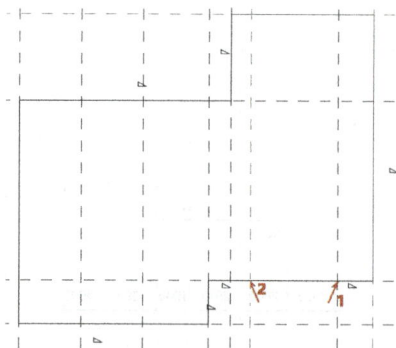

图 3.16-12   图 3.16-13

● 选择"修改 | 编辑迹线"上下文选项卡，绘制面板中的"坡度箭头" ⬛坡度箭头命令，在图 3.16-13 中的 1 点处单击，向左移动鼠标指针，设置数值"1950.0"，按下〈Enter〉键，完成右侧坡度箭头的绘制，如图 3.16-14a 所示。

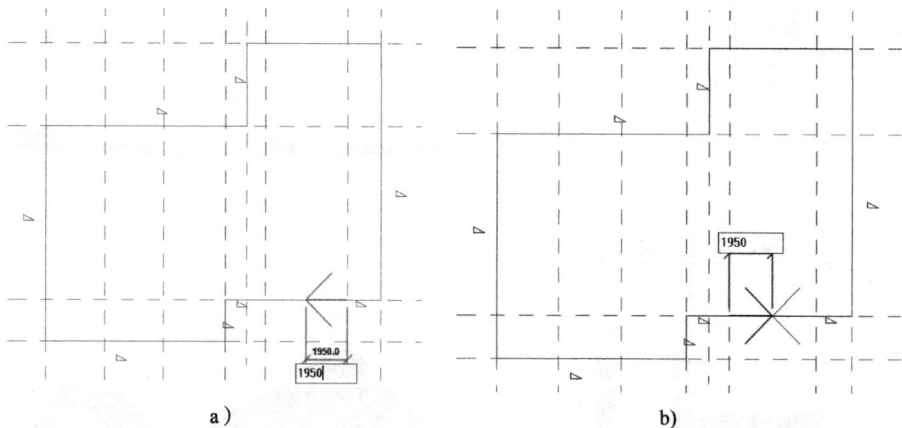

a）   b）

图 3.16-14

● 在图 3.16-13 中的 2 点处单击，向右移动鼠标指针，设置数值"1950.0"，按下〈Enter〉键，完成左侧坡度箭头的绘制，如图 3.16-14b 所示。

● 选中绘制的两个坡度箭头，"属性"选项卡中，"指定"选择"坡度"，"坡度"为"45.00°"，如图 3.16-15 所示，单击"完成"按钮创建屋顶。

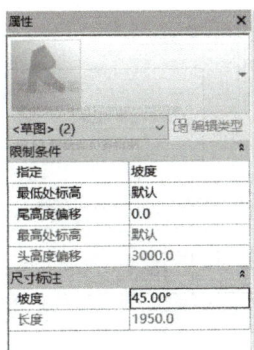

图　3.16-15

三、创建老虎窗屋顶

● 进入"标高 1"楼层平面。

● 单击"建筑"选项卡"屋顶"下拉三角形菜单中"迹线屋顶"按钮，弹出"最低标高提示"对话框，选择"标高 1"，单击"是"，如图 3.16-16 所示，进入绘制屋顶轮廓迹线草图模式。

● 在"属性"选项卡类型选择器中选择"基本屋顶-屋顶"，"自标高的底部偏移"为"1397.0"（根据图 3.16-2 中东立面图尺寸，自标高的底部偏移为 150+1099+148=1397），如图 3.16-17 所示。

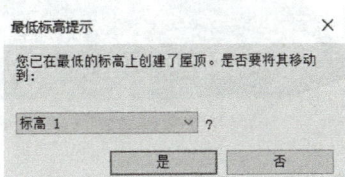

图　3.16-16

图　3.16-17

● 在"绘制"面板中单击"直线"按钮，状态栏中勾选"定义坡度"，绘制如图 3.16-18 所示的屋顶轮廓线。

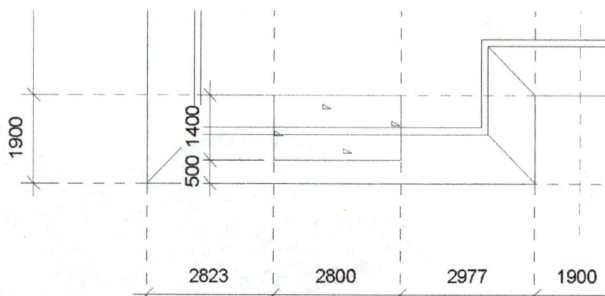

图　3.16-18

● 选中左右两侧轮廓线，在"属性"选项卡中将"坡度"修改为"45°"。

● 选择上下两条轮廓线，选项栏取消勾选"定义坡度"选项，取消两条线的坡度，单击"模式"面板中的"完成"按钮创建如图 3.16-19 所示屋顶。

图　3.16-19

● 在三维视图中，单击"修改"上下文选项卡，"几何图形"面板中的"连接/取消连接屋顶"🖫 按钮，鼠标指针移动到绘图区域，单击选择小屋顶内侧边，如图 3.16-20 中 1 所示。

● 再次单击选择大屋顶与小屋顶相连接的面，如图 3.16-20 中 2 所示，完成两个屋顶的连接，完成效果如图 3.16-21 所示。

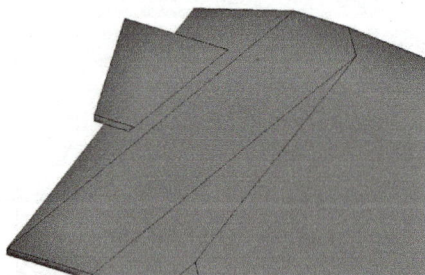

图　3.16-20　　　　　　　　　　　　　　图　3.16-21

● 进入"标高 1"楼层平面。不选中任何图元，"属性"选项卡中，单击"视图范围"后的"编辑"按钮，弹出"视图范围"对话框，调整偏移量数值，如图 3.16-22 所示，使得在"标高 1"楼层平面显示全部屋顶。

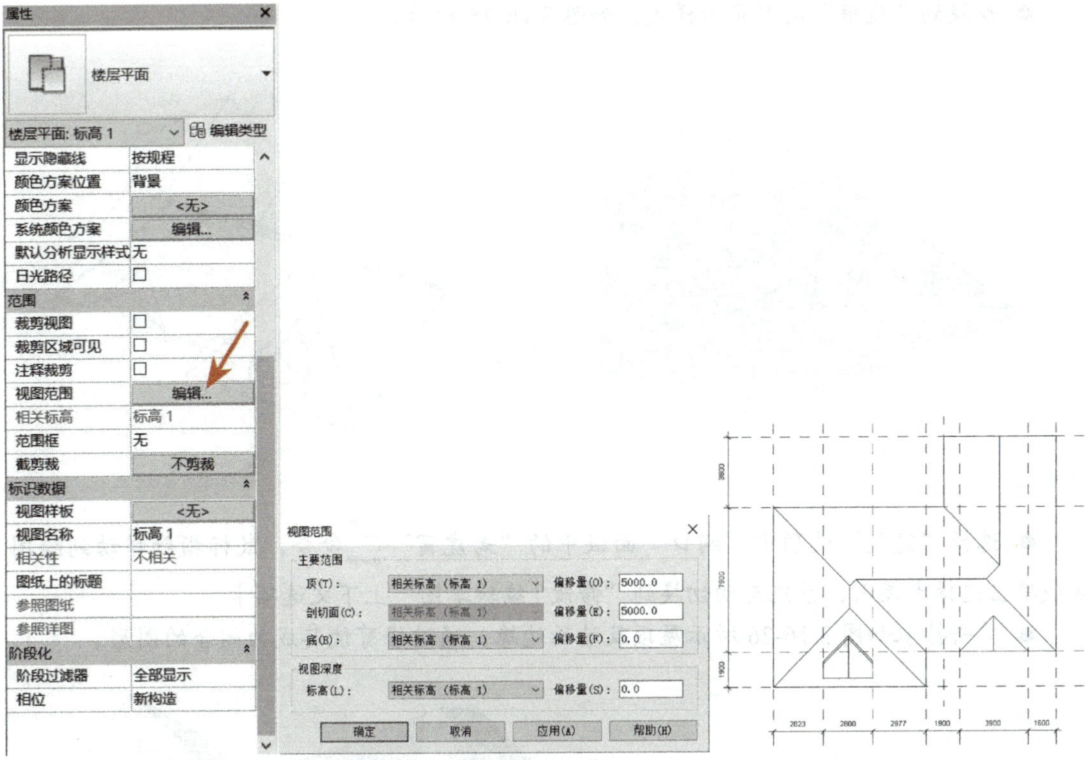

图　3.16-22

● 选择"建筑"选项卡中的"墙"命令，选项栏中"定位线"选择"面层部：外部"，顺时针绘制如图3.16-23所示的三面墙体。

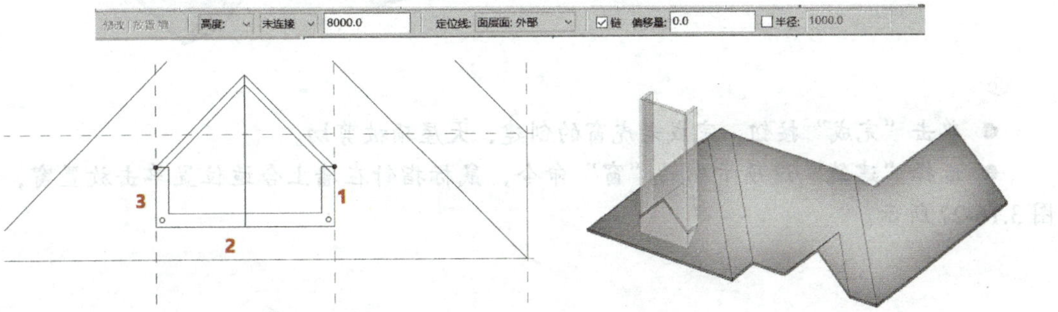

图　3.16-23

● 在三维视图中，选择绘制好的三面墙体，单击"修改|墙"上下文选项卡中的"修改墙"面板中的"附着顶部/底部" 按钮，选项栏中选择"附着墙""顶部"，鼠标指针移动到绘图区域单击选择小屋面，将墙体附着到屋面下，如图3.16-24所示。

● 再次选择三面墙体，单击"修改|墙"上下文选项卡中的"修改墙"面板中的"附着顶部/底部" 按钮，选项栏中选择"附着墙""底部"，鼠标指针移动到绘图区域单击选择大屋面，将墙体下部附着到大屋面上。

● 切换到"线框"图形显示样式，如图 3.16-25 所示。

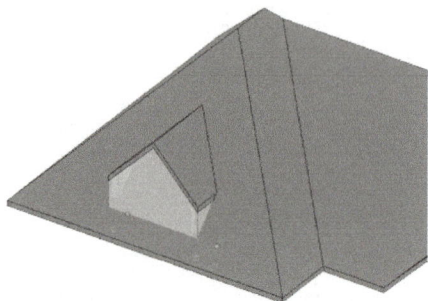
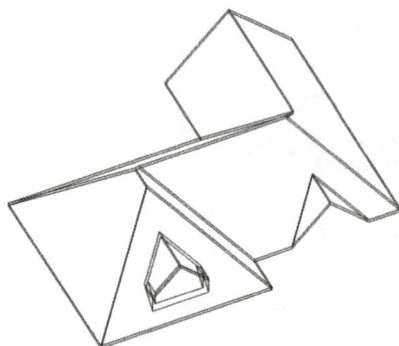

图　3.16-24　　　　　　　　　　　图　3.16-25

● 选择"建筑"选项卡"洞口"面板中的"老虎窗"命令，鼠标指针移动到绘图区域单击选择大屋面，系统自动切换到"修改|编辑草图"上下文选项卡。

● 单击拾取如图 3.16-26 所示屋顶及墙的边缘，通过修剪使其成为闭合的图形。

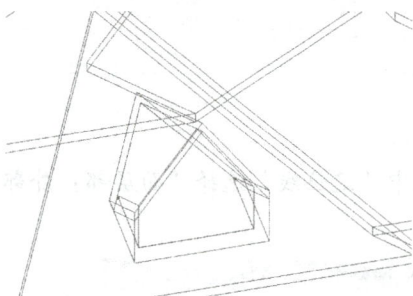
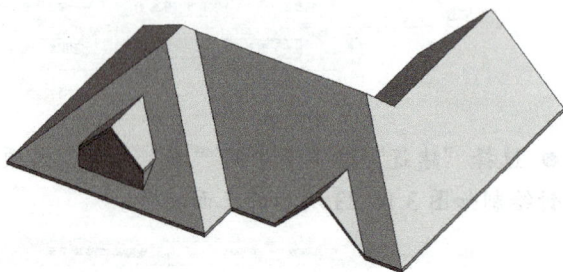

图　3.16-26

● 单击"完成"按钮，完成老虎窗的创建，大屋顶被剪切。

● 选择"建筑"选项卡中的"窗"命令，鼠标指针在墙上合适位置单击放置窗，如图 3.16-27 所示。

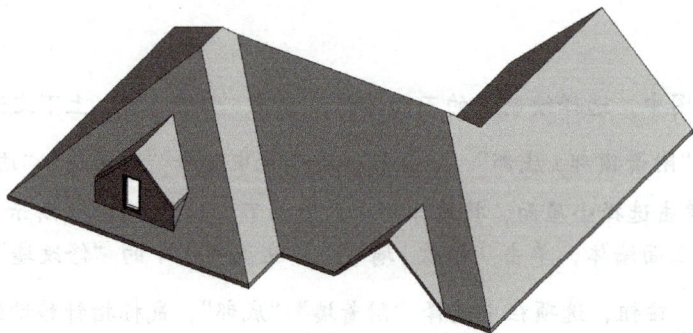

图　3.16-27

3.17 创建柱、梁和结构构件

📖 内容导学

本节主要介绍如何创建和编辑建筑柱、结构柱，以及梁、梁系统、结构支架等，使读者了解建筑柱和结构柱的应用方法和区别。根据项目需要，某些时候我们需要创建结构梁系统和结构支架，比如对楼层净高产生影响的大梁等。

🖱 项目实战

一、地下一层平面结构柱

● 在"项目浏览器"中双击"楼层平面"项下的"–1F-1"，打开"–1F-1"平面视图。

● 单击"建筑"选项卡"构建"面板"柱"下拉菜单中的"结构柱" 🛗 结构柱 按钮，在"属性"选项卡类型选择器中选择柱类型"钢筋混凝土 250mm×450mm"，"修改放置结构柱"上下文选项卡"放置"面板中选中"垂直柱"，选项栏中设为"高度""1F"，如图 3.17-1 所示。

图 3.17-1

● 鼠标指针移动到绘图区域，在图 3.17-2 所示位置单击放置结构柱（可先放置结构柱，然后编辑临时尺寸调整其位置）。

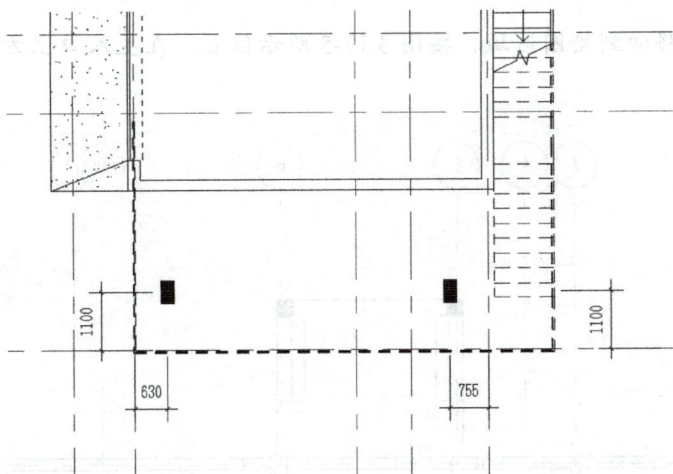

图 3.17-2

● 打开三维视图，选择绘制好的结构柱，在"修改结构柱"上下文选项卡"修改柱"面板中单击"附着顶部 / 底部" 🔲 附着顶部/底部 按钮，再单击拾取一层楼板，将柱的顶部附着到楼板下面，完成效果如图 3.17-3 所示。

图 3.17-3

二、一层平面结构柱

● 在"项目浏览器"中双击"楼层平面"项下的"室外地坪",打开"室外地坪"平面视图。

● 单击"建筑"选项卡"构建"面板"柱"下拉菜单中的"结构柱" 结构柱 按钮,在"属性"选项卡类型选择器中选择柱类型"钢筋混凝土 350mm×350mm","修改放置结构柱"上下文选项卡"放置"面板中选中"垂直柱",选项栏中设为"高度""未连接""3250.0",如图 3.17-4 所示。

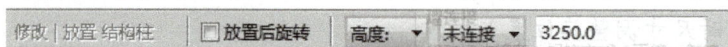

图 3.17-4

● 鼠标指针移动到绘图区域,按图 3.17-5 所示位置,在主入口上方单击放置两根结构柱。

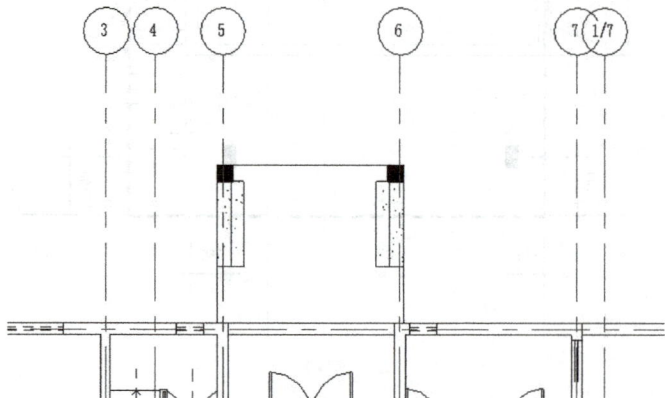

图 3.17-5

● 单击"建筑"选项卡"构建"面板"柱"下拉菜单中的"建筑柱"按钮,选项栏中设为"高度""2F",如图 3.17-6 所示。

图 3.17-6

● 鼠标指针移动到绘图区域，单击捕捉两个结构柱的中心位置，在结构柱上方放置两个建筑柱。

● "矩形柱 250mm×250mm" 底部位于室外地坪标高，顶部位于 2F 标高处，并且穿过了"钢筋混凝土 350mm×350mm"结构柱。打开三维视图，选择这两个矩形柱，在"属性"选项卡中设置"底部偏移"为"3250.0"，如图 3.17-7 所示，单击"应用"。

图 3.17-7

● 在"修改 | 结构柱"上下文选项卡"修改柱"面板中单击"附着顶部/底部"按钮，"附着对正"选项选择"最大相交"，如图 3.17-8 所示。再单击拾取上面屋顶，将柱的顶部附着到屋顶下面，三维效果如图 3.17-9 所示。

图 3.17-8

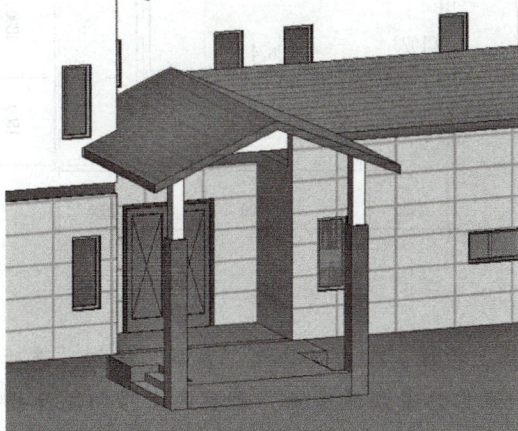

图 3.17-9

三、二层平面建筑柱

● 在"项目浏览器"中双击"楼层平面"项下的"2F"，打开"2F"平面视图。

● 单击"建筑"选项卡"构建"面板"柱"下拉菜单中的"建筑柱"按钮，在类型选择器中选择柱类型"矩形柱 300mm×200mm"。

● 移动鼠标指针捕捉Ⓑ轴与④轴的交点单击放置建筑柱。移动鼠标指针捕捉Ⓒ轴与⑤轴的交点，先按〈space〉键调整柱的方向，再单击鼠标左键放置建筑柱，如图 3.17-10 所示。

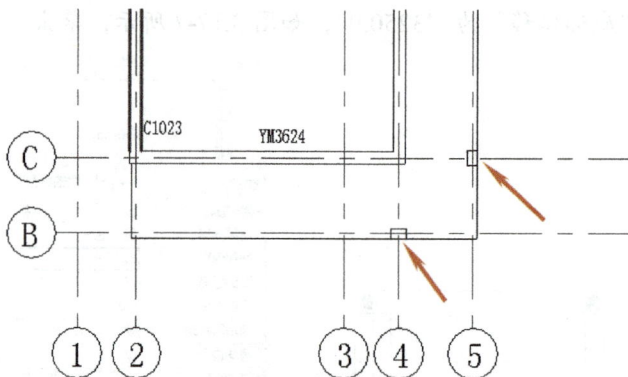

图　3.17-10

● 选择创建好的Ⓑ轴上的柱，单击工具栏"复制"按钮，在④轴上单击捕捉一点作为复制的基点，水平向左移动鼠标指针，设置距离"4000"后按〈Enter〉键，在左侧4000mm 处复制一个建筑柱，如图 3.17-11 所示。

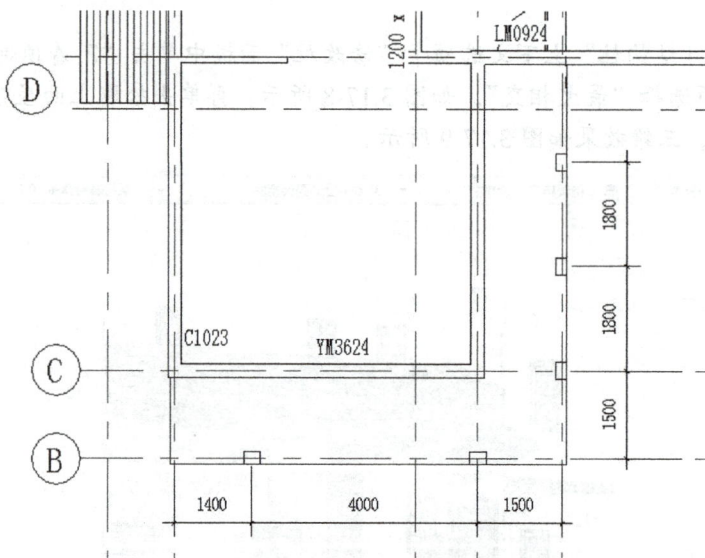

图　3.17-11

● 选择创建好的Ⓒ轴上的柱，单击工具栏"复制"按钮，选项栏勾选"多个"连续复制，在Ⓒ轴上单击捕捉一点作为复制的基点，垂直向上移动鼠标指针，连续两次设置距离"1800"后按〈Enter〉键，在右侧复制两个建筑柱，完成后的模型如图 3.17-12 所示。

图　3.17-12

3.18　创建雨篷（内建模型）

📖 内容导学

本项目二层南侧雨篷的创建分为创建顶部玻璃和创建工字钢梁两部分，顶部玻璃可以用"迹线屋顶"的"玻璃斜窗"命令快速创建。

🖱 项目实战

一、二层玻璃雨篷

● 在项目浏览器中双击"楼层平面"项下的"2F"，打开"2F"平面视图。

● 绘制玻璃雨篷。单击"建筑"选项卡"构建"面板"屋顶"下拉菜单中的"迹线屋顶"按钮，在"属性"选项卡类型选择器中选择屋顶类型"玻璃斜窗"，"限制条件"中"底部标高"设置为"2F"，"自标高的底部偏移"为"2600.0"，如图 3.18-1 所示。

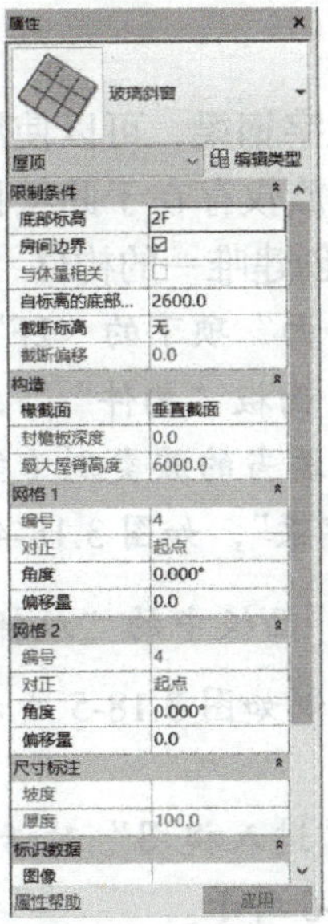

图　3.18-1

● "修改屋顶"上下文选项卡中选择"矩形"绘制命令，选项栏取消勾选"定义坡度"选项，如图 3.18-2 所示，绘制平屋顶轮廓线。

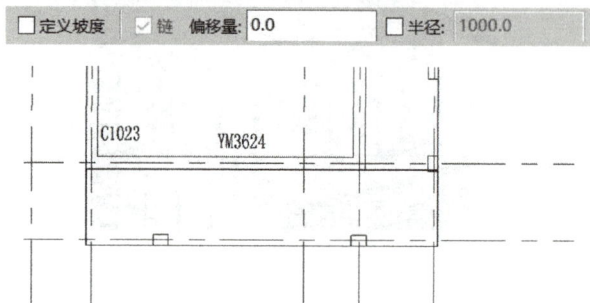

图　3.18-2

● 单击"完成"按钮，二层南侧雨篷玻璃创建完成，如图 3.18-3 所示。

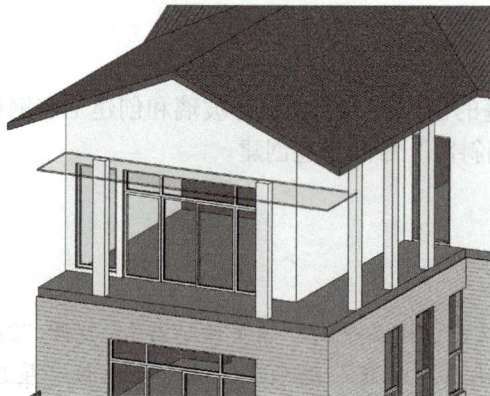

图　3.18-3

二、二层雨篷工字钢梁

二层南侧雨篷玻璃下面的支撑工字钢梁，可以使用在位族方式手工创建。在位族是在当前项目的关联环境内创建的族，该族仅存在于此项目中，而不能载入其他项目。通过创建在位族，可在项目中为项目或构件创建唯一的构件，该构件用于参照几何图形。

● 在项目浏览器中双击"楼层平面"项下的"2F"，打开"2F"平面视图。

● 单击"建筑"选项卡"构建"面板"构件"下拉菜单中的"内建模型" 按钮，在"族类别和族参数"对话框中选择适当的族类别（案例中为了把柱附着，新建族类别为"屋顶"或"楼板"），命名为"工字钢梁"，如图 3.18-4 所示，进入族编辑器模式。

● 选择"创建"选项卡"形状"面板中的"放样" 命令，在"修改放样"上下文选项卡中选择"绘制路径"命令，绘制如图 3.18-5 所示路径，单击"完成"按钮完成路径绘制。

● 单击"编辑轮廓"按钮，在"进入视图"对话框中选择"立面：南"，单击"打开视图"按钮切换至南立面，如图 3.18-6 所示。

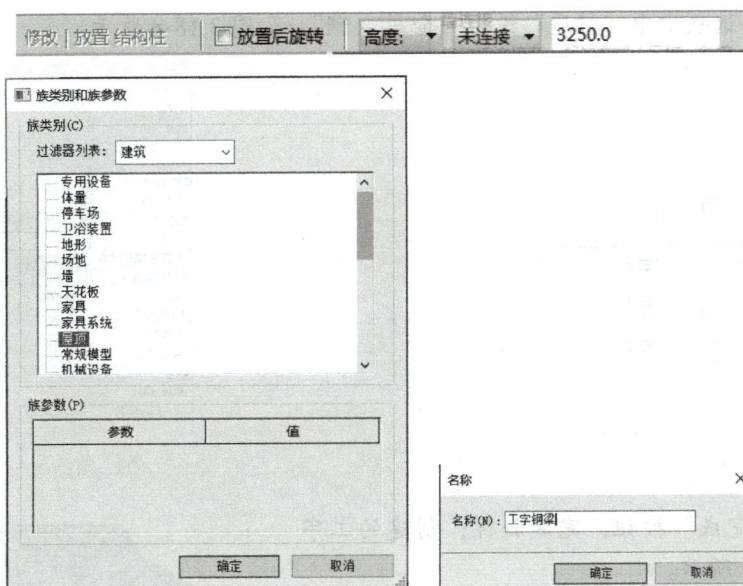

图 3.18-4

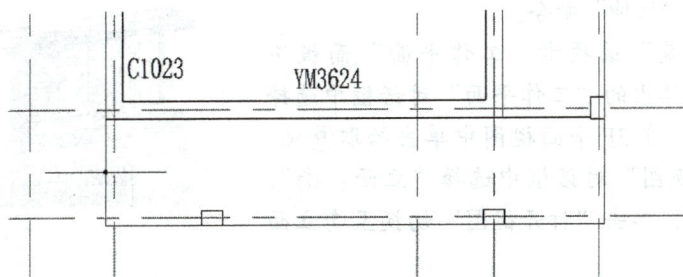

图 3.18-5

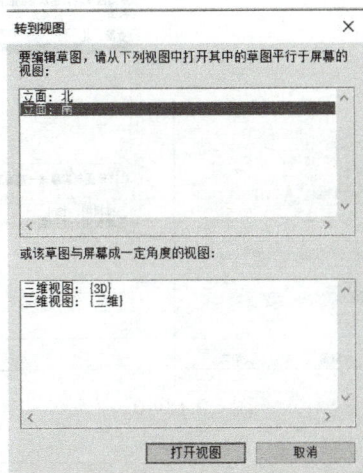

图 3.18-6

● 选择"绘制"面板"线"命令，在创建的玻璃屋顶下方绘制工字钢轮廓，如图 3.18-7 所示。绘制完成后单击"完成"，完成轮廓的编辑。

● "属性"选项卡中"材质"设为"金属－钢",如图 3.18-8 所示。

图 3.18-7

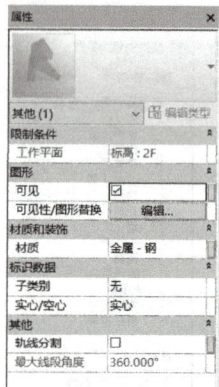

图 3.18-8

● 单击"完成"按钮,完成放样,创建的工字钢梁如图 3.18-9 所示。

● 创建中间的工字钢。选择"创建"选项卡"形状"面板中的"拉伸"命令。

● 单击"建筑"选项卡"工作平面"面板下"设置"按钮,在弹出的"工作平面"对话框中选择"拾取一个平面",在 2F 平面视图中单击拾取Ⓑ轴,在弹出的"进入视图"对话框中选择"立面:南",如图 3.18-10 所示,单击"打开视图"切换至南立面视图。

图 3.18-9

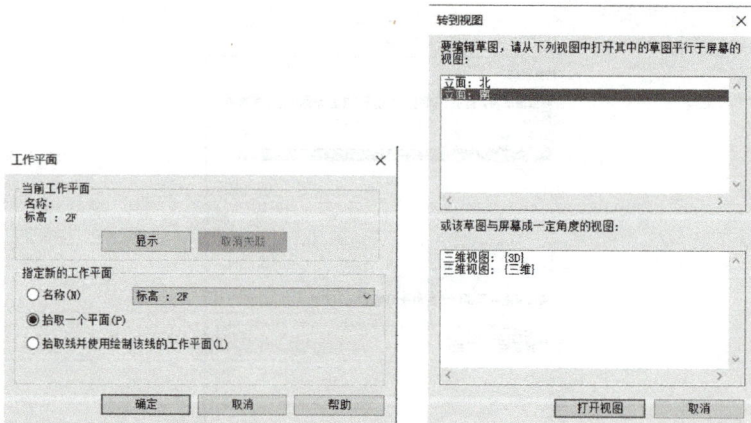

图 3.18-10

> **小提示:** Revit 中的每个视图都有相关的工作平面。在某些视图(如楼层平面、三维视图、图纸视图)中,工作平面是自动定义的。而在其他视图(如立面和剖面视图)中,必须自定义工作平面。工作平面必须用于某些绘制操作(如创建拉伸屋顶)和在视图中启用某些命令(如在三维视图中启用旋转和镜像)。

● 在南立面视图用"线"命令，在二层柱处绘制工字钢的轮廓，如图 3.18-11 所示。

● "属性"选项卡中，设置"拉伸终点"为"1380.0"，"拉伸起点"为"–100.0"，"材质"为"金属 – 钢"，如图 3.18-12 所示。

图　3.18-11

图　3.18-12

● 单击"完成"按钮，完成轮廓编辑，单击"完成模型"按钮，创建完成一根工字钢。

● 选择拉伸的工字钢，选择工具栏"阵列"命令，选项栏中"项目数"为"4"，移动到"最后一个"，勾选"约束"，鼠标左键单击工字钢梁中心拾取阵列基点，向左移动鼠标指针，输入尺寸为"4000.0"（间距 4000mm 的两柱之间均布四根工字钢梁，故第一根到最后一根工字钢梁的间距为 4000），创建其余三根工字钢梁，如图 3.18-13 所示。

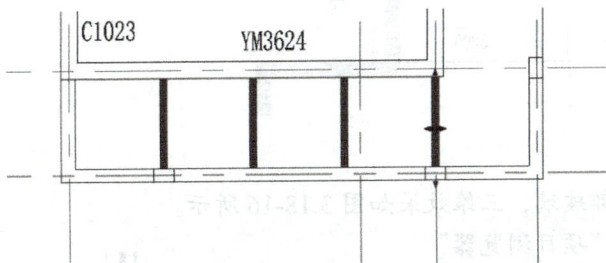

图　3.18-13

● 选择雨篷下方的柱，使用"附着顶部 / 底部"命令将其附着于工字钢下面，结果如图 3.18-14 所示。

图　3.18-14

三、地下一层雨篷

地下一层雨篷的顶部玻璃同样用屋顶类型中的"玻璃斜窗"创建，底部支撑比较简单，用墙体实现。

● 绘制雨篷玻璃。在"项目浏览器"中双击"楼层平面"项下的"1F"，打开"1F"平面视图。

● 单击"建筑"选项卡"构建"面板"屋顶"下拉菜单中的"迹线屋顶"按钮，进入绘制草图模式。在"属性"选项卡类型选择器中选择屋顶类型"玻璃斜窗"，"限制条件"中"底部标高"设置为"1F"，"自标高的底部偏移"为"550.0"。

● "修改屋顶"上下文选项卡中选择"矩形"绘制命令，选项栏取消勾选"定义坡度"选项，绘制如图 3.18-15 所示的平屋顶轮廓线。

图　3.18-15

● 单击"完成"按钮创建雨篷顶部玻璃，三维效果如图 3.18-16 所示。

● 用墙来创建玻璃底部支撑。在"项目浏览器"中双击"楼层平面"项下的"1F"，打开"1F"平面视图。

● 单击"建筑"选项卡"墙"按钮，在类型选择器中选择墙类型为"基本墙：普通砖 -100mm"。

● "属性"选项卡中单击"编辑类型"，打开"类型属性"对话框。

● 单击"复制"，在"名称"对话框中输入"支撑构件"，单击"确定"返回"类型属性"对话框并创建新的墙类型。

● 在"类型属性"对话框中单击参数"结构"后面的"编辑"按钮，打开"编辑部件"对话框，如图 3.18-17 所示。

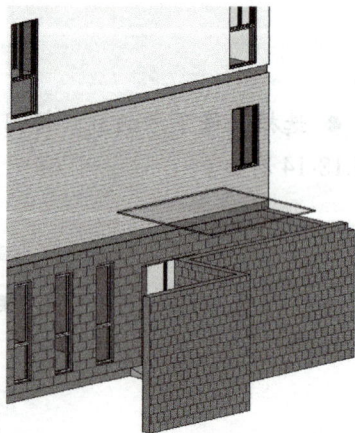

图　3.18-16

● 设置材质。在"编辑部件"对话框中单击第 2 行"结构 [1]"的"材质"列单元格，然后单击单元格后面出现的矩形"浏览"按钮，打开"材质"对话框，选择材质"金属 – 钢"，如图 3.18-17 所示。

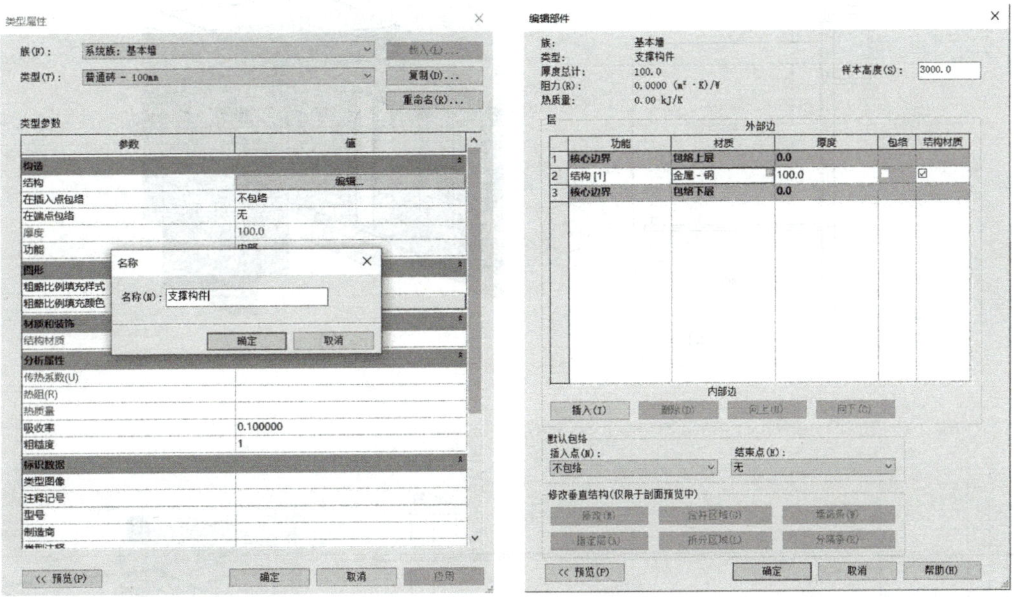

图　3.18-17

● 单击"确定"两次返回"属性"选项卡。

● 设置参数"底部限制条件"为"1F"，"顶部约束"为"未连接"，"无连接高度"为"550.0"如图 3.18-18 所示。

● 选择"直线"命令，"定位线"选择"墙中心线"，在如图 3.18-19a 所示位置绘制一面墙，长度为 3000mm，完成后的墙体如图 3.18-19b 所示。

● 编辑墙轮廓。切换至南立面，选择创建好的名称为"支撑构件"的墙，单击"编辑轮廓"按钮，按图 3.18-20a 所示尺寸修改墙体轮廓，单击"完成绘制"后创建了 L 形墙体，墙体三维效果如图 3.18-20b 所示。

● 打开 1F 楼层平面视图，选择编辑完成的"支撑构件"墙体，单击工具栏"阵列"按钮，选项栏中的设置如图 3.18-21 所示。

● 移动鼠标指针单击捕捉下面墙体所在轴线上的一点作为阵列起点，再垂直移动鼠标指针单击捕捉上面轴线上的一点为阵列终点，阵列结果如图 3.18-22 所示。

● 至此，完成了地下一层雨篷的设计。保存文件。

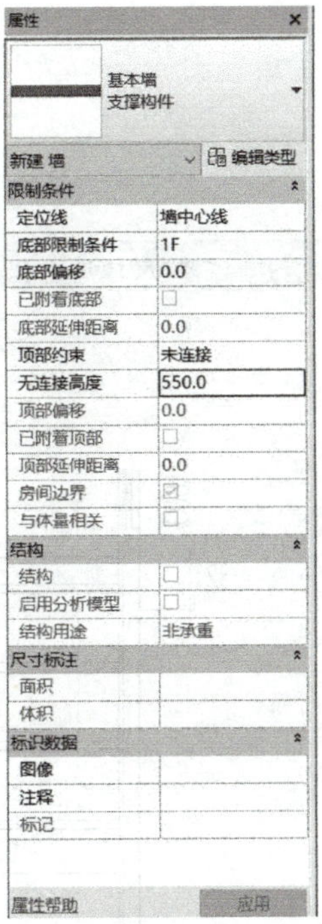

图　3.18-18

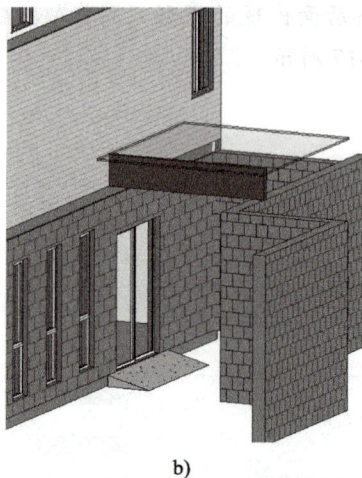

图 3.18-19

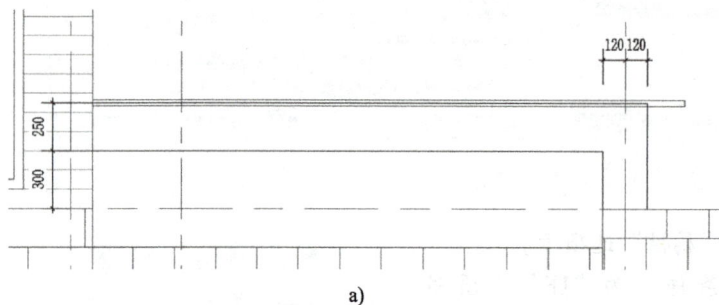

图 3.18-20

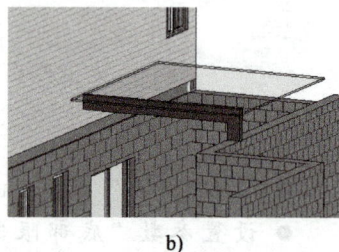

图 3.18-21

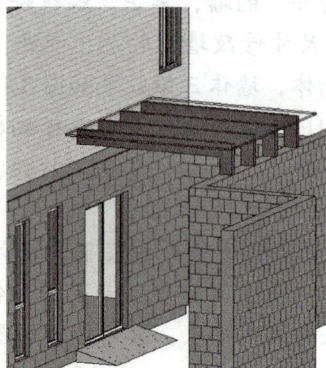

图 3.18-22

3.19　创建场地及场地构件

📖 内容导学

通过本节的学习，了解场地的相关设置，地形表面、场地构件的创建与编辑的基本方法和相关应用技巧。

🖱 项目实战

一、地形表面

视频 3.19-1
创建场地及
构件

地形表面是建筑场地地形或地块地形的图形表示。默认情况下，楼层平面视图不显示地形表面，地形地面可以在三维视图或在专用的"场地"视图中创建。

● 在"项目浏览器"中选择"楼层平面"项，双击视图名称"场地"，进入"场地"平面视图。

● 为了便于捕捉，在场地平面视图中绘制六个参照平面。

● 单击"建筑"选项卡"工作平面"面板"参照平面"按钮，移动鼠标指针到图 3.19-1 中①轴线左侧单击垂直方向上下两点绘制一个垂直参照平面。

● 选择绘制好的参照平面，出现蓝色临时尺寸，单击蓝色尺寸文字，输入"10000"，按〈Enter〉键确认，使参照平面到①轴的距离为 10000mm（如临时尺寸右侧尺寸界线不在①轴线上，可以拖拽尺寸界线上蓝色控制柄到轴线上松开鼠标，调整尺寸参考位置）。

● 同样方法，在⑧、Ⓐ、Ⓗ轴线外侧 10000mm、Ⓗ轴上方 120mm、Ⓓ轴下方 600mm 位置绘制其余 5 个参照平面，如图 3.19-1 所示。

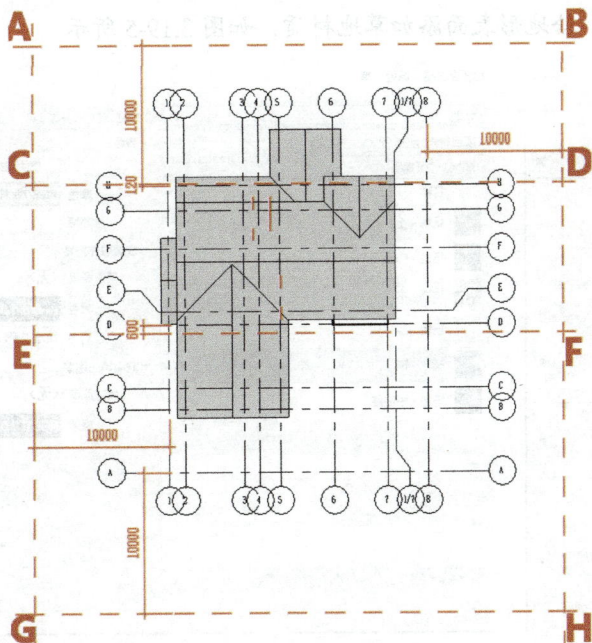

图　3.19-1

捕捉 6 个参照平面的 8 个交点 A~H，通过创建地形高程点设计地形表面：

● 单击"体量和场地"选项卡"场地建模"面板"地形表面" 按钮，鼠标指针回到绘图区域，进入草图绘制模式。

● 单击"放置点" 按钮，选项栏显示"高程"选项，将鼠标指针移至高程数值"0.0"上双击，即可设置新值，输入"–450.0"，如图 3.19-2 所示，按〈Enter〉键完成高程值的设置。

| 移放 | 编辑表面 | 高程 | –450.0 | 绝对高程 | ∨ |

图　3.19-2

● 移动鼠标指针至绘图区域，依次单击图中 A、B、C、D 四点，即放置了 4 个高程为"–450.0"的点，并形成了以该四点为端点的高程为"–450.0"的一个地形平面。

● 再次将鼠标指针移至选项栏，双击高程数值"–450.0"，设置新值为"–3500.0"，按〈Enter〉键。鼠标指针回到绘图区域，依次单击 E、F、G、H 四点，放置四个高程为"–3500.0"的点。

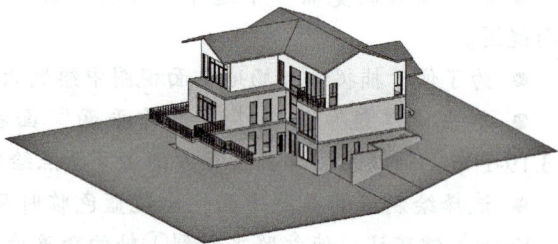

● 单击"完成"生成地形表面，如图 3.19-3 所示。

图　3.19-3

● 选择创建好的地形表面，单击"属性"选项卡下"材质和装饰"中的"材质""按类别"后的矩形"浏览"按钮，如图 3.19-4 所示。打开"材质浏览器"对话框，在左侧材质中单击选择"场地–草"，单击"确定"关闭所有对话框，给地形表面添加草地材质，如图 3.19-5 所示。

图　3.19-4

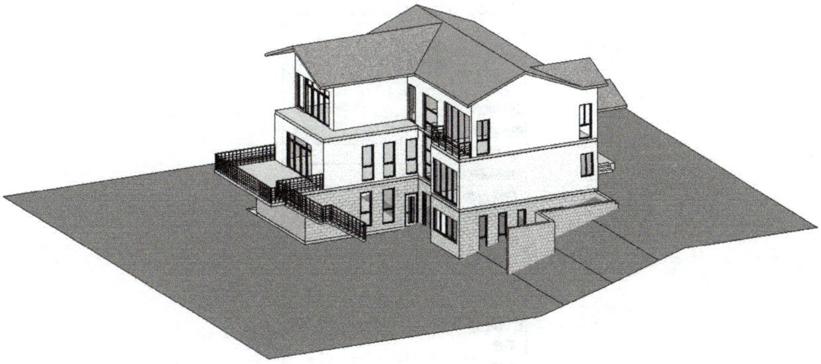

图　3.19-5

二、建筑地坪

建筑的首层地面是水平的，而创建的地形表面带有简单坡度，需要进行建筑地坪的创建。"建筑地坪"命令适用于快速创建水平地面。建筑地坪可以在"场地"平面中绘制，为了参照地下一层外墙，也可以在"–1F"平面绘制。

● 在"项目浏览器"中选择"楼层平面"项，双击视图名称"–1F"，进入 –1F 平面视图。

● 单击"场地建模"面板"建筑地坪"按钮，进入建筑地坪的草图绘制模式。

● 选择"绘制"面板"直线"命令，移动鼠标指针到绘图区域，顺时针绘制建筑地坪轮廓，必须保证轮廓线闭合，如图 3.19-6 所示。

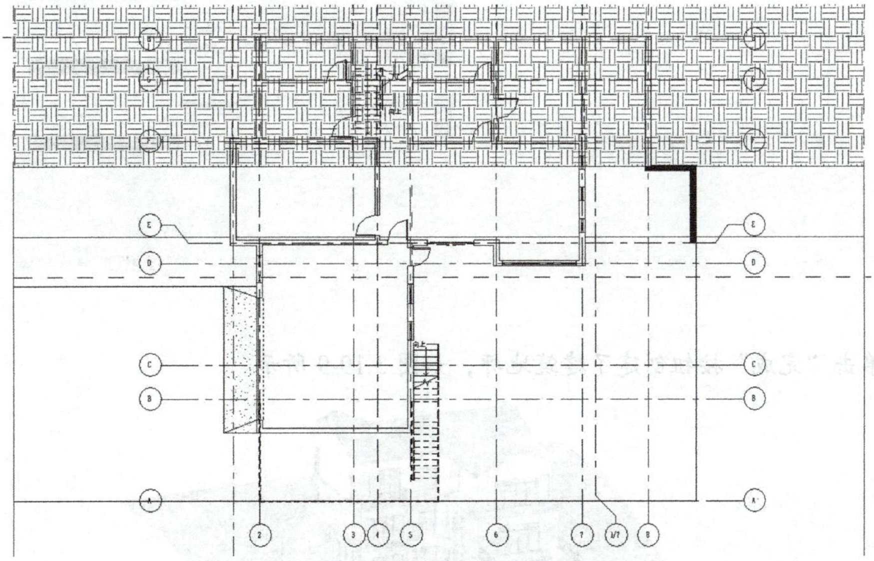

图　3.19-6

● 单击"属性"选项卡，参数"标高"后面的下拉箭头，选择标高为"–1F-1"，如图 3.19-7 所示。

图　3.19-7

● 单击"编辑类型"，打开"类型属性"对话框，单击"结构"后的"编辑"按钮，打开"编辑部件"对话框，如图 3.19-8 所示。单击"按类别"，单击后面的矩形"浏览"图标，打开"材质浏览器"对话框，在左侧选择材质"场地－碎石"后单击"确定"关闭所有对话框。

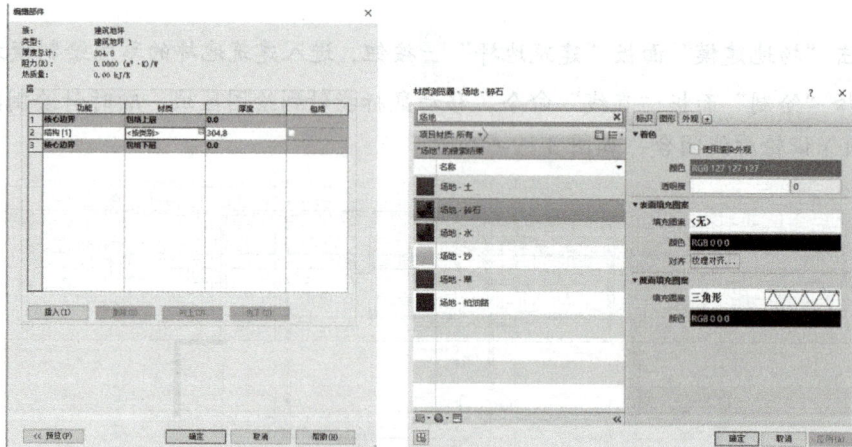

图　3.19-8

● 单击"完成"按钮创建了建筑地坪，如图 3.19-9 所示。

图　3.19-9

三、地形子面域（道路）

"子面域"命令是在现有地形表面中绘制区域。例如，可以使用"子面域"在地形表面绘制道路或绘制停车场区域。

"子面域"命令和"建筑地坪"命令不同，"建筑地坪"命令会创建出单独的水平表面，并剪切地形，而创建子面域不会生成单独的地平面，而是在地形表面上圈定了某块可以定义不同属性集（例如材质）的表面区域。

● 在"项目浏览器"中选择"楼层平面"项，双击视图名称"场地"，进入场地平面视图。

● 单击"体量和场地"上下文选项卡"修改场地"面板"子面域"按钮，进入草图绘制模式。

● 单击"绘制"面板"直线"按钮，顺时针绘制如图 3.19-10 所示子面域轮廓。

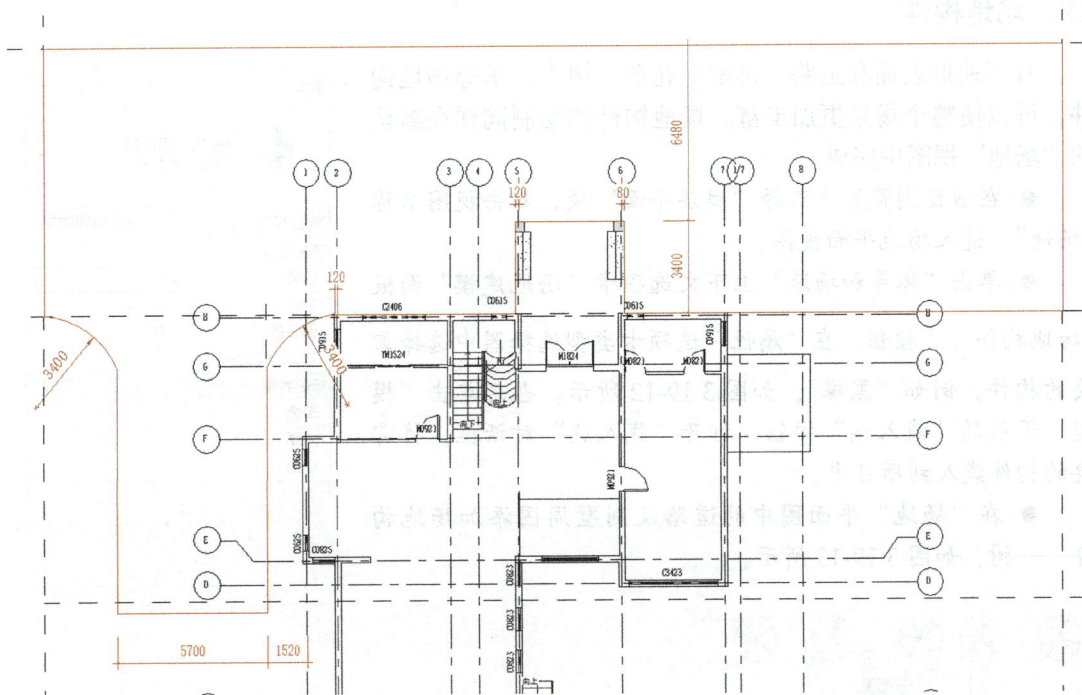

图 3.19-10

● 绘制到弧线时，在"绘制"面板单击"起点 – 终点 – 半径弧"按钮，并勾选选项栏"半径"，将半径值设置为"3400.0"。绘制完弧线后，在选项栏单击"直线"按钮，切换回直线继续绘制。

● 单击"属性"选项卡下"材质""按类别"后的矩形按钮，打开"材质浏览器"对话框，在左侧材质中选择"场地 – 柏油路"并单击"确定"。

● 单击"完成"按钮，完成子面域道路的绘制，绘制结果如图 3.19-11 所示。

图 3.19-11

四、场地构件

有了地形表面和道路，再配上花草、树木、车等场地构件，可以使整个场景更加丰富。场地构件的绘制同样在默认的"场地"视图中完成。

● 在项目浏览器中选择"楼层平面"项，双击视图名称"场地"，进入场地平面视图。

● 单击"体量和场地"上下文选项卡"场地建模"面板"场地构件" ▲ 按钮，在"属性"选项卡类型选择器中选择需要的构件，例如"黑橡"，如图 3.19-12 所示。也可单击"模型"面板的"载入族"按钮，打开"载入族"对话框，将需要的构件载入到项目中。

● 在"场地"平面图中的道路及别墅周围添加场地构件——树，如图 3.19-13 所示。

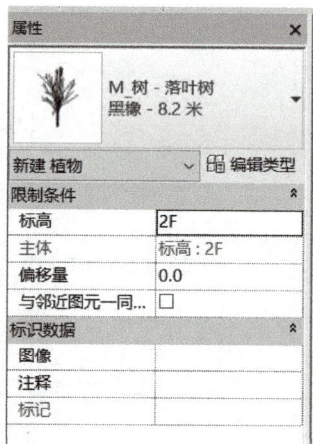

图 3.19-12

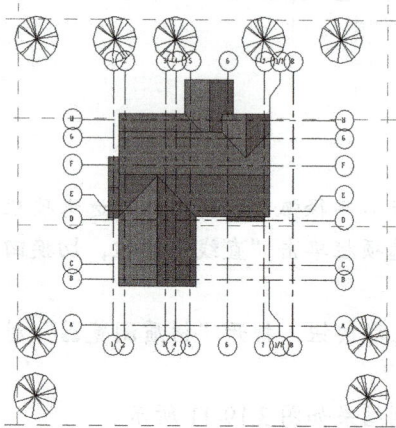

图 3.19-13

● 在"载入族"对话框中打开"交通工具"文件夹，载入"轿车.rfa"并放置在场地中，如图 3.19-14 所示。

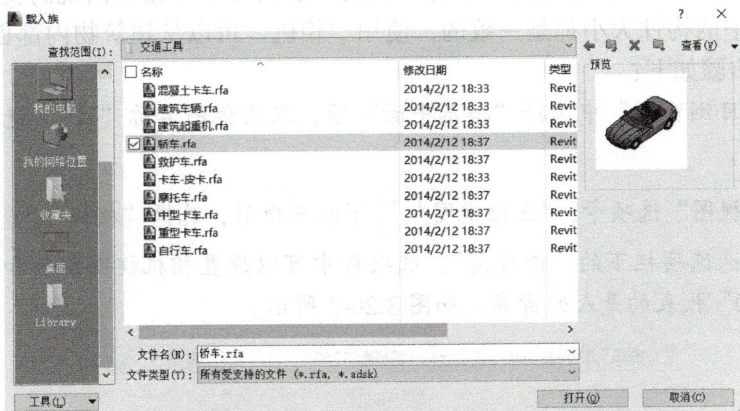

图　3.19-14

● 采用同样方法，为场地添加其他需要的场地构件。

3.20　创建相机视图

📖 内容导学

Revit 不仅能输出相关的平面文档和数据表格，完成模型后，还可以对 Revit 模型进行展示与表现。Revit 可以在三维视图下输出基于真实模型的渲染图片。在做这些工作之前，需要在 Revit 中做一些前期的相关设置。本节主要介绍如何在 Revit 中创建任意的相机视图。

🖱 项目实战

在 Revit 中使用"相机"命令，如图 3.20-1 所示，创建的视图有两种，即正交视图和透视图。创建视图之后可以进行渲染设置，设置完成后就能创建所需的建筑渲染图像了。

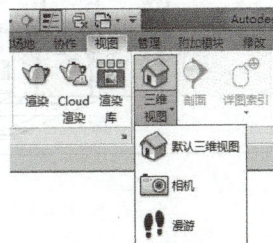

图　3.20-1

一、创建正交视图

在 Revit 中直接单击快速访问栏中的"默认三维视图" 🏠 按钮出现的视图就是正交视图，正交视图中的构件大小都是一致的，使用"相机"可以从建筑物内部创建正交视图。新建正交视图步骤如下：

● 在"项目浏览器"中选择"楼层平面"项，双击视图名称"1F"，进入"1F"平面视图。

● 单击"视图"选项卡，"三维视图" 🏠 下拉三角形，选择"相机" 📷 相机命令。

● 取消勾选选项栏下的"透视图"，选项栏中可以设置相机视图比例和标高，偏移值默认的"1750.0"代表的是人的身高，如图 3.20-2 所示。

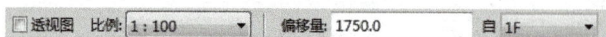

图　3.20-2

● 在绘图区域中从左下往右上单击两次鼠标左键放置视点位置，如图 3.20-3 所示。

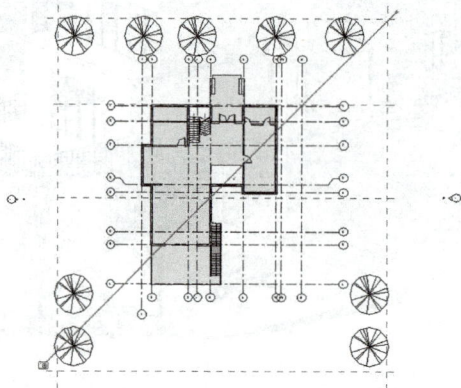

图　3.20-3

● 单击两个位置之后项目浏览器中会出现"三维视图 1"，右键"三维视图 1"将其重命名，在重命名对话框中输入"正视图"，如图 3.20-4 所示。

图　3.20-4

● 单击"修改 | 相机"上下文选项卡"裁剪"面板中的"尺寸裁剪" 按钮，弹出"裁剪区域尺寸"对话框，如图 3.20-5 所示，通过设置宽度和高度数值控制视图显示大小；也可以在绘图区域中单击相机的边界，拖拽控制点来控制视图显示大小，如图 3.20-6 所示。

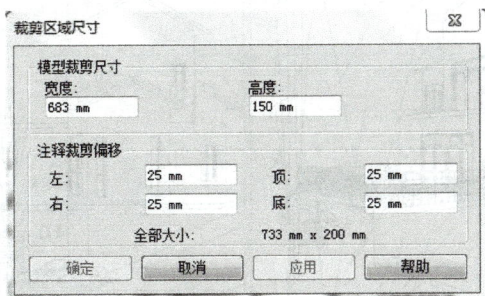

图　3.20-5

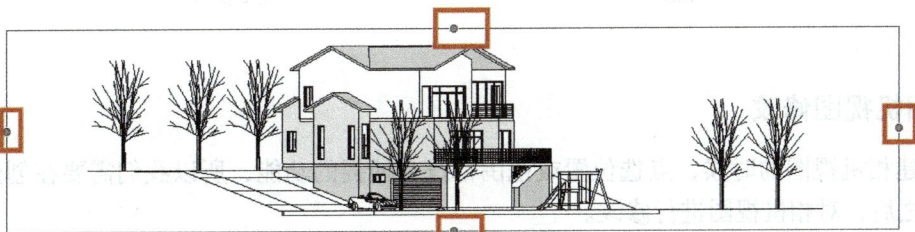

图　3.20-6

通过上述步骤创建的三维视图是从相机左下角位置显示到右上角位置的正视图。

二、创建透视图

创建透视图的步骤与创建正视图的步骤基本相同，但是需要注意的是，单击"相机"按钮之后，需要在显示选项栏中勾选上"透视图"选项，并且单击相机方向的时候会显示三个范围，如图 3.20-7 所示。

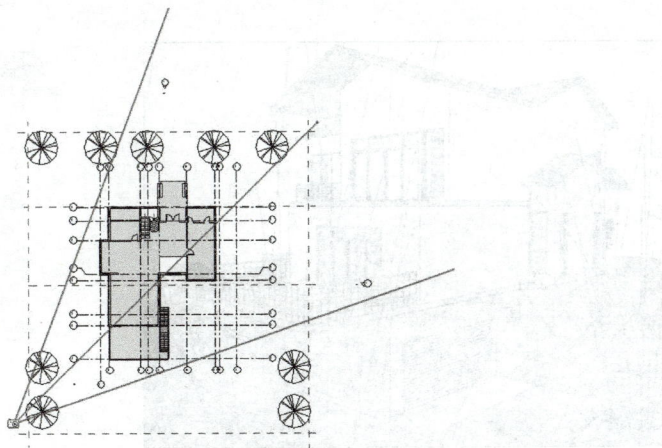

图　3.20-7

创建的透视图与正交视图对比如图 3.20-8 所示。

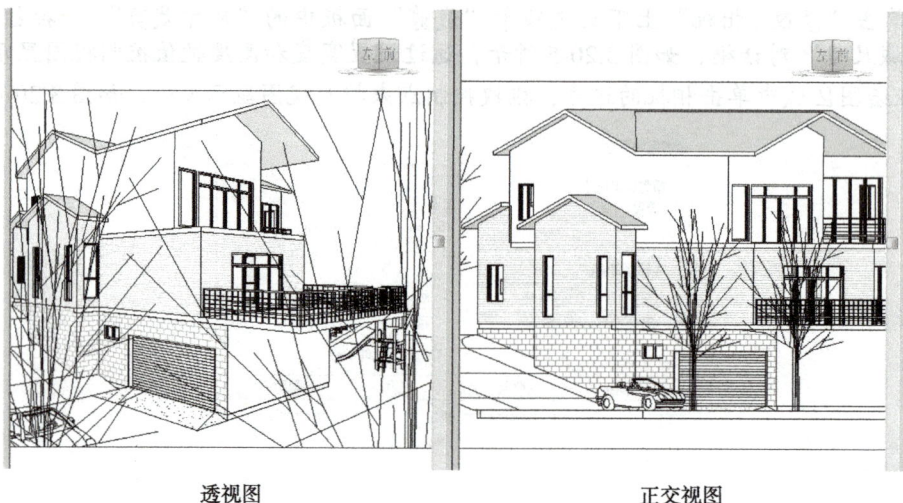

透视图   正交视图

图   3.20-8

三、相机视图修改

创建相机视图的时候，点选位置或范围都没有捕捉的功能，所以我们需要在创建完相机视图之后，对相机视图进行修改。

● 在"项目浏览器"中双击视图名称"透视图"，切换到"透视图"视图。

● 按住〈Shift〉键和鼠标右键旋转透视图查看建筑物。

● 选中透视图边框，单击"修改相机"上下文选项卡"相机"面板中的"重置相机"按钮，这样透视图就能恢复到旋转视图之前的状态。

● Revit 提供了透视图和正视图之间的直接切换功能。在透视图中，右键单击绘图区域右上角的"ViewCube"按钮，单击下拉菜单里的"切换到平行三维视图"，即可切换到正视图，如图 3.20-9 所示。如果想要切换回透视图，可以再右键单击"ViewCube"按钮，单击下拉菜单里的"切换到透视三维视图"。

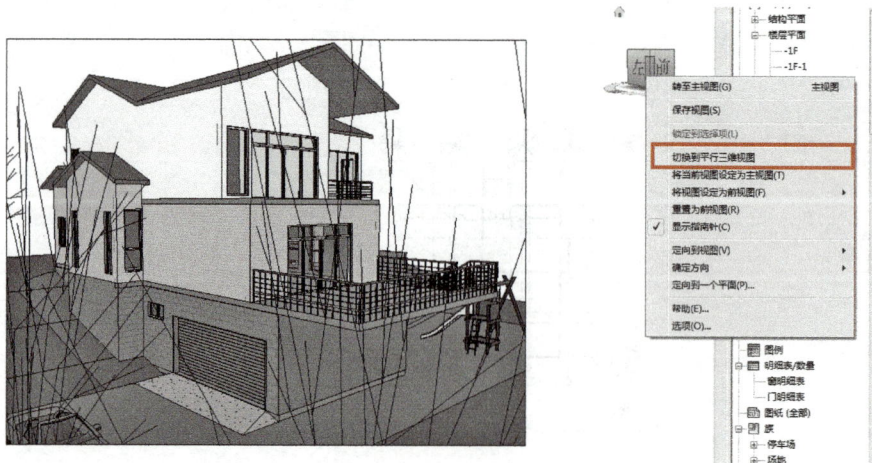

图   3.20-9

● 若要在平面视图中显示相机，双击切换到"1F"平面图，在项目浏览器中右键单击
"透视图"，单击"显示相机"，如图 3.20-10 所示，这样在"1F"平面图中就显示了相机的
位置和范围。

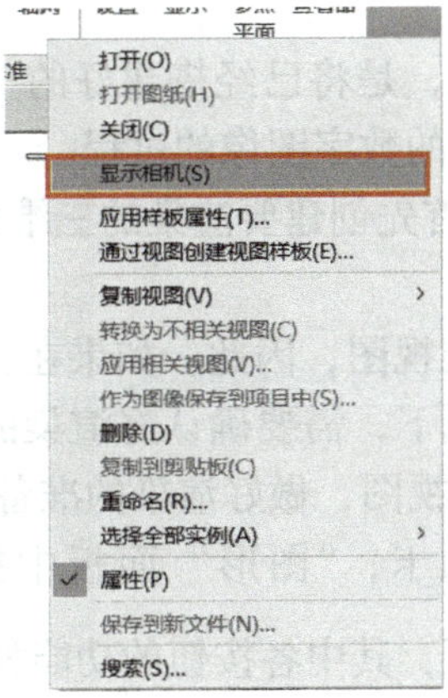

图　3.20-10

● 在相机三维视图中可以通过"视图"上下文选项卡中"图形"面板进行背景设置。
单击"图形"下小三角，在弹出的"图形显示选项"对话框中单击"背景"，可以将背景设
置为渐变、天空、图像，如图 3.20-11 所示。

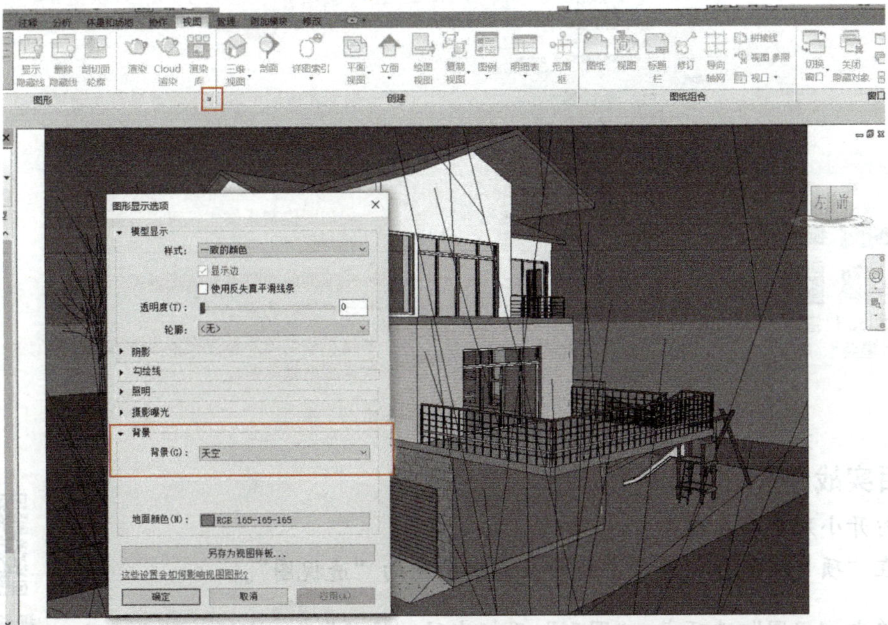

图　3.20-11

> **小提示**：相机中的"重置目标"只能使用在透视图里，如果是在正视图里该按钮就
> 显示为灰色，无法使用。

3.21 渲染

📖 内容导学

渲染是 Revit 的建筑表现功能，是将已经搭建好的三维模型，按照设定好的环境、灯光、材质及渲染参数，输出更真实的数字图像的过程。

在 Revit 中要进行渲染，必须首先创建要渲染的三维相机视图，相机视图的设置见 3.20 的相关内容。

由于相机视图的本质就是三维视图，因此，如果在三维视图中调整好视角，可以直接在三维视图中进行渲染。一般情况下，需要确认好渲染的位置、视角，在相应的平面合适的距离放置相机，创建相应的相机视图，做好渲染的准备工作。

Revit 中"视图"上下文选项卡，"图形"面板中提供了"渲染"命令，单击"渲染"命令，弹出"渲染"对话框，其中各按钮的功能如图 3.21-1 所示。

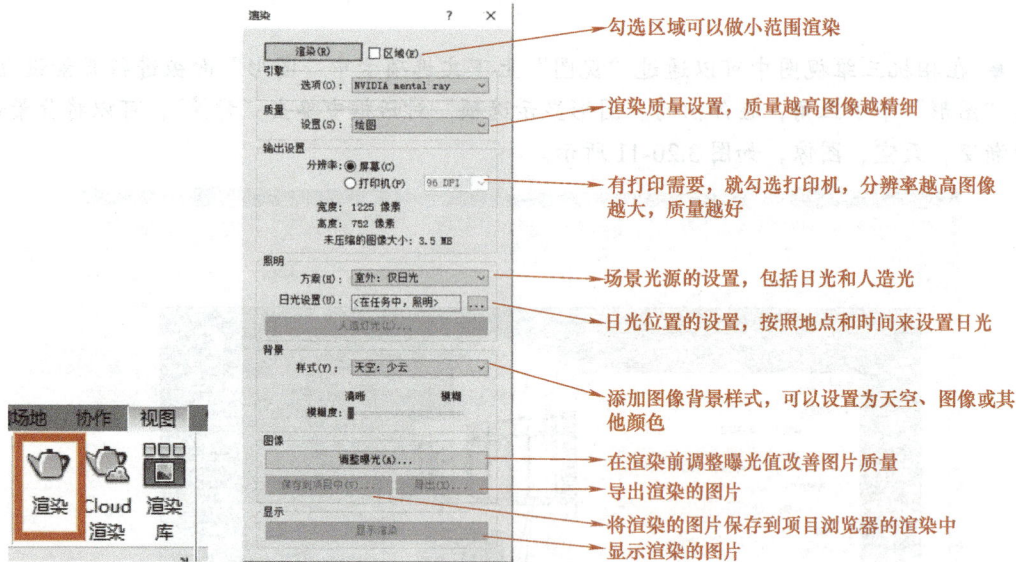

图 3.21-1

勾选区域可以做小范围渲染

渲染质量设置，质量越高图像越精细

有打印需要，就勾选打印机，分辨率越高图像越大，质量越好

场景光源的设置，包括日光和人造光

日光位置的设置，按照地点和时间来设置日光

添加图像背景样式，可以设置为天空、图像或其他颜色

在渲染前调整曝光值改善图片质量
导出渲染的图片
将渲染的图片保存到项目浏览器的渲染中
显示渲染的图片

🖱 项目实战

● 打开小别墅项目模型。

● 在"项目浏览器"中双击打开三维视图中的"透视图"。

● 单击"视图"选项卡，"图形"面板中的"渲染"按钮。弹出"渲染"对话框，如图 3.21-2 所示。

视频 3.21-1
渲染

● 设置图像质量和输出分辨率。修改"质量"为"中"，"输出设置"分辨率定义为"打印机""150DPI"。

● 在"照明"设置中，可以选择室内和室外、日光和人造光，现选择"室外：仅日光"的方案，即只使用太阳光作为光源进行渲染。

● 在"日光设置"中可以设置日光的方向，也可以设置日光的地点，如果选择"一天"，可以选择日光的地点时间，使渲染的结果更加合理，如图 3.21-3 所示。

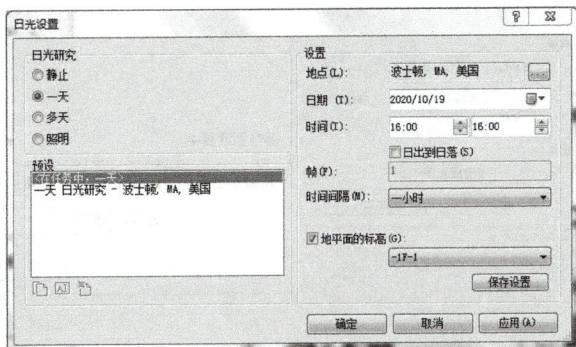

图　3.21-2　　　　　　　　　　　　　　　　图　3.21-3

● 设置"背景"样式为"天空：少云"。
● 单击"调整曝光"可以进行曝光控制，如图 3.21-4 所示。
● 单击"渲染"按钮进行渲染，渲染结果如图 3.21-5 所示。

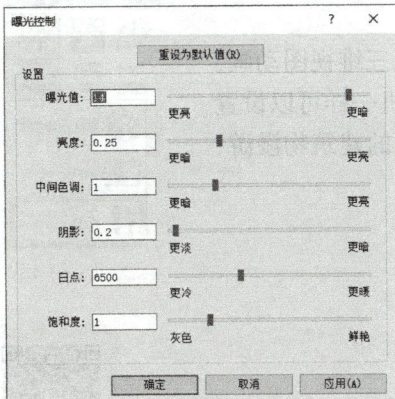

图　3.21-4

图　3.21-5

小提示：单击"渲染"对话框中的"显示模型"，可以查看渲染之前的视图样式。

● 单击"渲染"对话框中的"导出…"按钮，如图 3.21-6 所示，可以将渲染结果以图片的形式保存在指定路径下。
● 单击"渲染"对话框中的"保存到项目中"按钮，可以将渲染结果保存在当前的 Revit 项目中。

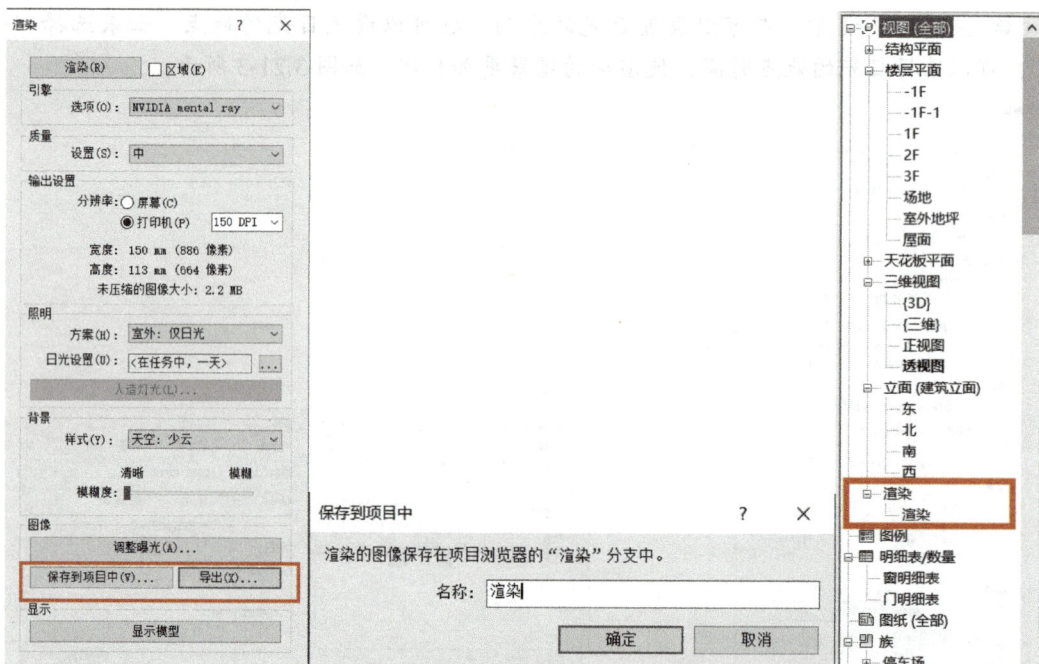

图　3.21-6

3.22　漫游

📖 内容导学

在 Revit 中，漫游可以基于路径创建多个移动的相机三维视图动画，其中每一个关键帧对应一个相机视图，所以漫游也同相机一样可以设置为正交视图或者透视图（图 3.22-1）。由相机和路径创建的建筑物漫游，可以直接导出为 AVI 格式或者图片格式。

🖲 项目实战

打开小别墅项目模型。

图　3.22-1

一、创建漫游路径

● 在"项目浏览器"中双击"楼层平面"项下的"1F"，打开"1F"平面视图。

● 单击"视图"选项卡，"三维视图"下拉菜单，单击"漫游" 👣 漫游按钮。漫游选项栏与相机选项栏设置相同。

● 在"1F"平面绘图区域单击放置关键帧的位置，即相机位置，依次沿小别墅室外场地单击，绘制环绕小别墅的漫游路径，然后单击"完成漫游" ✅ 按钮完成漫游路径的绘制，如图 3.22-2 所示。

视频 3.22-1
创建漫游

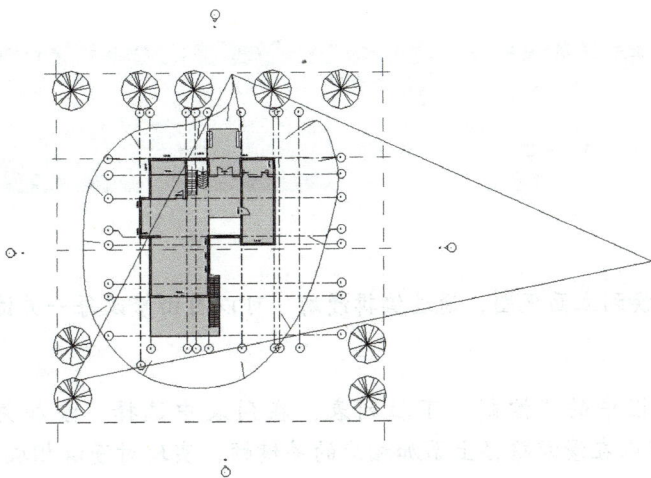

图　3.22-2

二、编辑漫游

● 由于在创建漫游的过程中无法修改已经创建的相机，所以在单击"完成漫游"之后继续单击"修改"上下文选项卡中的"编辑漫游" ，此时在"1F"楼层平面中沿着漫游路径出现的红色圆点相机位置即关键帧位置，如图 3.22-3 所示。

图　3.22-3

小提示：与显示相机类似，可以在项目浏览器中右键单击"漫游"视图，在弹出的右键菜单中选择"显示相机"选项在视图中显示漫游路径。

● 可以单击"编辑漫游"上下文选项卡中的"上一关键帧"或"下一关键帧"将相机移动到各关键帧的位置，如图 3.22-4 所示，使用鼠标拖动相机的目标位置，使每一关键帧位置处相机均朝向小别墅方向。

图 3.22-4

> **小提示**：切换到立面视图，通过编辑漫游，可以自由修改每一关键帧处的相机高度和目标位置高度。

● 单击选项栏中的"控制"下拉列表，在列表中选择"添加关键帧"选项，如图 3.22-5 所示，可以在漫游路径上添加相应的关键帧，实现对漫游相机的平滑修改。完成后按〈Esc〉键退出漫游编辑模式。

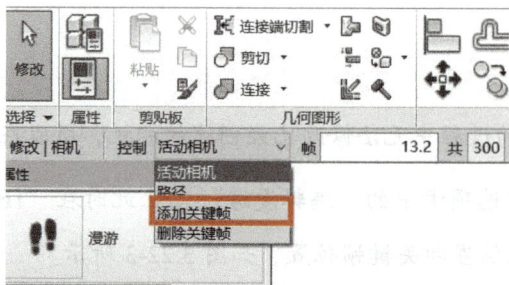

图 3.22-5

> **小提示**："控制"下拉列表中选择"路径"选项，漫游不再红色显示关键帧位置，而是在开始创建漫游相机关键帧位置显示蓝点，这个时候可以直接单击关键帧蓝点然后将其拖动到想要的位置。

选择"添加关键帧"或"删除关键帧"选项，可以沿着路径单击想要添加或者删除的关键帧，补充遗漏的位置或者删除多余位置。

● 路径和关键帧都创建完毕后，单击"编辑漫游"上下文选项卡中的"打开漫游"按钮，会弹出"漫游"视图，如图 3.22-6 所示，该视图显示的是相机放置的关键帧位置，例如相机在最后一个关键帧位置，显示图 3.22-6 的绘图区域。并且创建的漫游在项目浏览器中会生成""漫游 1"视图。

● 修改选项栏"帧"值为"1"，单击"编辑漫游"上下文选项卡"漫游"面板中的"播放"按钮，在绘图区域中的相机范围内会出现漫游动画，在"漫游"视图中也可以像"相机"视图一样通过在"图形显示选项"对话框中添加"背景"，本项目将"背景"设为"天空"，如图 3.22-7 所示。

● 在"漫游"视图中单击"属性"选项卡中的漫游帧"300"，会弹出"漫游帧"对话框，可以对各帧的速度及时间进行设置，如图 3.22-8 所示。

图　3.22-6

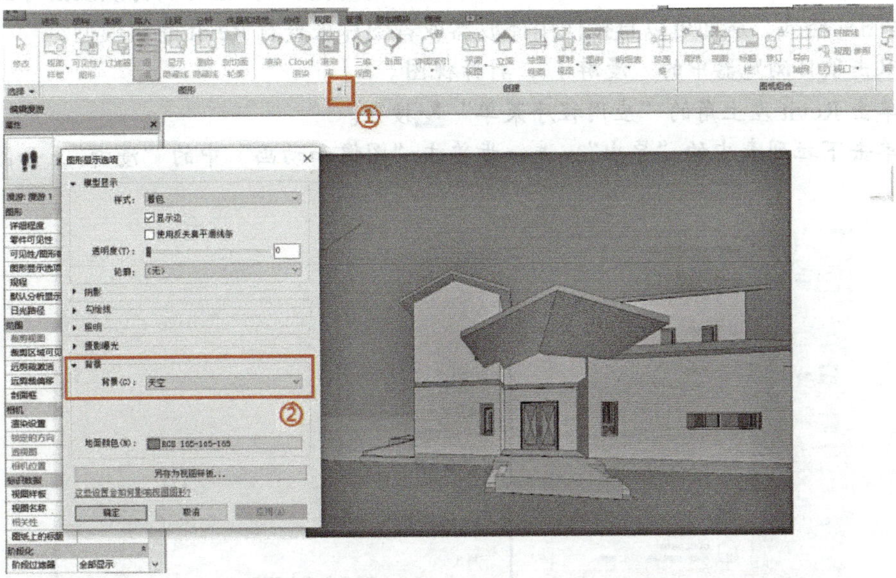

图　3.22-7

　　小提示：在"漫游帧"对话框中，"总帧数"除以"帧 / 秒"即为总时间。如果勾选上"匀速"，那么每个关键帧速度都相同，如果取消勾选，可以设置每一个关键帧的"加速器"，"加速器"的范围是 0.1~10，如果把关键帧 1 的"加速器"设置为"10"，那么关键帧 1 的速度就变为其他关键帧的 10 倍。勾选"指示器"，就可以按照设置的"帧增量"数值"5"，在视图中按每 5 帧的帧数显示相机位置，而不仅仅是关键帧。

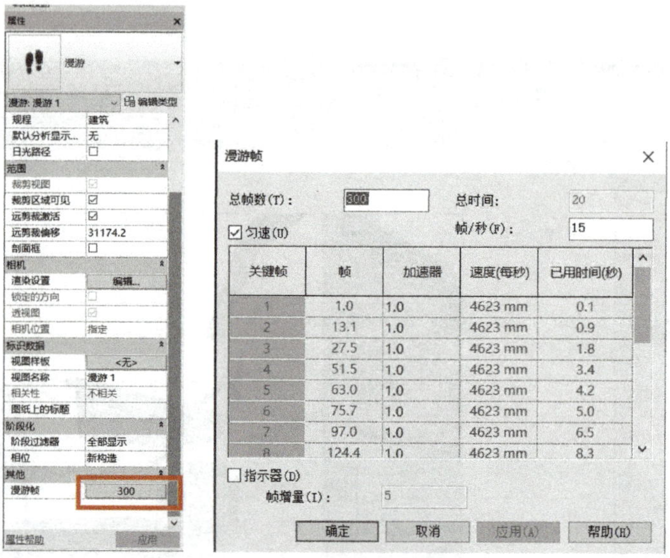

图 3.22-8

三、导出漫游动画

Revit 可以实现在"漫游"视图中单击播放查看漫游动画，也可以将该漫游导出为 AVI 格式或者图片格式，从而可以直接使用播放器或者图片来查看 Revit 建筑模型。

● 双击项目浏览器中的"漫游 1"，打开视图。

● 单击 Revit 左上角的"应用程序菜单" █ 按钮。

● 单击下拉列表中的"导出"，进一步单击"图像和动画"中的"漫游"，如图 3.22-9 所示。

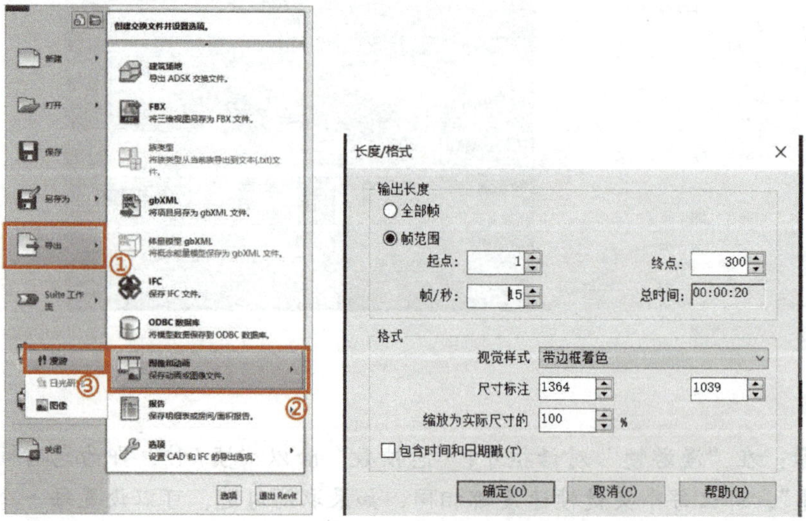

图 3.22-9

● 在弹出的"长度/格式"对话框中可以设置"输出长度"和"格式"。其中，"输出长度"可以选择是全部帧还是部分帧，在小别墅模型中一共是 300 帧，可以选择设置从

150 帧到 300 帧导出，即在"起点"和"终点"中分别设置为"150"和"300"，再根据"帧 / 秒"为"15"（即每秒 15 帧），总时间就自动更新为 (300–150)/15 = 10 秒。在"格式"中可以设置"视觉样式"和"尺寸"标注，单击"视觉样式"选择需要的样式，设置导出的"尺寸标注"，并且可以勾选上"包含时间和日期戳"。

● 单击"确定"按钮之后会弹出"导出漫游"对话框，在该对话框中可以选择保存漫游动画的路径，并且可以选择导出的文件类型，如图 3.22-10 所示。

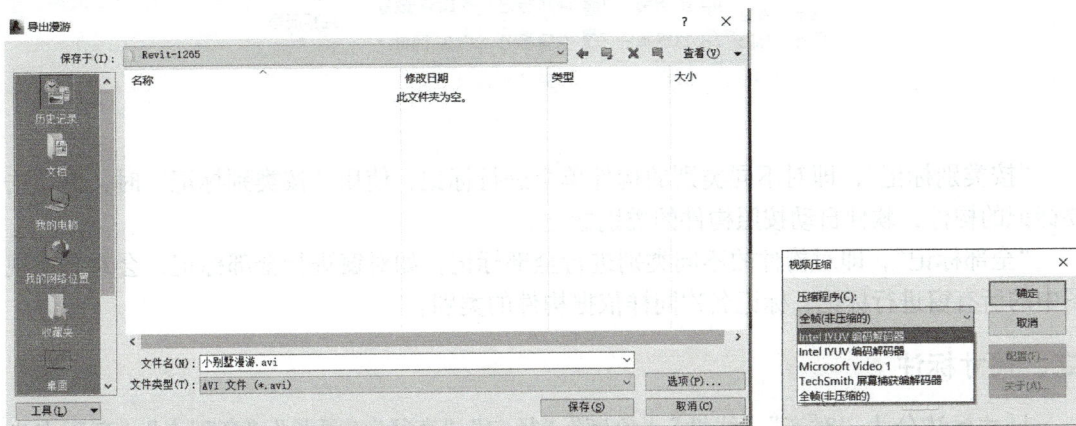

图　3.22-10

● 如果是导出视频格式 AVI，单击"保存"按钮之后会弹出"视频压缩"对话框，可以选择计算机中已经安装好的压缩程序进行视频压缩。

> **小提示**：文件类型中首先是 AVI 格式，其次是图片文件格式，需要注意的是导出图片文件格式的时候图片每一帧都是一个单独文件，例如全部导出 300 帧的图片格式，那么文件夹下就会有 300 张图片。

3.23　出图前准备工作

📖 内容导学

BIM 技术的一大优势就是通过三维模型可以很容易地创建图纸，而对于创建好的图纸，不论是平面图、剖面图还是其他图纸，模型的位置调整与增删都与图纸中构件实时联动，达到一处修改处处修改的状态，这种图纸与模型的联动性是传统 CAD 平面制图时难以实现的。

通常如果要在 Revit 中创建施工图，需要根据施工图表达的规范去设置各种视图属性，控制各类模型对象的显隐，修改各类模型图元在各视图中的截面、线宽、颜色等图形信息，然后进行标记标注与注释等操作，才算大致完成模型出图前的准备工作。一般在 Revit 软件中最常见的出图前的准备工作有标记、尺寸标注、详图与文字、可见性和图形设置及视图样板设置。

一、标记

标记的主要用处是对构件（如门、窗、柱等）或是房间、空间等概念进行标记，用以区分不同的构件、房间或空间。标记分为"按类别标记""全部标记""房间标记""空间标记"等，如图 3.23-1 所示。

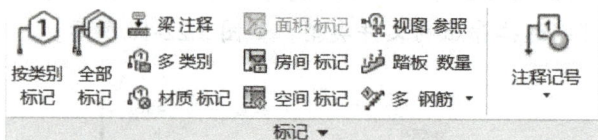

图 3.23-1

"按类别标记"，即对不同类别的构件单个进行标记，使用"按类别标记"时，需单击要标记的构件，软件自动按照构件的类别标记。

"全部标记"，即对构件的不同类别进行全部标记，如对窗进行全部标记，会对当前视图中的所有窗进行标记，标记名称同样依据构件的类别。

二、尺寸标注

尺寸标注分为"对齐""线性""角度""径向""直径""弧长""高程点""高程点坐标""高程点坡度"，如图 3.23-2 所示。其中，"对齐"和"线性"都是对距离进行标注，"对齐"用于相互平行的两个图元间的尺寸标注，"线性"用于任意两点间的尺寸标注；"角度"是对图元或构件间的角度进行标注；"径向""直径""弧长"用于对圆形构件或圆形图元的标注；"高程点""高程点坐标""高程点坡度"是对构件所处的相对高度、相对坐标、构件坡度进行标注。

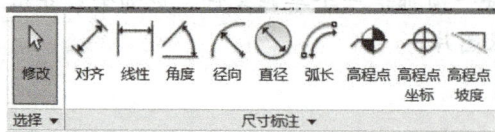

图 3.23-2

三、详图与文字

文字注释、文字替换、详图线、区域填充、云线批注等都属于注释，即对构件或图元进行重点注释，常用的命令如图 3.23-3 所示。

图 3.23-3

四、可见性和图形设置

视图的可见性设置定义了图元和类别是否在视图中可见，图形设置则定义了它们的图形外观（颜色、线宽和线样式）。

"可见性 / 图形替换"对话框（快捷键〈VV〉）列出了模型中的所有类别，如图 3.23-4 所示。部分类别示例包括家具、门和窗标记。每个类别的可见性状态和外观可以根据模型中的每个视图进行修改。

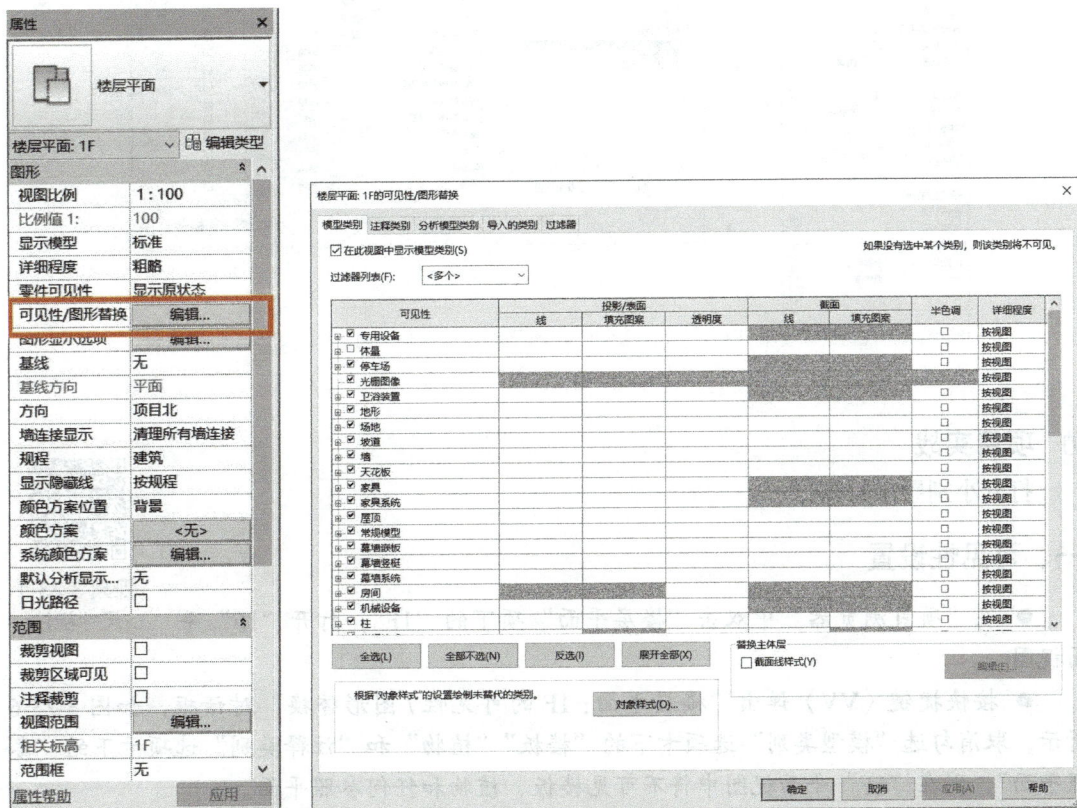

图　3.23-4

Revit 主要通过"对象样式"和"可见性 / 图形替换"命令来实现上述管理方式。

"对象样式"命令可以全局查看和控制当前项目中"对象类别"和"子类别"的线宽、颜色等。"可见性 / 图形替换"命令则可以在各个视图中，对图元进行针对性的可见性控制、显示替换等操作，如图 3.23-4 所示，如将"模型类别"选项卡中的"墙"取消勾选，则在"楼层平面：1F"中将看不到任何墙。

五、视图样板设置

视图样板是一系列视图属性，例如，视图比例、规程、详细程度以及多个视图的可见性设置。使用视图样板可以帮助确保遵守统一视图标准，并实现施工图文档集的一致性。

如果有多个同类型的视图需要按相同的可见性或图形替换设置，则可以使用"视图样板"功能将设置快速应用到其他视图，如图 3.23-5 所示。

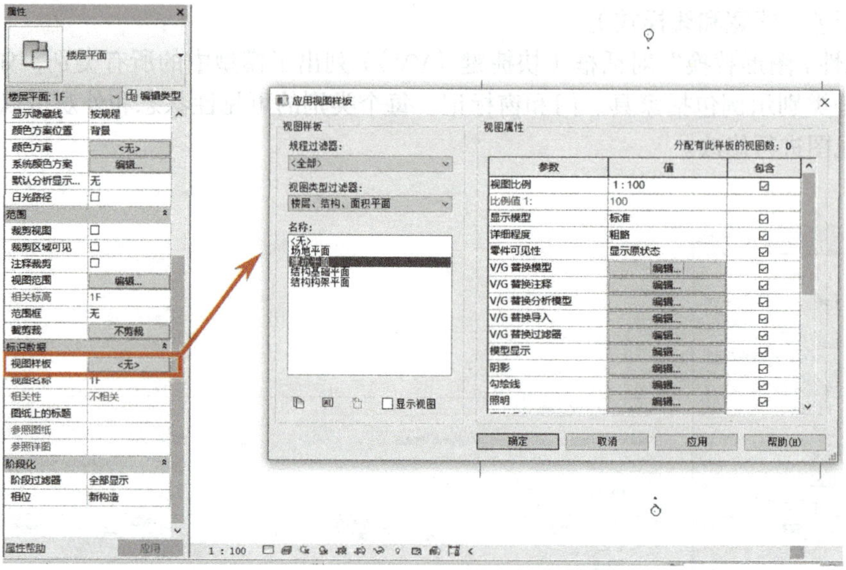

图 3.23-5

项目实战

打开小别墅项目模型。

视频 3.23-1
尺寸标注

一、可见性设置

● 在"项目浏览器"中双击"楼层平面"项下的"1F",打开"1F"平面视图。

● 按快捷键〈VV〉弹出"楼层平面:1F 的可见性 / 图形替换"对话框,如图 3.23-6 所示,取消勾选"模型类别"选项卡下的"楼板""植物"和"注释类别"选项卡下的"参照平面",则在"1F"平面视图中将不可见楼板、植物和任何参照平面。

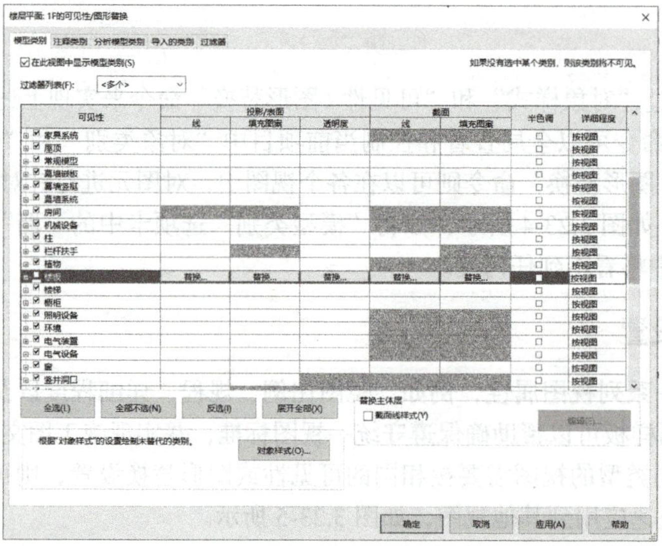

图 3.23-6

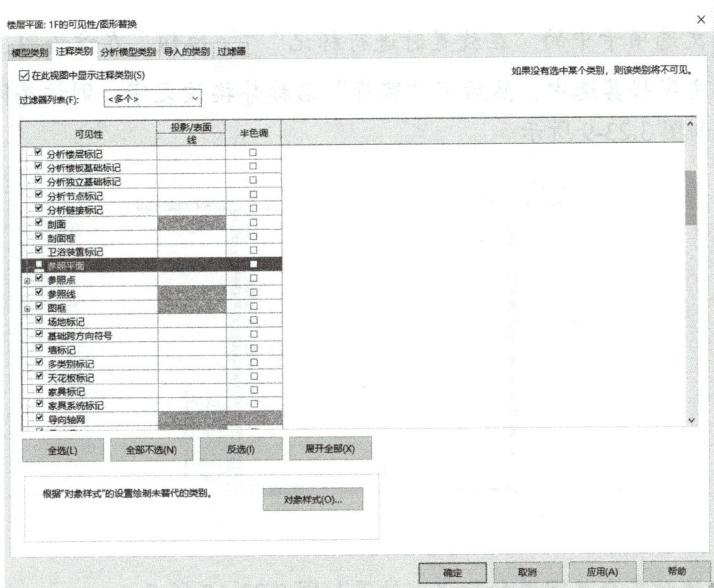

图 3.23-6（续）

二、房间标记

● 单击"建筑"选项卡"房间和面积"面板中的"房间"按钮。单击"修改 | 放置房间"上下文选项卡中的"在放置时进行标记"按钮。

● 在"属性"选项卡中进行标记类型选择。

● 在"IF"楼层平面最左上侧绘图区域单击放置房间，再单击房间文字将其选中，然后用"厨房"名称替换该文字，则该房间被划分且被标记为厨房，结果如图 3.23-7 所示。

● 针对未完全闭合的空间，则需在此房间的周围绘制房间边界。单击"建筑"选项卡"房间和面积"面板中的"房间分割"按钮，可以采用直线绘制房间边界，如图 3.23-8 所示。

图 3.23-7

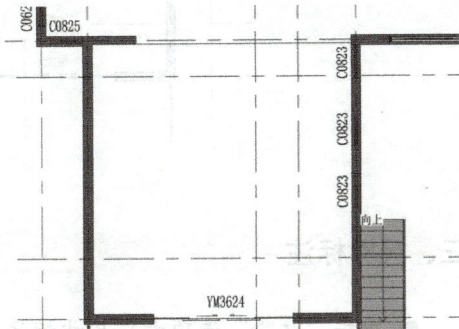

图 3.23-8

● 再次单击"建筑"选项卡"房间和面积"面板中的"房间"按钮。单击"修改 |

放置房间"上下文选项卡中的"在放置时进行标记" ① 按钮，在该绘图区域单击放置房间，再单击房间文字将其选中，然后用"客厅"名称替换该文字，则该房间被划分且被标记为客厅，结果如图 3.23-9 所示。

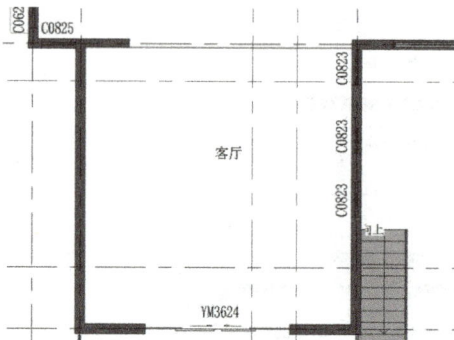

图　3.23-9

● 用同样方法对其余房间进行标记，结果如图 3.23-10 所示。

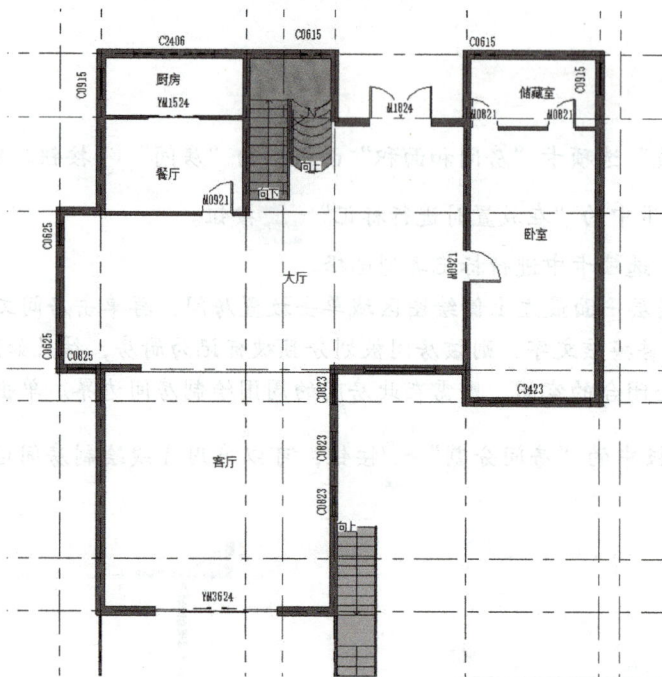

图　3.23-10

三、尺寸标注

● 单击"注释"选项卡"尺寸标注"面板中的"对齐" 对齐 按钮。
● 将鼠标指针放置在墙或线的参照点上，如果可以在此放置尺寸标注，则参照点会高亮显示。可以通过按〈Tab〉键，在不同参照点之间切换。完成①轴至⑧轴之间的细部尺寸、轴线尺寸和总尺寸三道尺寸标注的绘制，结果如图 3.23-11 所示。

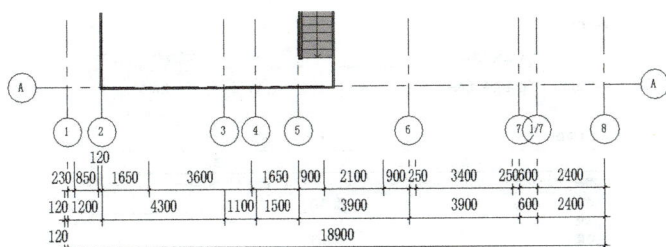

图　3.23-11

● 完成其余尺寸的标注，如图 3.23-12 所示。

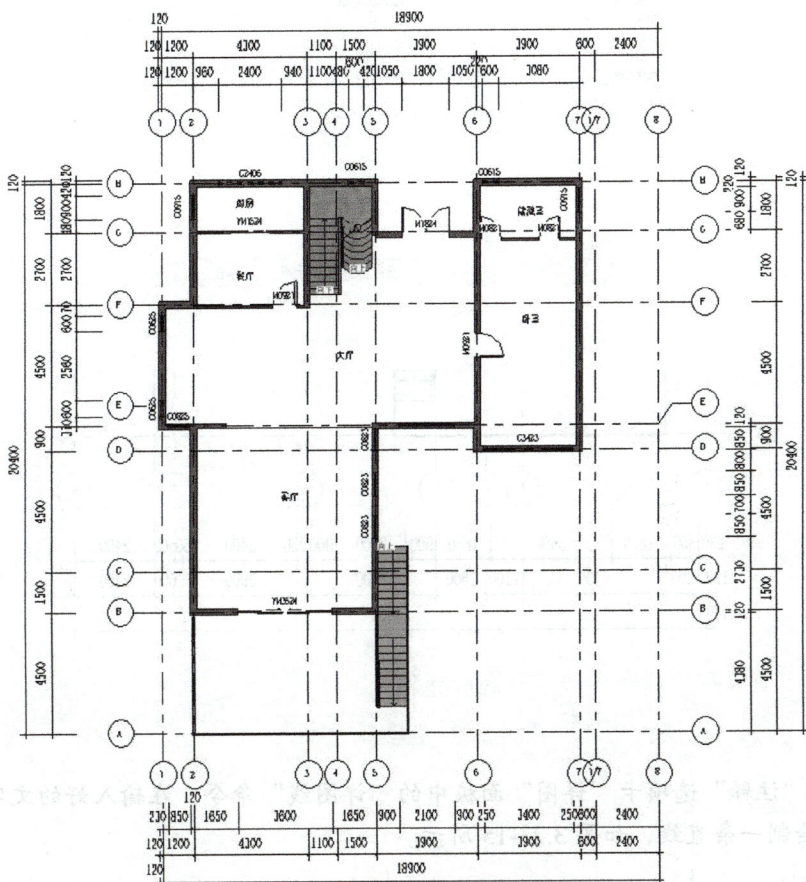

图　3.23-12

四、文字标注

● 单击〈注释〉选项卡"文字"面板中的"文字" **A**文字按钮，选择"无引线" Ａ 模式。
● 单击"属性"选项卡中的"编辑类型"，弹出"类型属性"对话框，如图 3.23-13 所示，可以对文字样式进行修改。
● 在绘图区合适位置使用鼠标左键单击，并输入"首层平面图"，如图 3.23-14 所示，空白处单击退出文字编辑模式。

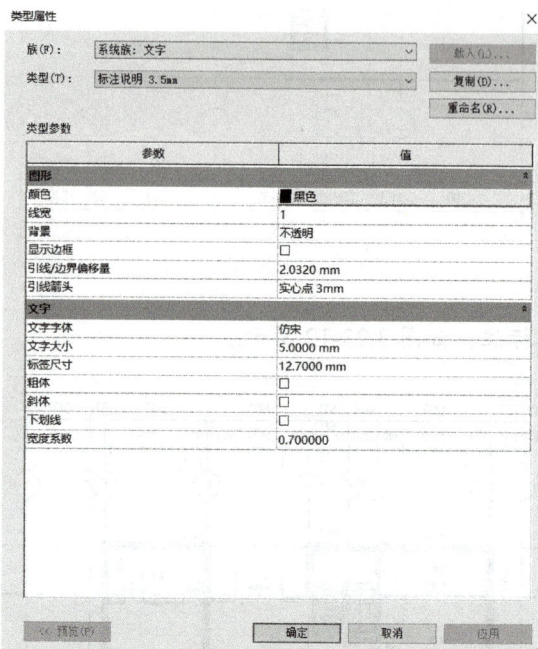

图　3.23-13

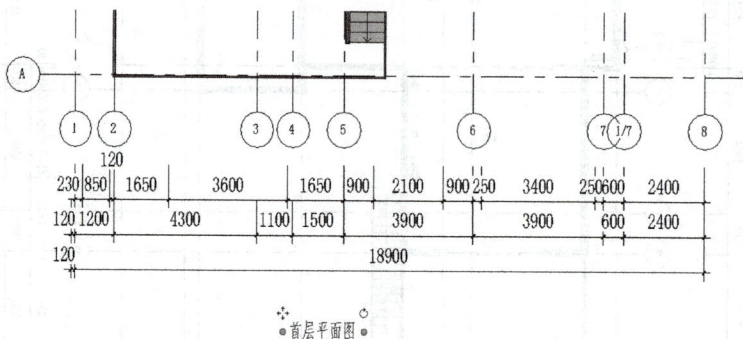

图　3.23-14

● 选择"注释"选项卡"详图"面板中的"详图线"命令，在输入好的文字"首层平面图"下方绘制一条直线，如图 3.23-15 所示。

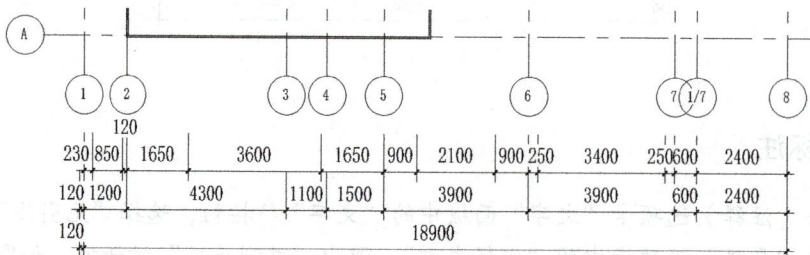

首层平面图

图　3.23-15

> **小提示：** 一般图纸名称可以在创建图纸时通过视口进行命名，此处为了避免在项目浏览器中重新复制一个 1F 平面而导致后续出图操作造成项目浏览器的不协调，且为了让读者学习文字注释和详图线绘制命令，才进行上述操作，读者熟练出图操作后，可直接在创建图纸时进行图纸命名。

五、高程点标注

使用"高程点"标注命令可以在平面、立面和三维视图中，获取坡道、道路、地形表面和楼梯平台的高程。

● 在"1F"楼层平面下，按快捷键〈VV〉弹出"楼层平面：1F 的可见性 / 图形替换"对话框，勾选"模型类别"选项卡下的"楼板"，使楼板在"1F"楼层平面中可见。

● 单击"注释"选项卡"尺寸标注"面板中的"高程点" 按钮。

● "属性"选项卡类型选择器中可以选择高程点的类型，如果项目文件中没有需要的高程点类型，可以通过"载入族"进行载入。本项目选择"高程点 – 平面"。单击"编辑类型"，设置"单位"为"米"，"舍入"设置为"3 个小数位"，如图 3.23-16 所示。

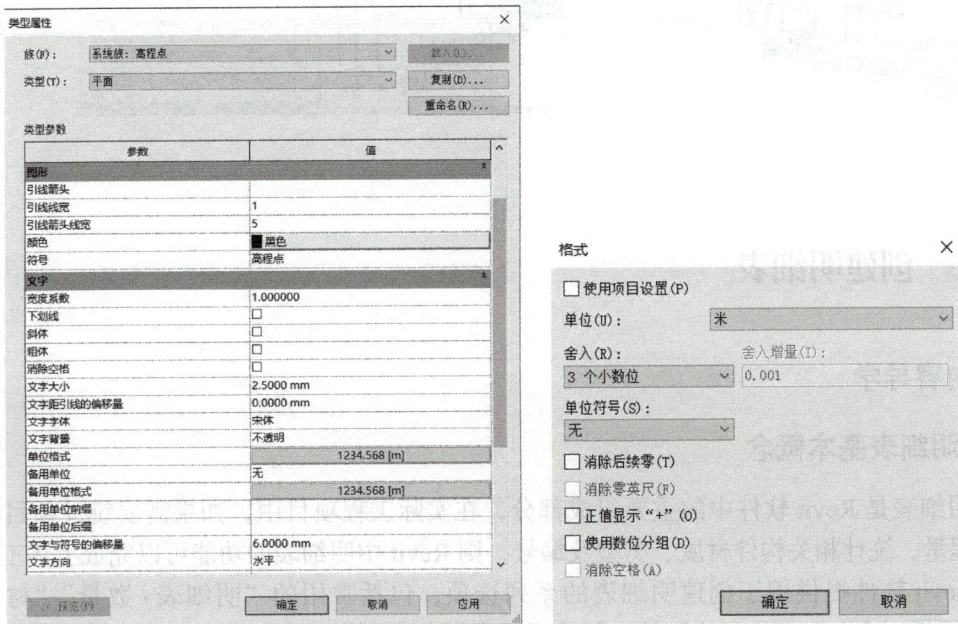

图 3.23-16

● 状态栏中取消勾选"引线"，如图 3.23-17 所示。

图 3.23-17

● 在绘图区域合适的位置单击鼠标左键放置高程点，如图 3.23-18 所示。

● 采用同样的方法可以在三维视图及立面视图中进行高程点标注，如图 3.23-19 所示。

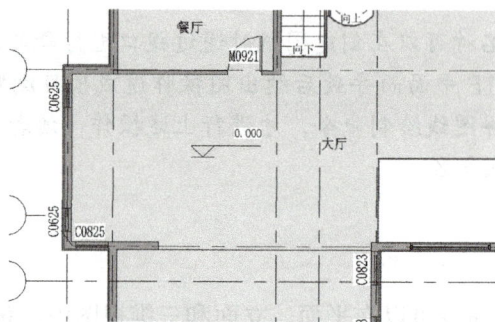

图　3.23-18

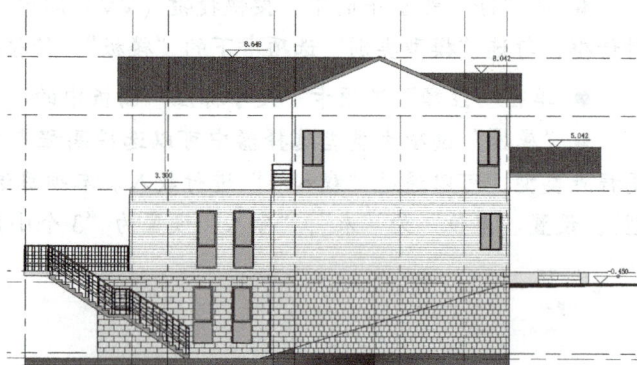

图　3.23-19

3.24　创建明细表

📖 内容导学

一、明细表基本概念

　　明细表是 Revit 软件中的重要组成部分，在实际工程项目中，如果需要统计项目构件的工程量，统计相关构件材质、类型及编号，则 Revit 中明细表的功能可以完成上述工作。

　　Revit 软件提供用于创建明细表的系列选项，包括常用的"明细表 / 数量""材质提取""图纸列表"和"注释块"等。创建明细表的主要工作是选择合适的字段及种类，明细表一般由实例参数和类型参数共同来添加字段，因此明细表添加参数时需要考虑项目中实例参数与类型参数的区别，从而正确选择合适字段及参数。

二、明细表创建及修改

1. 创建实例明细表

　　一般最为常用的明细表是实例明细表，选择"视图"选项卡"创建"面板中的"明细表"命令，如图 3.24-1 所示。

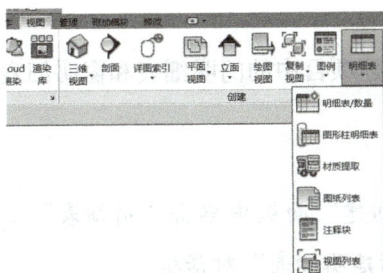

图　3.24-1

进入"新建明细表"对话框，在"过滤器列表"中可以对"建筑""结构""机械""电气""管道"5 个方面进行选择，从而更准确地选择相应的实例类别，如图 3.24-2 所示。

单击"确定"按钮，进入"明细表属性"对话框，对"字段""排序 / 成组""格式""外观"等进行修改。

图　3.24-2

2. 明细表的修改

明细表生成后，则在项目浏览器的"明细表 / 数量"下面自动生成相应的明细表，生成的明细表仍然可以进行修改，如重新添加"字段"、重新定义"排序/成组"方式等操作，只需要在明细表页面下，单击"属性"选项卡中"字段""排序 / 成组"后面的"编辑"按钮即可，如图 3.24-3 所示。

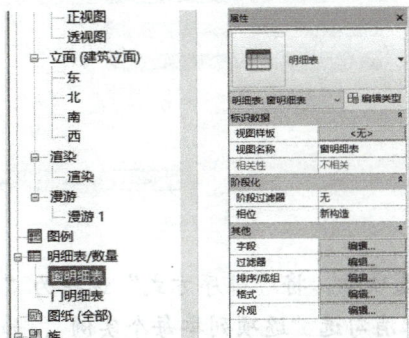

图　3.24-3

项目实战

打开小别墅项目模型，创建项目中的门明细表和窗明细表。

视频 3.24-1
创建明细表

一、门明细表

● 在"视图"选项卡"创建"面板中单击"明细表"下"明细表/数量"按钮，进入"新建明细表"对话框。

● 在"过滤器列表"中选择"建筑"，在"类别"中找到"门"，明细表名称则自动变为"门明细表"，单击"确定"按钮。

● 进入"明细表属性"对话框"字段"选项卡，选择"族与类型""宽度""高度""类型标记""标高"与"合计"6 个字段，如图 3.24-4 所示。

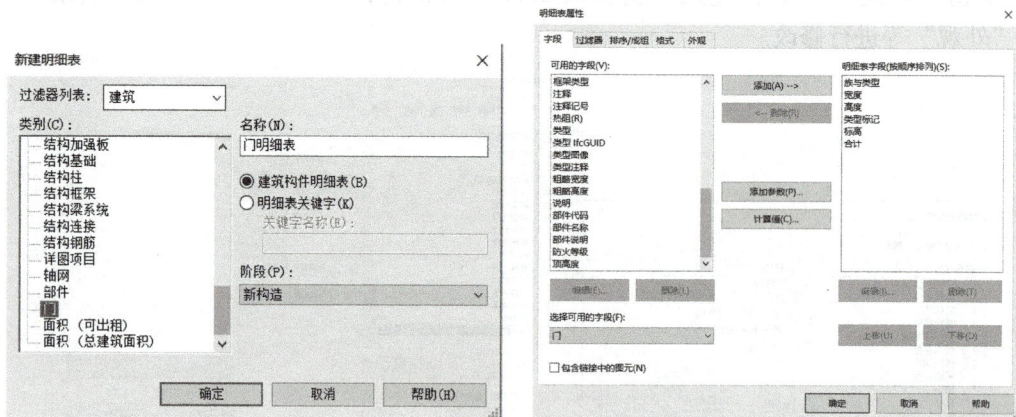

图 3.24-4

● 进入"过滤器"选项卡，保证其中的过滤条件设置为"无"，如图 3.24-5 所示。

图 3.24-5

● 进入"排序/成组"选项卡，将"排序方式"选择为"族与类型"，"否则按"设置为"宽度"，勾选"总计"，取消勾选"逐项列举每个实例"，如图 3.24-6 所示。

图 3.24-6

● "格式""外观"选项卡不做设置，选择默认参数，单击"确定"按钮完成，完成后的门明细表如图 3.24-7 所示。

<table>
<tr><td colspan="6" style="text-align:center">〈门明细表〉</td></tr>
<tr><td>A</td><td>B</td><td>C</td><td>D</td><td>E</td><td>F</td></tr>
<tr><td>族与类型</td><td>宽度</td><td>高度</td><td>类型标记</td><td>标高</td><td>合计</td></tr>
<tr><td>LM0924: LM0924</td><td>900</td><td>2400</td><td>LM0924</td><td>2F</td><td>1</td></tr>
<tr><td>YM1824: YM1524</td><td>1500</td><td>2400</td><td>YM1524</td><td>1F</td><td>1</td></tr>
<tr><td>YM1824: YM1824</td><td>1800</td><td>2400</td><td>YM1824</td><td>-1F</td><td>1</td></tr>
<tr><td>YM3624: YM3624</td><td>3600</td><td>2400</td><td>YM3624</td><td></td><td>2</td></tr>
<tr><td>卷帘门: JLM5422</td><td>5400</td><td>2200</td><td>JLM5422</td><td>-1F</td><td>1</td></tr>
<tr><td>双扇现代门: M1824</td><td>1800</td><td>2400</td><td>M1824</td><td>1F</td><td>1</td></tr>
<tr><td>移门: YM2124</td><td>2100</td><td>2400</td><td>YM2124</td><td>-1F</td><td>1</td></tr>
<tr><td>移门: YM3267</td><td>3600</td><td>2700</td><td>YM3267</td><td>2F</td><td>1</td></tr>
<tr><td>装饰木门: M0821</td><td>800</td><td>2100</td><td>M0821</td><td></td><td>7</td></tr>
<tr><td>装饰木门: M0921</td><td>900</td><td>2100</td><td>M0921</td><td></td><td>10</td></tr>
<tr><td>门-双扇平开: 1200 x 2100 mm</td><td>1200</td><td>2100</td><td>M2</td><td>2F</td><td>1</td></tr>
<tr><td>总计: 27</td><td></td><td></td><td></td><td></td><td></td></tr>
</table>

图 3.24-7

● 可以对生成的明细表进行修改，可以更改或添加字段等，也可以更改明细表的格式，如同时选中"宽度"及"高度"单元格，如图 3.24-8 所示，而后单击"修改明细表 / 数量"上下文选项卡"标题和页眉"面板中的"成组"按钮，在门明细表中"宽度"与"高度"单元格上方插入了一个新的单元格，在该单元格中输入"尺寸"，如图 3.24-9 所示。

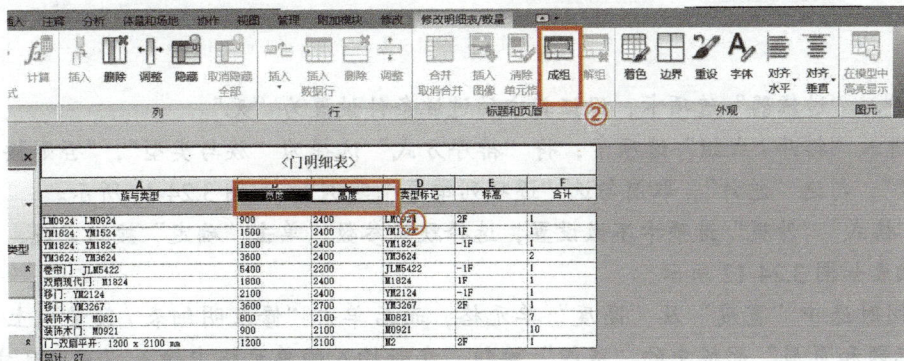

图 3.24-8

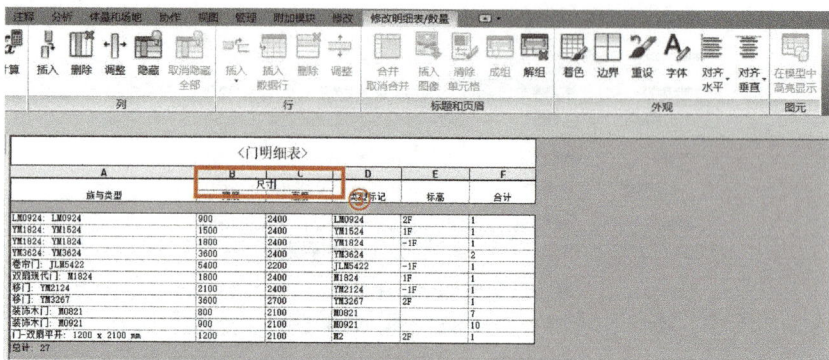

图　3.24-9

二、窗明细表

● 在"视图"选项卡"创建"面板中单击"明细表" 下"明细表/数量" 明细表/数量
按钮，进入"新建明细表"对话框。

● 在"过滤器列表"中选择"建筑"，在"类别"中找到"窗"，明细表名称则自动变
为"窗明细表"，单击"确定"按钮。

● 进入"明细表属性"对话框"字段"选项卡，选择"族与类型""类型标记""宽
度""高度""底高度""标高"与"合计"7个字段，如图3.24-10所示。

图　3.24-10

● 进入"过滤器"选项卡，保证其中的过滤条件设置为"无"。

● 进入"排序/成组"选项卡，将"排序方式"选择为"族与类型"，"否则按"设置
为"宽度"，勾选"总计"，取消勾选"逐项列举每个实例"，如图3.24-11所示。

● "格式""外观"选项卡不做设置，选择默认参数，单击"确定"按钮完成，完成后
的窗明细表如图3.24-12所示。

● 同时选中"宽度"及"高度"单元格，而后单击"修改明细表/数量"上下文选
项卡"标题和页眉"面板中的"成组"按钮，在新插入的单元格中输入"洞口尺寸"，如
图3.24-13所示。

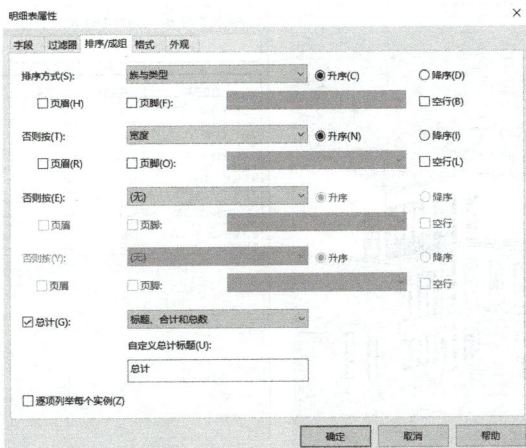

图 3.24-11

图 3.24-12

图 3.24-13

三、明细表修改注意事项

在项目中不论最后创建了什么类型的明细表，应该注意明细表是统计项目中真实构件数据的，因此每个参数均来自构件相应的参数，且由于 BIM 软件的交互性和实时修改的特性，在明细表中选择某一行数据，如图 3.24-14 所示，"推拉窗 C0823：C0823"其右侧出现下拉箭头。在模型中此类型构件均被选择（图中蓝色选择项），这也是后期修改模型参数除过滤器外的另一便捷操作。

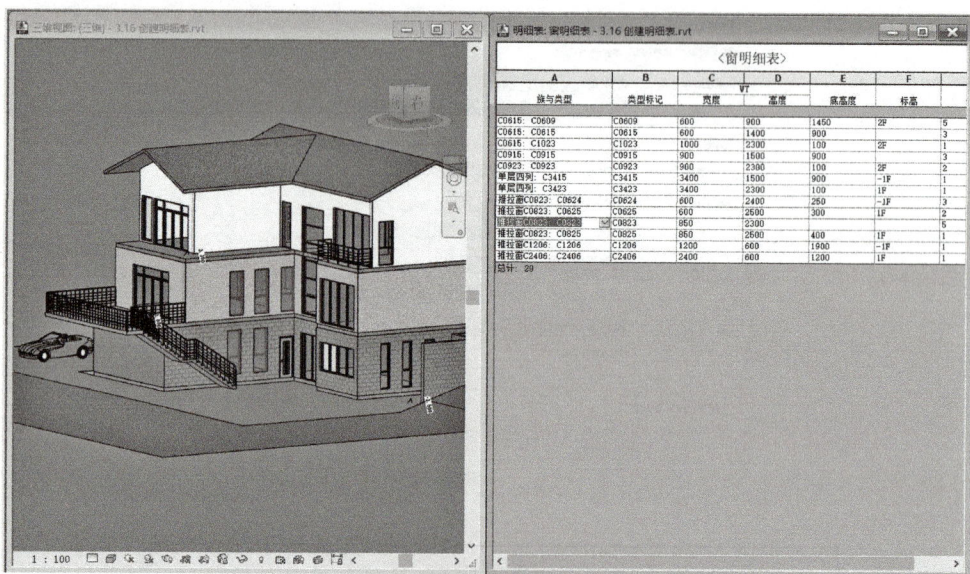

图 3.24-14

> **小提示**：在明细表内进行构件的修改也会引起相应模型中的构件变化，这与普通的 Excel 表格不同，需要注意区别。因此，非特殊情况下，一般不轻易修改明细表内构件参数值，除非确有模型修改需要。

3.25 创建图纸

📖 内容导学

在项目 BIM 建模的过程中，通过各专业图纸逐步建立起了项目的 BIM 模型，三维的 BIM 模型可以对建筑物整体及局部构件在三维空间上进行很好地展示。而如果要更好地将 BIM 模型信息传递给相关人员，尤其是现场施工人员，则需要将三维模型转化成二维图纸。

BIM 土建模型创建完成，同时创建了相应的平面图、立面图等视图，并在各类视图中完成了房间标记、尺寸标注及文字标注等注释信息，生成完明细表后，可以将上述的一个视图或者多个视图、表格组织在"图纸"视图中，形成相应的图纸，并为其添加满足项目或企业要求的图框，实现模型向图纸转化的过程，即常说的 BIM 出图。

图纸的创建可以选择在项目浏览器中"新建图纸"的方式。

🖱 项目实战

BIM 出图应包含一套完整的建筑图纸，而一套完整的建筑图纸应包括平面图、立面图、剖面图及详图，本节以创建剖面视图为例介绍出图流程。

视频 3.25-1
施工图输出

一、创建剖面视图

● 在项目浏览器中双击"楼层平面"项下的"1F"，打开"1F"平面视图。

● 选择"视图"选项卡"创建"面板中的"剖面" ◈命令，将鼠标指针放置在剖面的起点处，并拖拽鼠标指针穿过模型，当到达剖面的中线时单击，创建"剖面1"剖切符号，如图 3.25-1 所示。同时在项目浏览器中出现了剖面视图。

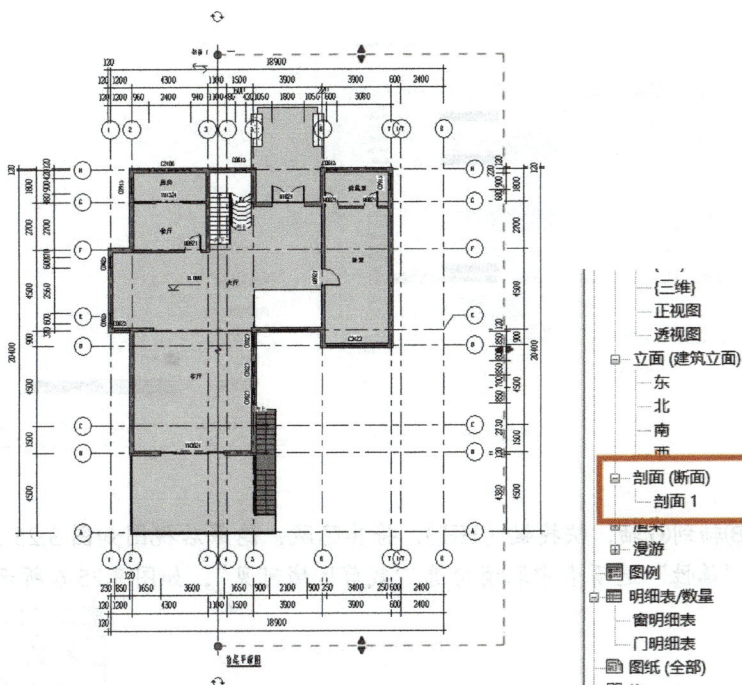

图　3.25-1

● 在项目浏览器中右键选择"剖面1"，选择"重命名"，在弹出的"重命名视图"对话框中将其名称改为"1-1 剖面图"，如图 3.25-2 所示。

● 单击"1-1 剖面图"，使用鼠标右键选择"转到视图"选项或者在项目浏览器中双击打开"1-1 剖面图"，打开的视图如图 3.25-3 所示。

图　3.25-2

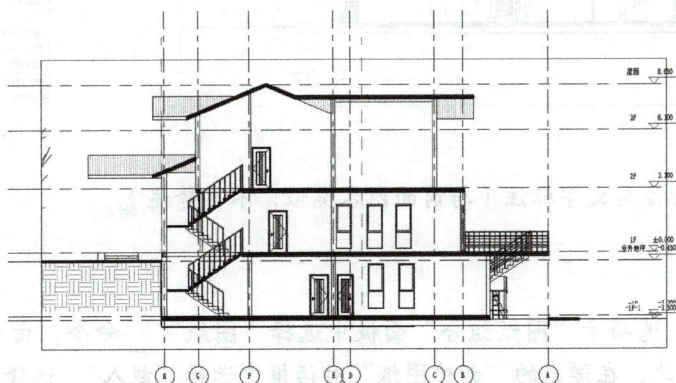

图　3.25-3

● 按快捷键〈VV〉打开"可见性 / 图形替换"对话框，分别将"模型类别"选项卡中的"墙""屋顶""楼板""楼梯"中的截面填充图案用"黑色""实体填充"的样式进行替换，取消勾选"植物"，如图 3.25-4 所示。

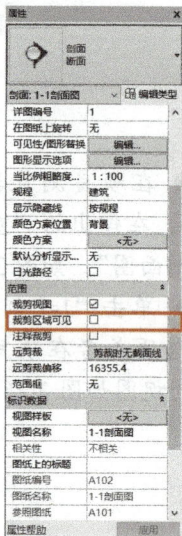

图　3.25-4

● 选中轴网Ⓑ轴到Ⓖ轴，快捷键〈HH〉，将其隐藏，隐藏后视图如图 3.25-5 所示。
● 在剖面的"属性"选项卡中取消勾选"裁剪区域可见"，如图 3.25-6 所示。

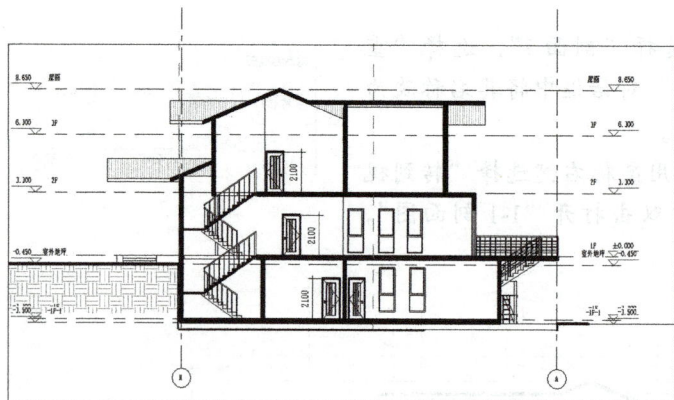

图　3.25-5

图　3.25-6

● 进行尺寸标注与文字标注（与前面内容类似，不再赘述）。

二、新建图纸

● 在"视图"选项卡"图纸组合"面板中选择"图纸"　命令，由于该项目未预先载入图纸的族，因此，在弹出的"新建图纸"对话框中选择"载入"，选择族库中标题栏下的"A2 公制 .rfa"，单击打开，如图 3.25-7 所示。在"新建图纸"对话框中选择"A2 公制:

A2"，单击"确定"按钮。

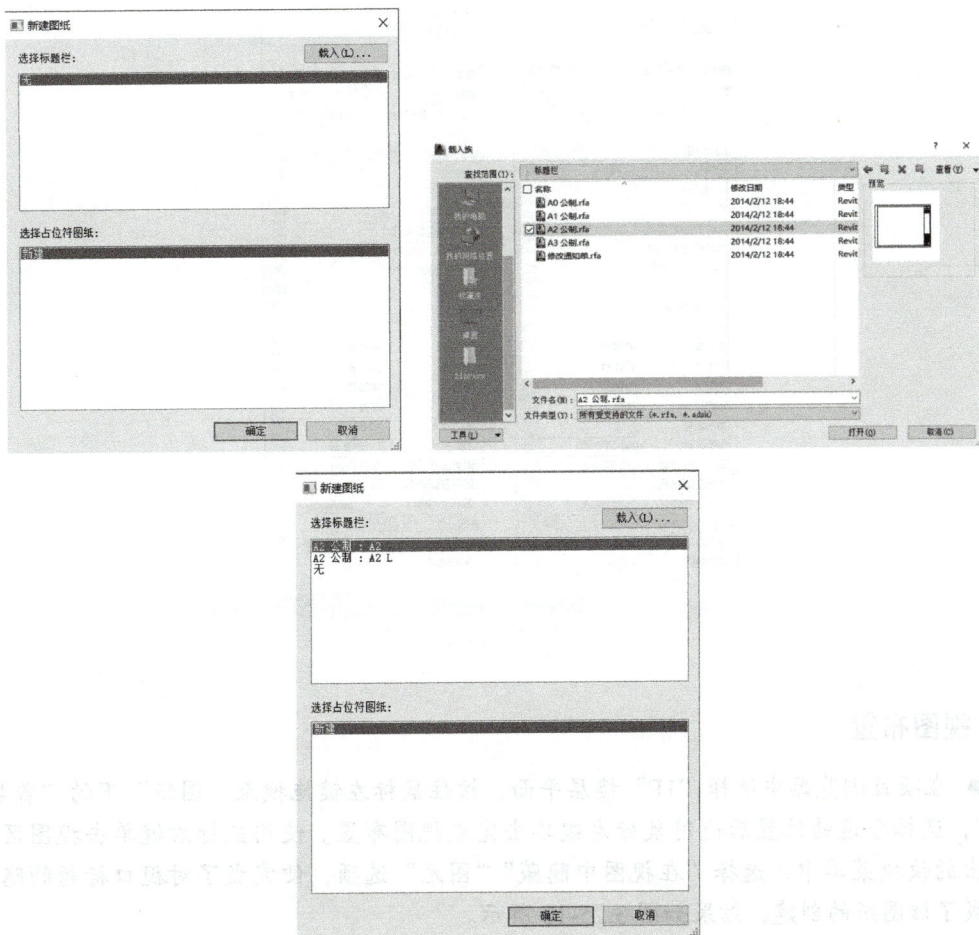

图 3.25-7

● 此时转至一张包含图框的新图。系统将在项目浏览器中的图纸部分自动添加该图纸信息，图纸标题"A102- 未命名"，如图 3.25-8 所示。

● 在图纸的"属性"选项卡中，将"图纸编号"设置为"A101"。"图纸名称"为"首层平面图"，如图 3.25-9 所示。若有需要，还可以录入审核者、设计者、审图员、绘图员等信息。

● 同样方法，在"视图"选项卡"图纸组合"面板中选择"图纸"命令，可以在项目浏览器"图纸"上点击鼠标右键，选择"新建图纸"为"A2公制：A2"，在图纸的"属性"选项卡中，将"图纸编号"设置为"A102"，"图纸名称"为"1-1 剖面图"。

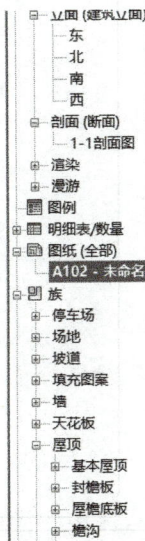

图 3.25-8

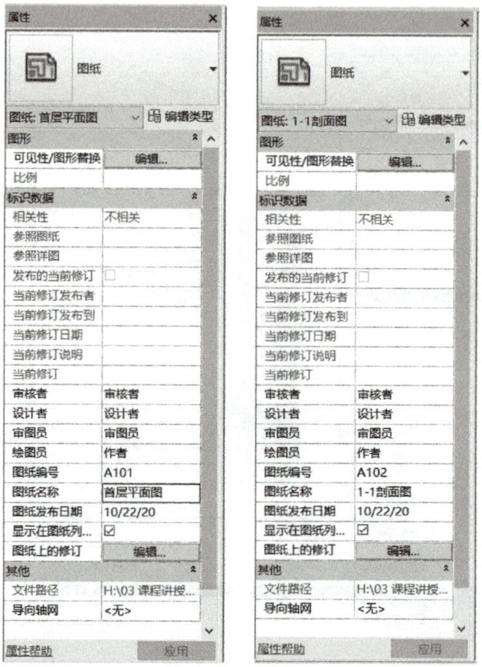

图　3.25-9

三、视图布置

● 在项目浏览器中选择"1F"楼层平面，按住鼠标左键拖拽至"图纸"下的"首层平面图"，选择合适的位置后使用鼠标左键单击完成视图布置。使用鼠标右键单击视图区域，在弹出的快捷菜单中，选择"在视图中隐藏""图元"选项，便完成了对视口标题的隐藏，也完成了该图纸的创建，结果如图3.25-10所示。

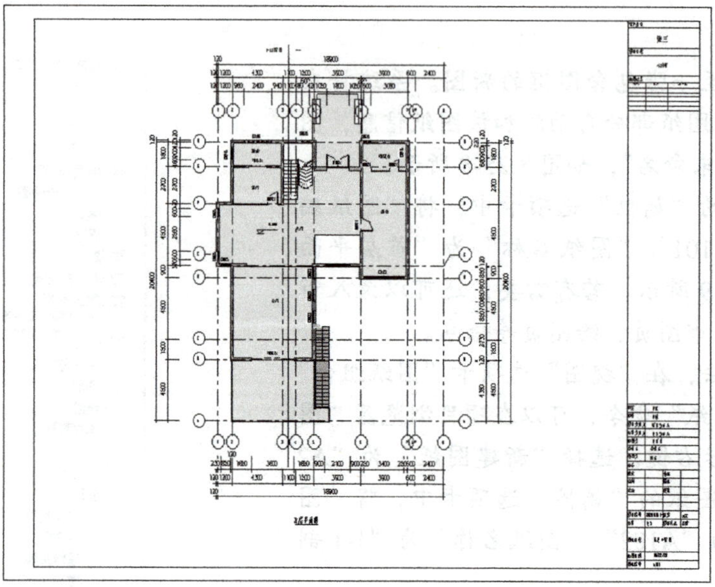

图　3.25-10

● 同样方法，可以在项目浏览器中选择"1-1 剖面图"，按住鼠标左键拖拽至"图纸"下的"1-1 剖面图"，选择合适的位置后使用鼠标左键单击完成视图布置。也可以在项目浏览器中选择相应的图纸，如"1-1 剖面图"，使用鼠标右键单击图纸，在弹出的快捷菜单中选择"添加视图"选项，在弹出的"视图"对话框中选择要创建图纸的视图"剖面：1-1 剖面图"选项，单击"在图纸中添加视图"按钮，选择适合的位置后使用鼠标左键单击完成视图布置，如图 3.25-11 所示。

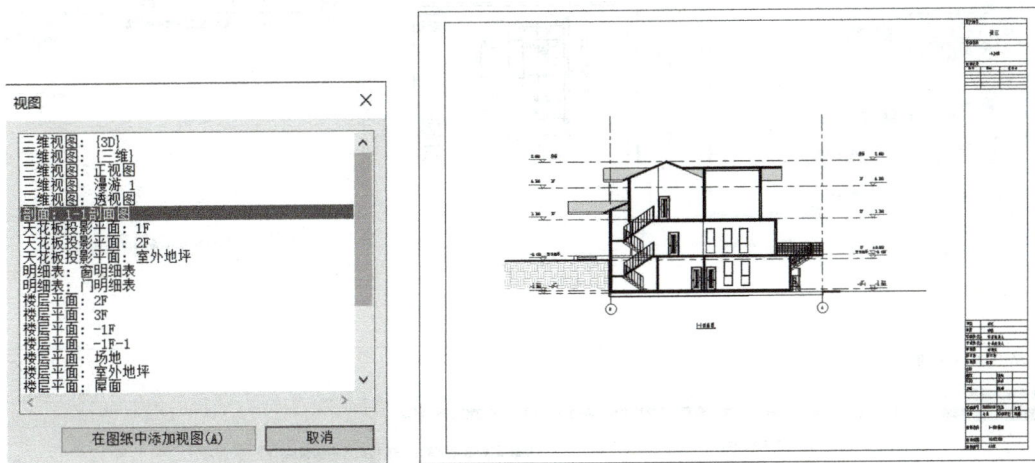

图　3.25-11

● 在图纸中使用鼠标右键单击，在弹出的快捷菜单中，选择"在视图中隐藏""图元"选项，便完成了对视口标题的隐藏，也完成了该图纸的创建。

> **小提示**：在"3.23 出图前准备工作"中介绍了用文字与详图命令进行视图名称的命名，在创建图纸时如果单独重新命名视口会造成项目浏览器下的视图名称连同改变，因此，将视口隐藏，用文字注释代替了图纸名称命名。

> **小提示**：用上述方法，可在同一张图纸中载入其他视图内容，但需要注意的是每个视口仅可添加至一张图纸，若某一视图需隶属于多张图纸，可在项目浏览器中对该视图进行复制，创建视图副本，完成后续添加。

四、导出 DWG 图纸

导出单张 DWG 图纸步骤如下：

● 在项目浏览器图纸（全部）中选择并打开"A101-首层平面图"。

● 在应用程序菜单中选择"导出"→"CAD 格式"→"DWG"选项，弹出"DWG导出"对话框，如图 3.25-12 所示。

● 单击"选择导出设置"右侧控制按钮，进入"修改 DWG/DXF 导出设置"对话框，如图 3.25-13 所示，完成对图层、线型、颜色等的设置，单击"确定"按钮退出。

● 在"DWG 导出"对话框中单击"下一步"按钮，设置保存路径、导出文件的版本及文件名称等。

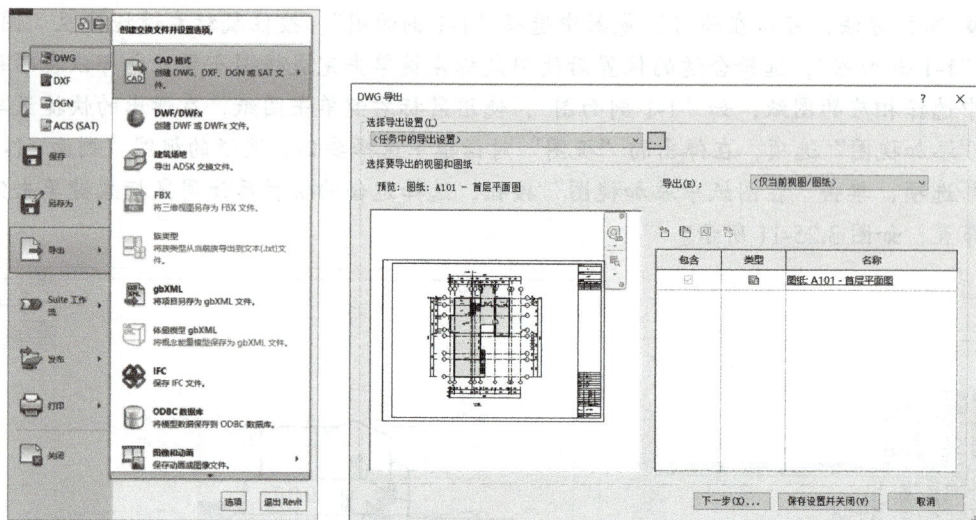

图　3.25-12

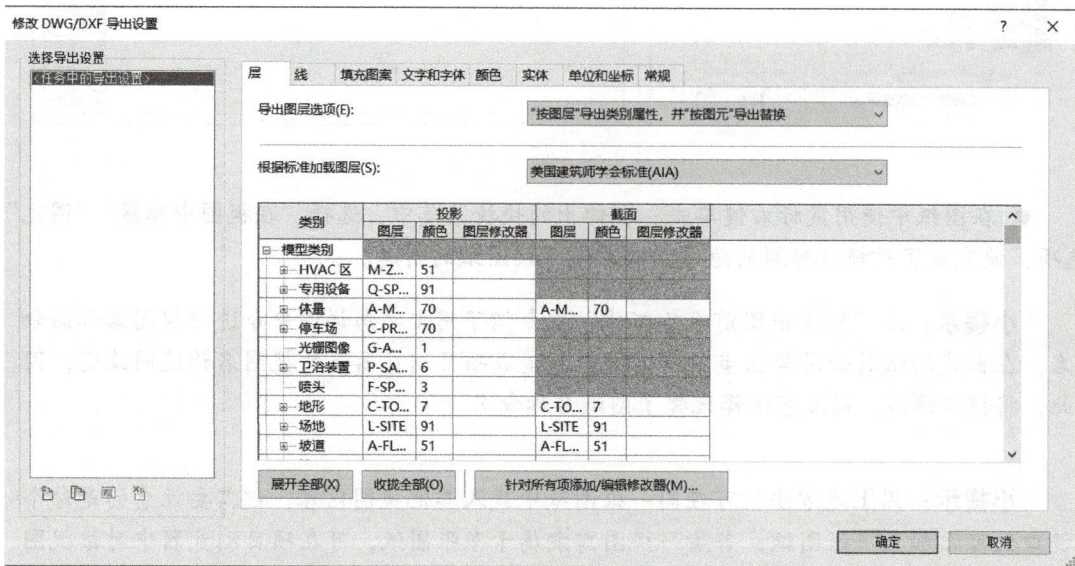

图　3.25-13

导出多张 DWG 图纸步骤如下：

● 在应用程序菜单中选择"导出"→"CAD 格式"→"DWG"选项，弹出"DWG 导出"对话框。单击"选择导出设置"右侧控制按钮，进入"修改 DWG/DXF 导出设置"对话框，完成对图层、线型、颜色等的设置，单击"确定"按钮退出。

● 在"DWG 导出"对话框中单击"导出"下拉列表，选择"任务中的视图 / 图纸集"，在"按列表显示"中选择"模型中的所有视图和图纸"，对需要打印的图纸进行勾选，单击"下一步"按钮，设置保存路径、导出文件的版本及文件名称等格式，这样就可以导出多张 DWG 图纸，如图 3.25-14 所示。

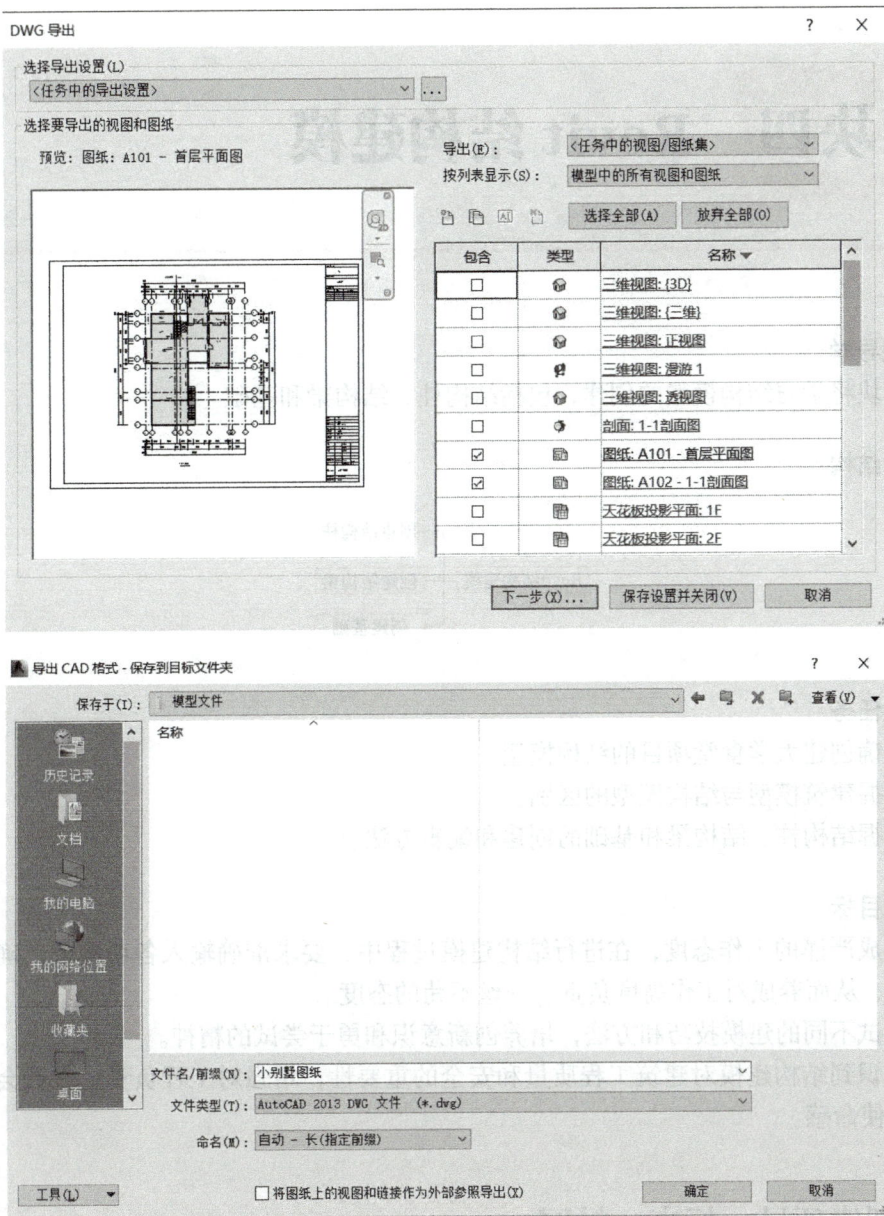

图　3.25-14

> **小提示**：在 DWG 图纸保存的过程中，会弹出"导出 CAD 格式–保存到目标文件夹"
> 对话框，最下方有"将图纸上的视图和链接作为外部参照导出"选项，若在模型建立时
> 把 CAD 图纸作为底图参考，那么此时勾选这个选项，原始的底图 CAD 图纸也将被导出，
> 因此，一般不勾选该选项。

模块四　Revit 结构建模

模块导学

本模块将学习结构模型的创建，包括结构柱、结构梁和基础。

知识结构

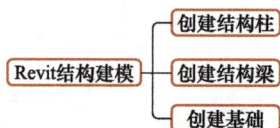

学习任务

1. 正确创建大学食堂项目的结构模型。
2. 掌握建筑模型与结构模型的区别。
3. 掌握结构柱、结构梁和基础的创建和编辑方法。

素养目标

1. 养成严谨的工作态度，在进行结构建模过程中，要求准确输入各项参数，确保模型的精确性，从而养成对工作高度负责、一丝不苟的态度。

2. 尝试不同的建模技巧和方法，培养创新意识和勇于尝试的精神。

3. 认识到结构建模对建筑工程质量和安全的重要性，增强对工程负责、对社会负责的责任心和使命感。

4.1　创建项目、标高、轴网

📖 内容导学

在进行模型创建之前，需要熟悉大学食堂项目的基本情况。

工程名称：大学食堂。

建筑面积：961.3m²。

建筑层数：地上 2 层。

建筑高度：8.7m。

建筑的耐火等级为二级，设计使用年限为 50 年。建筑结构为钢筋混凝土框架结构，抗震设防烈度为 7 度，结构安全等级为一级。

建筑室内 ±0.000 标高相对于绝对标高为 1745.970m。

项目包括建筑模型创建和结构模型创建两部分内容。创建模型时，应严格按照图纸的尺寸进行。

项目实战

下面以大学食堂项目为例，介绍在 Revit 2016 中创建项目、标高、轴网的操作步骤。

一、创建项目

● 启动 Revit 2016，默认进入"最近使用的文件"界面。

● 单击窗口左侧"新建" 新建 按钮，或者单击左上角"应用程序菜单"→"新建"→"项目"命令，或者用快捷键〈Ctrl+N〉，弹出"新建项目"对话框，如图 4.1-1 所示。

图　4.1-1

● 在"样板文件"的选项中选择"建筑样板"，确认"新建"类型为"项目"，单击"确定"按钮，即完成了新项目的创建。

● 下一步需要将项目文件进行保存，单击最上面快速访问栏中的"保存" 🖫 按钮，或者左上角应用程序中的"保存"按钮，弹出"另存为"对话框，可以把项目保存到指定的位置，文件名为"大学食堂"，单击右侧的"选项"按钮，可以设置项目备份的数量，设置完成后单击"保存"按钮。保存完毕之后可以看到，在最上面所显示的项目名称已改为"大学食堂"。

二、创建标高

● 项目创建完成之后默认将打开"标高 1"楼层平面视图。在项目浏览器中展开"立面"视图类别，双击"南立面"视图名称，切换至南立面视图。

● 在南立面视图中，显示项目样板中设置的默认标高"标高 1"和"标高 2"，且"标高 1"的标高为"±0.000"，"标高 2"的标高为"4.000"，如图 4.1-2 所示。

图　4.1-2

● 在视图中适当放大标高右侧标头位置，单击鼠标左键选中"标高 1"文字部分，进入文本编辑状态，将"标高 1"改为"F1"后按〈Enter〉键，会弹出"是否希望重命名相应视图"对话框，选择"是"，如图 4.1-3 所示。采用同样方法将"标高 2"改为"F2"。

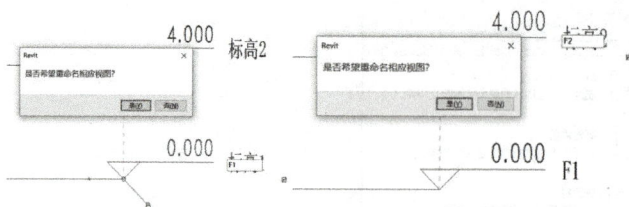

图　4.1-3

● 移动鼠标指针至"F2"标高的标头位置，双击标高值，进入标高值文本编辑状态。按键盘上的〈Delete〉键，删除文本编辑框内的数字，键入"4.2"后按〈Enter〉键确认。此时 Revit 将修改"F2"的标高值为"4.200"，并自动向上移动"F2"标高线，如图 4.1-4 所示。

图　4.1-4

● 单击功能区"建筑"选项卡中"基准"面板中的"标高"按钮，也可以用快捷键〈LL〉，进入放置标高模式，Revit 将自动切换至"修改 | 放置标高"上下文选项卡，如图 4.1-5 所示。

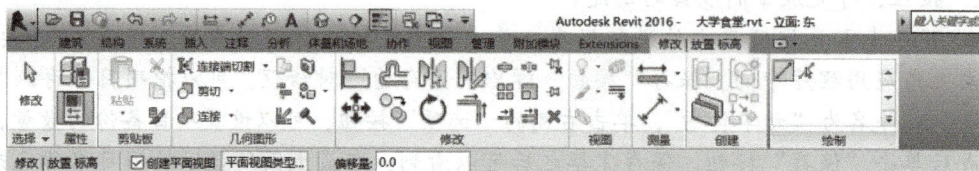

图　4.1-5

● 采用默认设置，移动鼠标指针至标高"F2"左侧上方任意位置，Revit 将在鼠标指针与标高"F2"间显示临时尺寸，指示鼠标指针位置与"F2"标高的距离。移动鼠标指针，当鼠标指针位置与标高"F2"端点对齐时，Revit 将捕捉已有标高端点并显示端点对齐蓝色虚线，再通过键盘输入屋面标高与标高"F2"的标高差值"4200"，如图 4.1-6 所示，按〈Enter〉键确定屋面标高起点。

图　4.1-6

● 沿水平方向向右移动鼠标指针，适当放大视图，当鼠标指针移动至已有标高右侧端点时，Revit 将显示端点对齐位置，单击鼠标左键完成屋面标高的绘制，修改标高名称为"屋面标高"。

● 单击选择新绘制的"屋面标高"，单击"修改 | 标高"上下文选项卡"修改"面板中的"复制"按钮，勾选选项栏中的"约束"和"多个"选项，如图 4.1-7 所示。

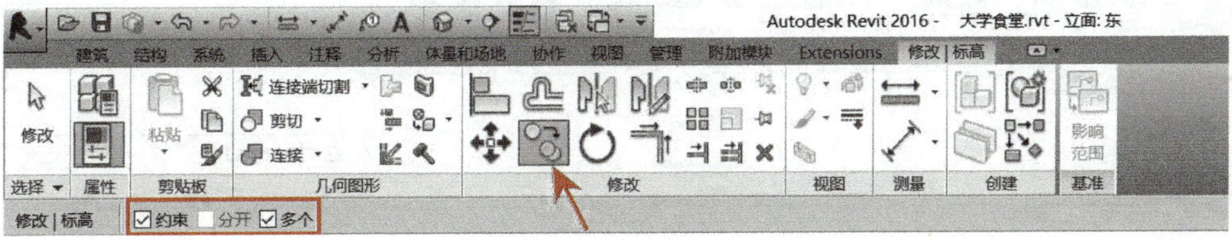

图　4.1-7

● 单击"屋面标高"上任意一点作为复制基点，向上移动鼠标指针，使用键盘输入数值"900"并按〈Enter〉键确认，作为第一次复制的距离，Revit 将自动在"屋面标高"上方 900mm 处生成新的标高"F4"；继续向上移动鼠标指针，使用键盘输入"2100"，并按〈Enter〉键确认，作为第二次复制的距离，Revit 将自动在标高"F4"上方 2100mm 处生成新标高"F5"；按〈Esc〉键完成复制操作。单击标高"F4"标头右侧标高名称文字，进入文字修改状态，修改标高"F4"为"女儿墙标高"。使用类似的方式将标高"F5"的名称改为"屋顶标高"，如图 4.1-8 所示。

图　4.1-8

● 单击选择标高"F1"，单击"修改|标高"上下文选项卡"修改"面板中的"复制"按钮，再单击标高"F1"上任意一点作为复制基点，向下移动鼠标指针，使用键盘输入数值"300"并按〈Enter〉键确认，作为复制的距离，Revit 将自动在标高"F1"下方 300mm 处生成新的标高"F6"，修改其标高名称为"地面标高"，结果如图 4.1-9 所示。

● 单击功能区"视图"选项卡"创建"面板中的"平面视图"下拉三角形，选择"楼层平面"，如图 4.1-10 所示，Revit 打开"新建楼层平面"对话框。

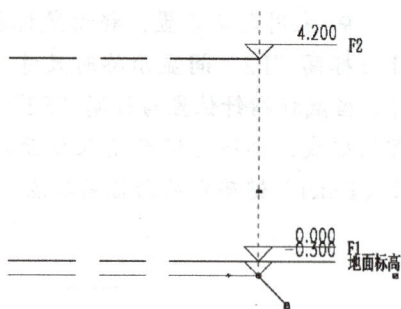

图 4.1-9

图 4.1-10

● 在"新建楼层平面"对话框中按住键盘〈Ctrl〉同时分别单击"地面标高""女儿墙标高"和"屋顶标高"，选择这些标高，然后单击"确定"按钮，Revit 将在项目浏览器中创建与标高同名的楼层平面视图。

● 标高完成结果如图 4.1-11 所示。

图 4.1-11

三、创建轴网

● 在项目浏览器中展开"楼层平面"视图类别，双击"F1"视图名称，切换至"F1"平面视图。

● 单击功能区"建筑"选项卡"基准"面板中的"轴网"按钮，也可以用快捷键〈GR〉，Revit 自动切换至"修改 | 放置轴网"上下文选项卡，如图 4.1-12 所示。

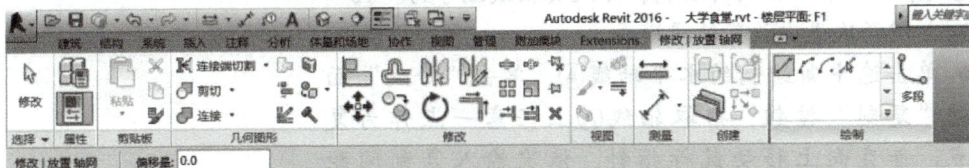

图　4.1-12

● 单击"属性"选项卡中的"编辑类型" 编辑类型 按钮，弹出"类型属性"对话框，如图 4.1-13 所示，单击"符号"参数值下拉列表，在列表中选择"M_轴网标头 – 圆"，在"轴线中段"参数值下拉列表中选择"连续"，"轴网末端颜色"选择"红色"，并勾选"平面视图轴号端点 1"和"平面视图轴号端点 2"，单击"确定"退出"类型属性"对话框。

● 单击"绘制"面板中的"直线"按钮，状态栏中偏移量为"0.0"，鼠标指针移动到绘图区域合适的位置，左键单击创建轴网的第一点，垂直向上移动鼠标指针，Revit 将在鼠标指针位置与起点之间显示轴线预览，当鼠标指针移动到左上角位置时，单击鼠标左键完成第一条垂直轴线的绘制，并自动将该轴线编号为"①"。

图　4.1-13

● 确认 Revit 仍处于放置轴网模式。移动鼠标指针至上一步中绘制完成的轴线①起始端点右侧任意位置，Revit 将自动捕捉该轴线的起点，给出端点对齐捕捉参考线，并在鼠标指针与轴线①间显示临时尺寸标注，指示鼠标指针与轴线①的间距。利用键盘输入"6900"并按下〈Enter〉键，将在距轴线①右侧 6900mm 处确定第二根垂直轴线起点，如图 4.1-14 所示。

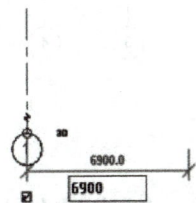

图　4.1-14

● 沿垂直方向移动鼠标指针，直到捕捉到轴线①上方端点时单击鼠标左键，完成第 2 根垂直轴线的绘制，该轴线自动编号为"②"，按〈Esc〉键两次退出放置轴网模式。

● 单击选择新绘制的轴线②，在"修改"面板中单击"复制"按钮，确认勾选选项栏"约束"和"多个"选项，单击轴线②上任意一点作为复制基点，向右移动鼠标指针，使用键盘输入数值"6900"并按〈Enter〉键确认，作为第一次复制的距离，Revit 将自动在轴线②右方 6900mm 处生成轴线③，同样方法绘制轴线④、⑤，间距依次为 6900mm、7200mm，完成后如图 4.1-15 所示。

● 单击"轴网"按钮，移动鼠标指针至绘图区域左下角空白处单击，确定水平轴线起点，沿水平方向向右移动鼠标指针，当鼠标指针移动至右侧适当位置时，单击鼠标左键完成第一条水平轴线的绘制，修改其轴线编号为"Ⓐ"。按〈Esc〉键两次退出放置轴网模式。

● 单击选中新绘制的水平轴线Ⓐ，单击"修改"面板中的"复制"按钮，拾取轴线Ⓐ上任意一点作为复制基点，垂直向上移动鼠标指针，依次输入复制间距"5400""6900""5400"，轴线编号将由 Revit 自动生成分别为Ⓑ、Ⓒ、Ⓓ。

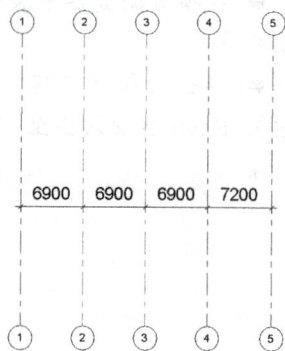

图 4.1-15

● 单击"轴网"按钮，移动鼠标指针至轴线Ⓑ、Ⓒ右侧端点中间位置，Revit 将自动捕捉该轴线的起点，给出端点对齐捕捉参考线，并在鼠标指针与轴线Ⓑ间显示临时尺寸标注，指示鼠标指针与轴线Ⓑ的间距。利用键盘输入"3600"并按〈Enter〉键，将在距轴线Ⓑ上侧 3600mm 处确定轴线起点，水平向左移动鼠标指针，到轴线③、④之间时单击鼠标左键完成轴线的绘制，轴线名称改为"①/Ⓑ"，不勾选左侧标头小方框中的对号，使得该条轴线左侧不显示轴线编号，如图 4.1-16 所示。

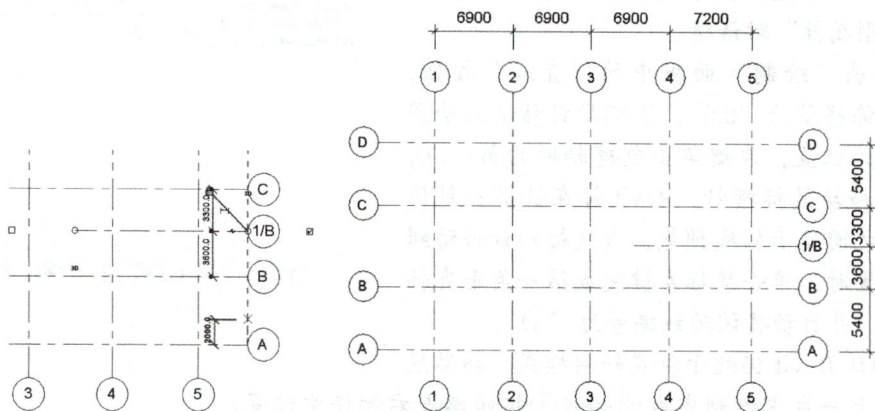

图 4.1-16

4.2 创建结构柱

📖 内容导学

柱是建筑物中垂直的主结构构件，承托其上方物体的重量，例如大学食堂项目结构属于框架体系，其中结构柱就是承受上部梁和板传来的荷载，并将这些荷载传递给基础的主要竖向受力构件。

Revit 提供了两种柱，结构柱和建筑柱。通常认为建筑柱是装饰构件，适用于墙垛、装饰柱等；结构柱是承重构件，在框架结构中，结构柱是用来支撑上部结构并将荷载传至基础的竖向构件。另外，结构柱能连接结构图元，如梁、独立支撑、基础等，建筑柱则不能；结构柱有许多由它自己的配置和行业标准定义的其他属性，建筑柱在类型属性中有粗略比例填充样式，类似于墙体；在放置柱图元时，结构柱有手动放置、在轴网处放置和在建筑柱处放置三种方式，建筑柱只可以手动放置。两种柱属于两种类别，在明细表中是分开统计的。

项目实战

在大学食堂项目 CAD 图纸中找到结构 – 框架柱图和结构 – 柱表，可以看到每根柱子的编号、位置信息以及对应的截面尺寸信息、标高信息。

从"F1"标高开始，分别创建各层结构柱。

视频 4.2-1
创建结构柱

一、创建结构平面

● 在项目浏览器中双击进入"F1"平面视图，进入"F1"楼层平面视图。

● 在功能区"视图"选项卡"创建"面板中单击"平面视图"下拉三角形，选择"结构平面"，弹出"新建结构平面"对话框，如图 4.2-1 所示。

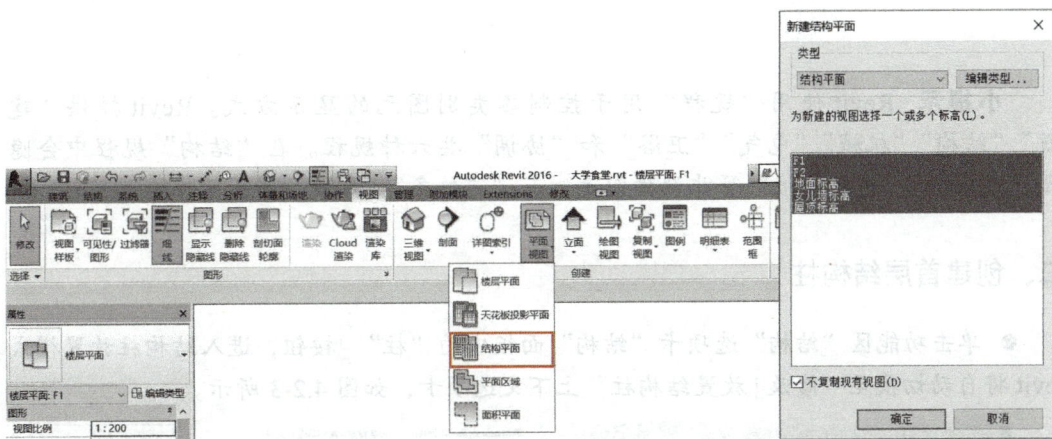

图 4.2-1

● 在"新建结构平面"对话框中，将列出所有可创建结构平面视图的标高。按住〈Ctrl〉键，在标高列表中选择"F1""F2"以及"屋面标高""地面标高"，单击"确定"按钮，退出"新建结构平面"对话框。Revit 将为所选择的标高创建结构平面视图，并在项目浏览器的视图类别中创建"结构平面"视图类别。

> **小提示：**勾选"新建结构平面"对话框中"不复制现有视图"选项，将在列表中隐藏已创建结构平面视图的标高。

● 切换至"F1"结构平面视图。不选择任何图元，Revit 将在"属性"选项卡中显示当前视图属性，如图 4.2-2 所示，修改"属性"选项卡"规程"为"结构"，单击"应用"按钮应用该设置。

图　4.2-2

小提示：Revit 使用"规程"用于控制各类别图元的显示方式。Revit 提供"建筑""结构""机械""电气""卫浴"和"协调"共六种规程。在"结构"规程中会隐藏"建筑墙""建筑楼板"等非结构图元，而"墙饰条""幕墙"等图元不会被隐藏。

二、创建首层结构柱

● 单击功能区"结构"选项卡"结构"面板中的"柱" 按钮，进入结构柱放置模式。Revit 将自动切换至"修改 | 放置结构柱"上下文选项卡，如图 4.2-3 所示。

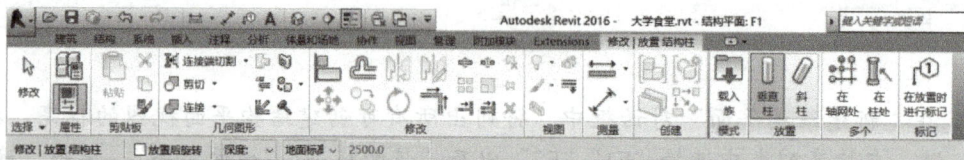

图　4.2-3

小提示：在功能区"建筑"选项卡"构建"面板"柱"下拉列表中，提供了"结构柱"命令，其功能及用法与"结构"选项卡"结构"面板中的"柱"命令相同。

● 单击"属性"选项卡中的"编辑类型"按钮，打开"类型属性"对话框，单击"载入"按钮，选择"结构""柱""混凝土""混凝土 – 矩形 – 柱"，单击打开，如图 4.2-4 所示。
● 回到"类型属性"对话框，单击"复制"按钮，在弹出的"名称"对话框中输入"500×550"作为新类型名称，修改尺寸标注"b"为"500.0"，"h"为"550.0"（b、h 分别代表结构柱的截面宽度和高度），如图 4.2-5 所示，完成后单击"确定"按钮退出"类型属性"对话框，完成设置。

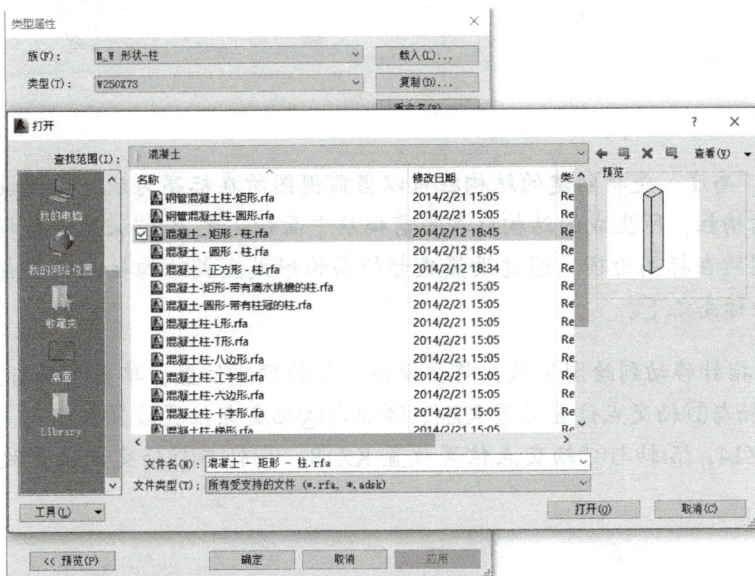

图　4.2-4

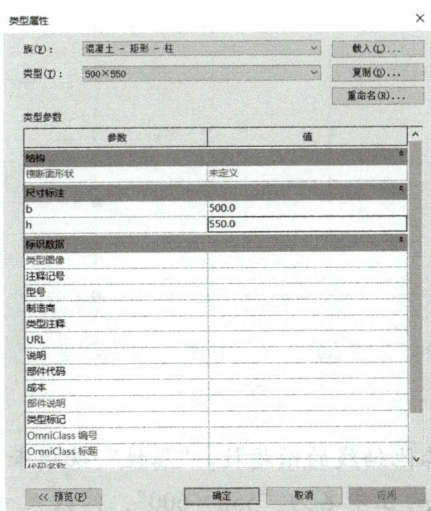

图　4.2-5

小提示：结构柱类型属性中参数内容主要取决于结构族中的参数定义。不同结构柱族可用的参数可能会不同。

● 如图 4.2-6 所示，打开"修改|放置结构柱"上下文选项卡，"放置"面板中柱的生成方式为"垂直柱"，"修改|放置结构柱"选项栏中结构柱的生成方式为"高度"，在其后下拉列表中选择结构柱到达的标高为"F2"。"房间边界"默认勾选，指在计算房间面积时将自动扣减柱的占位面积。

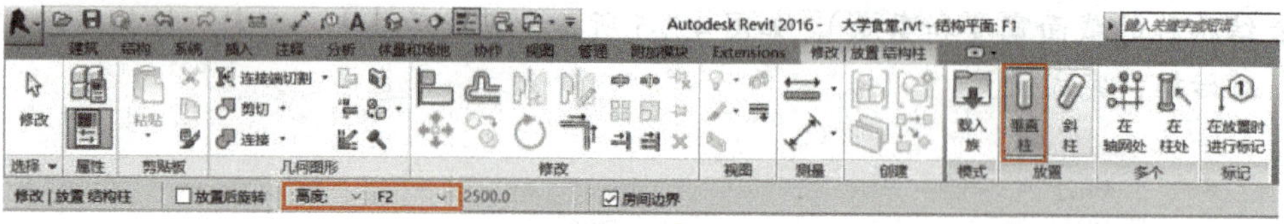

图 4.2-6

> **小提示**："高度"是指创建的结构柱将以当前视图所在标高为底，通过设置顶部标高的形式生成结构柱，所生成的结构柱在当前楼层平面标高之上；"深度"是指创建的结构柱以当前视图所在标高为顶，通过设置底部标高的形式生成结构柱，所生成的结构柱在当前楼层平面标高之下。

● 将鼠标指针移动到绘图区域，将出现矩形柱的预览位置，单击①轴与Ⓐ轴交点位置放置 KZ1，①轴与Ⓓ轴交点位置放置 KZ4，④轴与Ⓐ轴交点位置放置 KZ13，④轴与Ⓑ轴交点位置放置 KZ14，⑤轴与Ⓒ轴交点位置放置 KZ18，⑤轴与Ⓓ轴交点位置放置 KZ19，如图 4.2-7 所示。

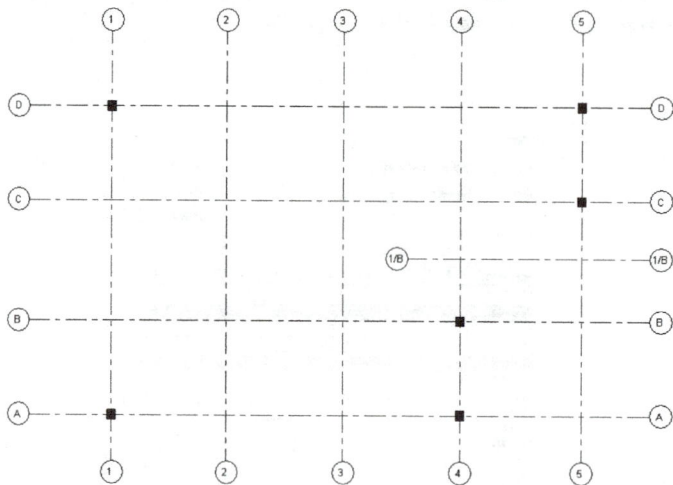

图 4.2-7

● 同样方法继续创建其他轴线的结构柱。"属性"选项卡中单击"编辑类型"，选择"复制"命令，将新类型结构柱命名为"550×600"，修改尺寸标注"b"为"550"，"h"为"600"。单击⑤轴与Ⓑ轴交点位置放置 KZ17。

● 再次单击"编辑类型"，选择"复制"命令，将新类型结构柱命名为"450×500"，修改尺寸标注"b"为"450"，"h"为"500"。

● 现在需要同时放置多个相同类型的结构柱。单击"修改|放置结构柱"上下文选项卡"多个"面板中的"在轴网处" 按钮，切换至"修改|放置结构柱>在轴网交点处"上下文选项卡，按住〈Ctrl〉键并框选与需放置柱相交的轴线，如图 4.2-8 所示，这时所有被选中的轴线变成蓝色显示，并在所选轴线交点处出现结构柱的预览图形，单击"多个"面板中的"完成"按钮，Revit 将在预览位置生成结构柱。

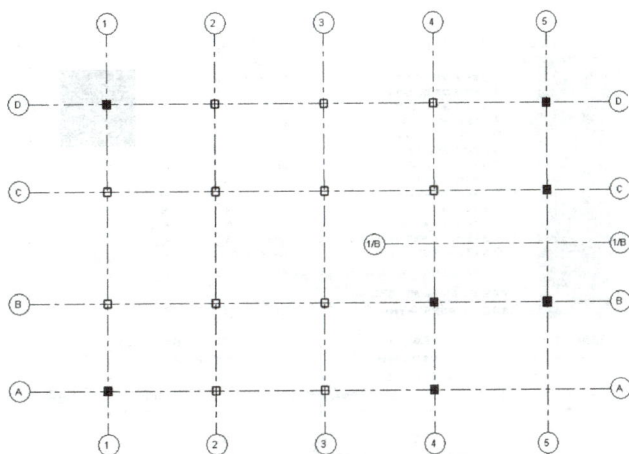

图　4.2-8

● 由于本项目的结构柱基本为偏轴柱，并非居中放置在轴网相交处，因此需要进行结构柱位置的微调。

● 选中①轴与Ⓐ轴交点处的 KZ1，Revit 自动显示其临时尺寸值，拖动临时尺寸拖曳点至需要的位置，将其更改为需要的尺寸值，使柱调整到正确位置，如图 4.2-9 所示。

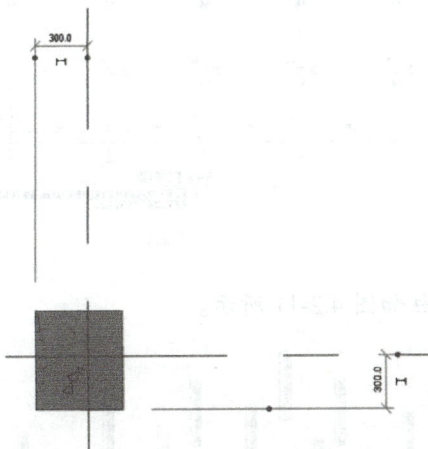

图　4.2-9

● 同样方法，根据 CAD 图纸调整所有柱使其处于正确位置。

小提示：可以通过导入 CAD 底图的方式来调整柱的位置，提高效率。单击"插入"选项卡"导入"面板中的"导入 CAD"，找到框架柱平面布置图，在基本设置中，"颜色"改为"黑白"，以便使带颜色线条显示清晰，"导入单位"改为"毫米"，"定位"改为"中心到中心"，使导入后的图纸居于项目视图的中心，勾选"仅当前视图"，单击打开。

导入 CAD 后底图中的轴网和项目轴网并未相应对齐，先将其解锁，使用"修改"中的"移动"命令将 CAD 底图移动，使之与项目轴网对齐，完成后将 CAD 底图锁定，防止错误操作使底图移动。而后，可以使用"对齐"命令快速将已经放置于轴网处的结构柱对齐至 CAD 底图的结构柱的位置，如图 4.2-10 所示。

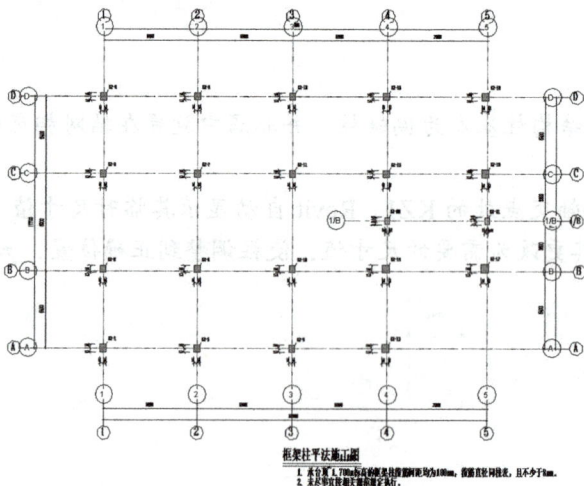

图　4.2-10

● 完成后的一层结构柱如图 4.2-11 所示。

图　4.2-11

三、创建二层结构柱

● 由于两层结构柱类型一致，因此采用复制一层柱的方式来创建二层结构柱。

● 选中一层所有结构柱，单击"修改 | 结构柱"上下文选项卡"剪贴板"面板中的"复制到剪贴板" 按钮，再单击"粘贴" 下拉菜单中的"与选定的标高对齐"，如图 4.2-12 所示。

● 弹出"选择标高"对话框，选择"F2""屋面标高"，单击"确定"按钮，将结构柱对齐粘贴至 F2、屋面标高位置，如图 4.2-13 所示。

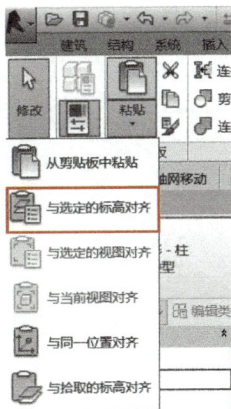

图　4.2-12　　　　　　　　　　　　　　　　图　4.2-13

● 选择所有的二层结构柱，确认"属性"面板中的底部标高和顶部标高分别为 2F 标高和屋面标高，底部偏移和顶部偏移均为零。

> **小提示：** 选中 F1 结构柱，修改"顶部偏移"标高值为"屋面标高"，可生成贯穿标高"F2""屋面标高"的结构柱。该结构柱可在"F2""屋面标高"结构平面视图中产生正常的投影。使用该方法创建的结构柱为单一模型图元，而使用对齐粘贴方式生成的各标高结构柱，各标高间结构柱相互独立。

四、创建 8.400 ~ 11.400m 结构柱

● 切换至屋面标高结构平面视图。

● 单击功能区"结构"选项卡"结构"面板中的"柱" 🔲 按钮，进入结构柱放置模式。

● "属性"选项卡类型选择器中选择"混凝土 – 矩形 – 柱 450×500"，"修改 | 放置结构柱"选项栏中结构柱的生成方式为"高度"，在其后下拉列表中选择结构柱到达的标高为"屋顶标高"，如图 4.2-14 所示。

● 鼠标指针移动到绘图区域，单击④轴与Ⓑ轴交点位置放置 KZ14，单击⑤轴与Ⓑ轴交点位置放置 KZ17。

● 继续创建①Ⓑ轴线上的结构柱。"属性"选项卡中单击"编辑类型"，选择"复制"命令，将新类型结构柱命名为"300×500"，修改尺寸标注"b"为"300"，"h"为"500"。

● 鼠标指针移动到绘图区域，单击④轴与①Ⓑ轴交点位置放置 KZ20，单击⑤轴与①Ⓑ轴交点位置放置 KZ21。

● 分别选中四根柱，拖动临时尺寸拖曳点至需要的位置，将其更改为需要的尺寸值，使柱调整到正确位置，结果如图 4.2-15 所示。

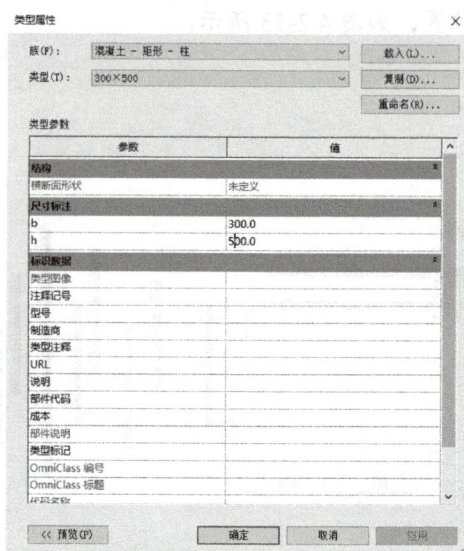

图 4.2-14

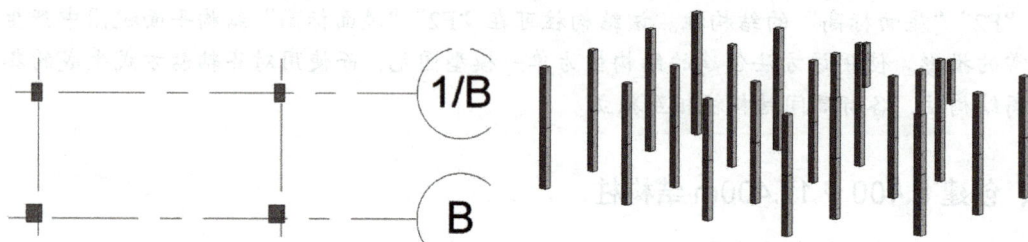

图 4.2-15

五、编辑首层柱

- 首层结构柱底部标高应为基础顶面，根据图 4.2-16 中的基础尺寸，对其进行修改。

- 切换至"F1"结构平面视图。

- 按住〈Ctrl〉键，单击选择①轴、Ⓐ轴交点处结构柱，①轴、Ⓓ轴交点处结构柱，④轴、Ⓐ轴交点处结构柱以及⑤轴、Ⓓ轴交点处结构柱这四根柱，将"属性"选项卡中"底部偏移"改为"−1600.0"，如图 4.2-17 所示。

- 再次选择首层其余结构柱，将"属性"选项卡中"底部偏移"改为"−1500.0"，Revit 自动修改所有选中图元的高度，如图 4.2-18 所示。

- 切换至默认三维视图，完成后的结构柱如图 4.2-19 所示。

独立基础几何尺寸

基础编号	基础标高 (m)	基础高度 h1(mm)	基础高度 h2(mm)	BXH(mm)
JC-1		250	150	2000x2000
JC-2		250	250	2400x2400
JC-3	-2.000	250	250	3100x3100
JC-4		250	250	3100x3100
JC-5		250	250	2500x2500

图 4.2-16

图 4.2-17

图 4.2-18

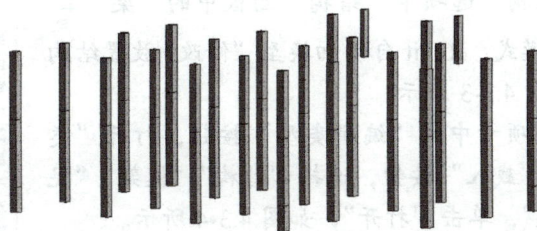

图 4.2-19

4.3 创建结构梁

📖 **内容导学**

　　结构梁同结构柱一样，也是用于承重的结构框架图元。在 Revit 中提供了"梁""桁架""支撑""梁系统"四种创建结构框架的方式，如图 4.3-1 所示。其中，梁和支撑是生成梁图元的方式，和墙的创建方法是类似的，桁架是通过放置桁架族，设置族类型属性中的上弦杆、下弦杆、腹杆等梁族类型生成复杂形式的桁架图元。梁系统是在指定区域内按指定的距离阵列生成梁。

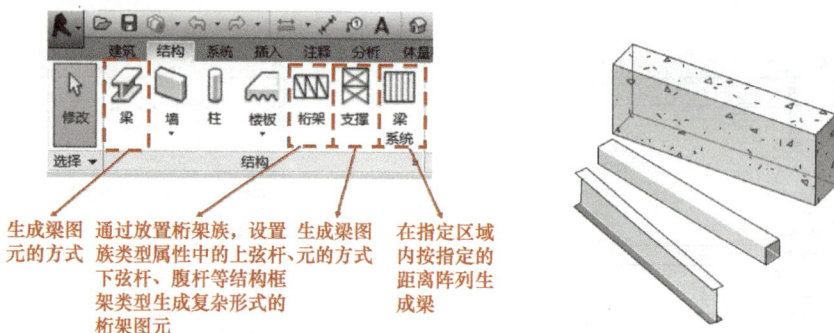

生成梁图元的方式

通过放置桁架族，设置族类型属性中的上弦杆、下弦杆、腹杆等结构框架类型生成复杂形式的桁架图元

生成梁图元的方式

在指定区域内按指定的距离阵列生成梁

图 4.3-1

项目实战

在大学食堂项目CAD图纸中找到"食堂图纸–结构–地梁""食堂图纸–结构 -4.2m 梁"和"食堂图纸–结构 -8.4m 梁"，可以看到每根梁的编号、位置信息以及对应的截面尺寸信息、标高信息。

视频 4.3-1
创建结构梁

一、创建地梁

● 切换至"地面标高"结构平面视图。

● 不选择任何图元，Revit 将在"属性"选项卡中显示当前视图属性，如图 4.3-2 所示。修改"属性"选项卡"规程"为"结构"，单击"应用"按钮应用该设置。

● 单击功能区"结构"选项卡"结构"面板中的"梁"按钮，进入结构梁放置模式，Revit 自动切换至"修改 | 放置结构梁"上下文选项卡，如图 4.3-3 所示。

● 单击"属性"选项卡中的"编辑类型"按钮，打开"类型属性"对话框，单击"载入"按钮，选择"结构""框架""混凝土""混凝土 – 矩形梁"，单击"打开"，如图 4.3-4 所示。

● 回到"类型属性"对话框，单击"复制"按钮，在弹出的"名称"对话框中输入"250×600mm"作为新类型名称，修改尺寸标注"b"为"250.0"，"h"为"600.0"（b、h 分别代表结构梁的截面宽度和高度），如图 4.3-5 所示，完成后单击"确定"按钮退出"类型属性"对话框，完成设置。

● 检查"属性"选项卡实例属性中结构材质为"混凝土"。

● 选择"修改 | 放置结构梁"上下文选项卡"绘制"面板中的绘制方式为"直线"，激活"标记"面板中的"在放置时进行标记"按钮。

● 状态栏中设置梁的"放置平面"为"标高：地面标高"，单击"结构用途"后的下拉三角形，选择"大梁"，不勾选"三维捕捉"，勾选"链"，如图 4.3-6 所示。

图 4.3-2

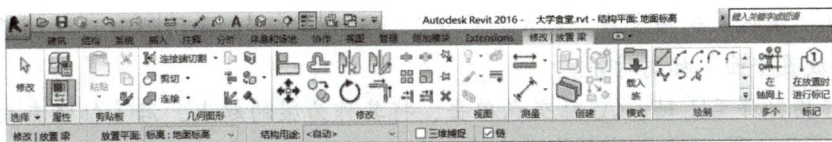

图　4.3-3

图　4.3-4

图　4.3-5

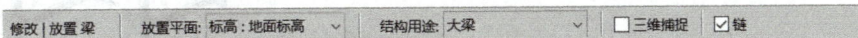

修改 | 放置 梁　　放置平面: 标高:地面标高　∨　结构用途: 大梁　　　　∨　☐三维捕捉　☑链

图　4.3-6

● 确认"属性"选项卡中"Z 方向对正"设置为"顶",即所绘制的结构梁将以梁图元顶面与"放置平面"标高对齐。

● 鼠标指针移至①轴、Ⓐ 轴交点单击,将其作为梁的起点,沿①轴竖直向上移动鼠标指针直至①轴、Ⓓ 轴交点单击作为梁的终点,这样绘制完成了 DL1。

● 由于梁与柱的关系为梁与柱外边缘平齐,下面根据图纸对梁的平面位置进行调整。单击功能区"插入"选项卡"导入"面板中的"导入 CAD",找到"食堂图纸 - 结构 - 地梁",在基本设置中,"颜色"改为"黑白","导入单位"改为"毫米","定位"改为"中心到中心",勾选"仅当前视图",单击打开,导入 CAD 底图,将其解锁,使用"修改"面板中的"移动"命令将 CAD 底图移动,使之与项目轴网对齐,如图 4.3-7 所示,完成后将 CAD 底图锁定,为了便于操作,再次选中 CAD 底图,在状态栏中将其设为前景。

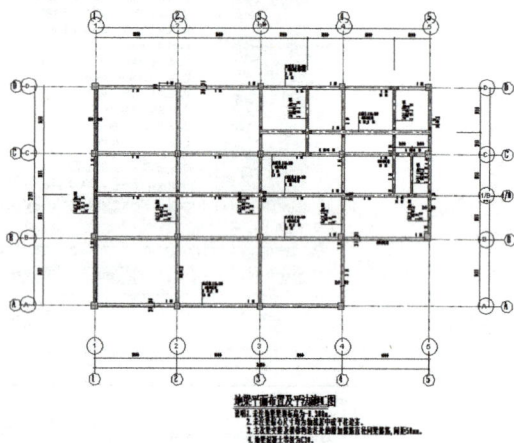

图 4.3-7

● 选择"修改"选项卡"修改"面板中的对齐命令,将绘制的梁对齐到 CAD 底图中梁的位置。

● 使用同样方法,绘制地面标高结构平面视图其他部分的梁。注意位于外侧的梁均与结构柱外侧边缘对齐,结果如图 4.3-8 所示。

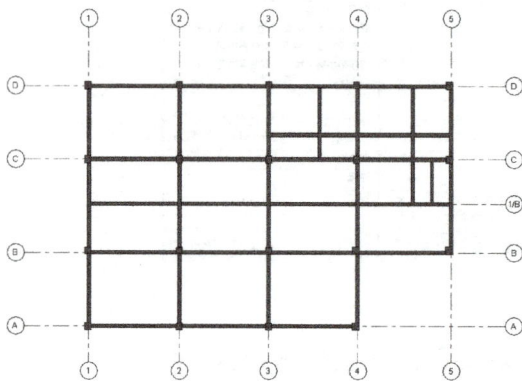

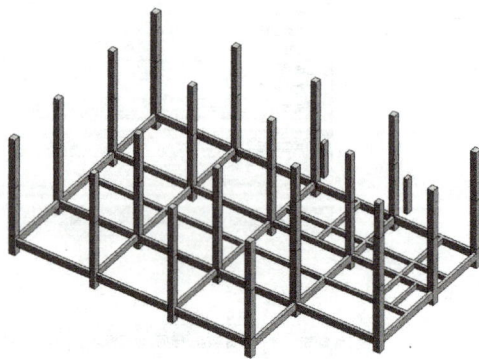

图 4.3-8

二、创建 4.200m、8.400m 标高处结构梁

● 由于大部分结构梁类型一致，因此采用复制地梁的方式来创建 4.200m、8.400m 标高处结构梁。

● 框选"地面标高"结构平面视图中的所有图元，单击"修改|选择多个"上下文选项卡"选择"面板中的"过滤器" 按钮，在弹出的"过滤器"对话框中，只勾选"结构框架（大梁）"，如图 4.3-9 所示，这时所有的结构梁都被选中。

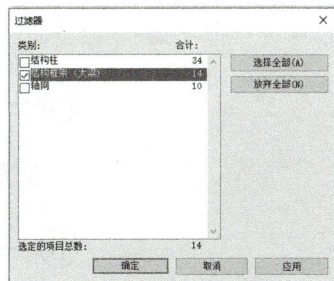

图 4.3-9

● 单击"修改|结构框架"上下文选项卡"剪贴板"面板中的"复制到剪贴板" 命令，再单击"粘贴" 下拉菜单中的"与选定的标高对齐"。

● 弹出"选择标高"对话框，选择"F2""屋面标高"，单击"确定"按钮，将结构梁对齐粘贴至 F2、屋面标高位置，结果如图 4.3-10 所示。

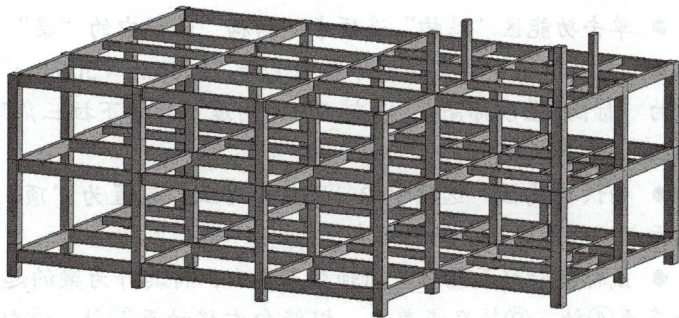

图 4.3-10

● 分别对照"食堂图纸 - 结构 -4.2m 梁"和"食堂图纸 - 结构 -8.4m 梁"修改 F2 结构平面视图和屋面标高结构平面视图中的结构梁，使其与图纸一致（修改部分梁的型号尺寸，绘制缺少的梁），完成后如图 4.3-11 所示。

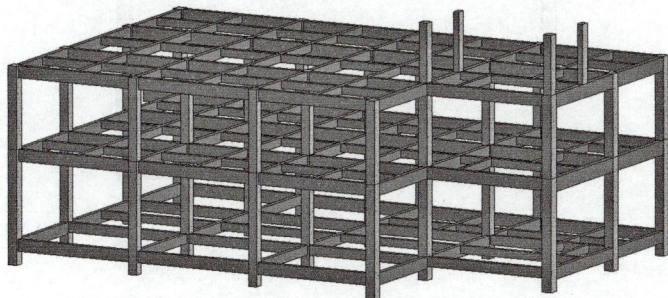

图 4.3-11

三、创建 11.400m 标高处结构梁

● 根据图纸，11.400m 标高处结构梁如图 4.3-12 所示。

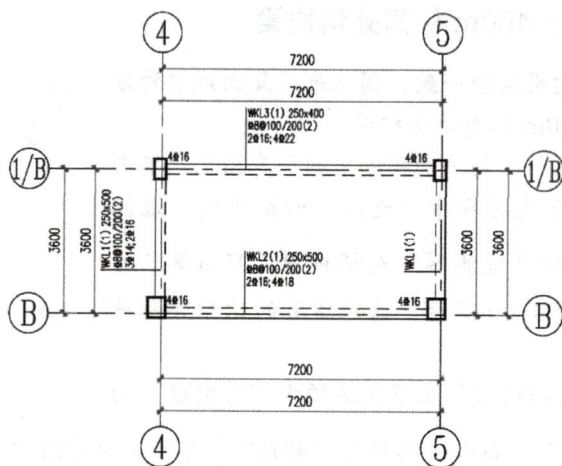

图 4.3-12

● 切换至"屋顶标高"结构平面视图。

● 单击功能区"结构"选项卡"结构"面板中的"梁"按钮，进入结构梁放置模式。

● "属性"选项卡类型选择器中选择"250mm×500mm"，状态栏中设置梁的"放置平面"为"标高：屋顶标高"，单击"结构用途"后的下拉三角形，选择"大梁"，不勾选"三维捕捉"，勾选"链"。

● 确认"属性"选项卡中"Z方向对正"设置为"顶"，即所绘制的结构梁将以梁图元顶面与"放置平面"标高对齐。

● 鼠标指针移至④轴、1/B轴交点单击，将其作为梁的起点，沿④轴竖直向下移动鼠标指针直至④轴、B轴交点单击，继续向右移动至⑤轴、B轴交点单击，向上移动至⑤轴、1/B轴交点单击，这样绘制完成了WKL1和WKL2。调整其位置，使其与柱边缘对齐，如图4.3-13所示。

图 4.3-13

● 同样方法，"属性"选项卡类型选择器中选择"250mm×400mm"，状态栏中设置梁的"放置平面"为"标高：屋顶标高"，单击"结构用途"后的下拉三角形，选择"大梁"，不勾选"三维捕捉"，勾选"链"。

● 鼠标指针单击④轴、1/B轴交点，将其作为梁的起点，沿1/B轴水平向右移动鼠标指针直至⑤轴、1/B轴交点单击作为梁的终点，这样绘制完成了WKL3。

● 所有梁创建完成，结果如图 4.3-14 所示。

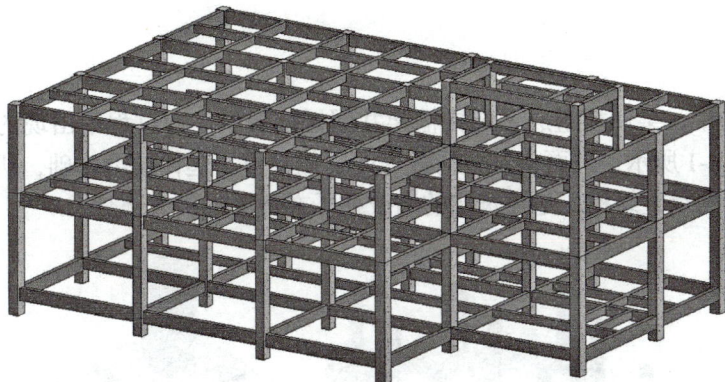

图　4.3-14

四、拓展：实例属性中梁的其他位置信息

● 如图 4.3-15 所示，以任意一根梁（如 250mm×500mm）为例，选中该梁，在"属性"选项卡中提供了该梁的实例信息。

● "YZ轴对正"，有"统一"和"独立"两种方式，默认是"统一"，参数较少，设为"独立"时，所有参数都可以进行单独的控制，包括对正方式、偏移位置等。一般我们按照默认设置"统一"即可。

● "Y轴对正"，有"原点""左""中心线""右"四种方式，这相当于定位线，切换到平面视图可以看到，原点对正时，如选择为"左"，定位线变为左侧位置；选择"中心线"，这与原点没有差异，选择"右"，定位线变为右侧位置。

● "Y轴偏移值"指该梁在当前定位线上的偏移，例如输入"300"，梁相对于定位线向上偏移了300。

● "Z轴对正"，默认为"顶"，也就是梁的顶面与参照标高平面对齐，另外也可以设置为"原点""中心线""底"，可根据项目实际情况进行选择。

● "Z轴偏移值"控制梁在高度方向，向上或向下的偏移，实际项目中常常会存在升板和降板的情况，这时梁也会跟随板做向上或向下的偏移，这时可以根据Z轴偏移值进行控制。

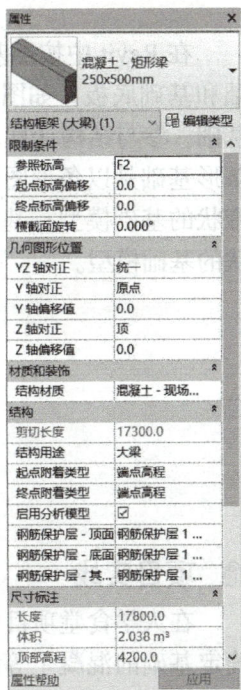

图　4.3-15

> **小提示**：选中任意一根梁，梁的两端会显示 0.0mm 的临时尺寸，表示当前梁两端的标高相对于放置梁的参照标高的偏移，可以单击它，对其数值进行修改，例如将梁末端改为"300.0"，按下〈Enter〉键，这时这根梁末端上移了300，变成了斜梁。在实际项目中创建屋面框架梁时往往会遇到斜梁，可以用这种方法进行设置，另外也可以通过更改梁"属性"选项卡实例属性中的"起点标高偏移"和"终点标高偏移"来控制当前这根梁的倾斜状态。

4.4 创建基础

📖 内容导学

在框架结构中，梁和柱组成了结构框架共同抵抗建筑使用过程中出现的水平荷载和竖向荷载，如图 4.4-1 所示，进而将这些荷载连同它们自重一起传递给基础，所以说，基础是建筑物地面以下的承重结构，是建筑物的墙或柱子在地下的扩大部分。

图　4.4-1

在 Revit 中按照基础的样式和创建方式不同，将基础分为三大类：独立基础、条形基础和基础底板，如图 4.4-2 所示。其中，独立基础是将自定义的基础族放置在项目中作为基础，参与结构计算，例如普通坡形独立基础、阶形独立基础、杯口独立基础、桩基础等；条形基础是以条形图元为主体创建的，是基于墙的构件，可在平面或三维视图中沿墙生成带状的基础模型；基础底板用于建立平整表面上结构楼板的模型（如筏板基础）和复杂形状的基础模型。

图　4.4-2

🖱 项目实战

在大学食堂项目 CAD 图纸中找到"食堂图纸 – 结构 – 基础"，根据说明确定基础的混凝土等级是 C30，基础垫层的混凝土等级是 C15。从基础大样图中可以看到本工程基础为坡形独立基础，并且可以查看基础垫层的尺寸及厚度，在独立基础几何尺寸表中可以看到共有五种基础形式，并且可以查看每种基础形式的尺寸，基础的平面定位信息可以在基础平面布置图中查看。

视频 4.4-1
创建基础

一、创建基础

● 切换至"F1"结构平面视图。不选择任何图元，Revit 将在"属性"选项卡中显示当前视图属性。如图 4.4-3 所示，修改"属性"选项卡"规程"为"结构"，单击"应用"按钮应用该设置。

● 单击功能区"结构"选项卡"基础"面板中的"独立"  按钮，由于当前项目所使用的项目样板中不包含可用的独立基础族，因此弹出"项目中未载入结构基础族。是否要现在载入"对话框，如图 4.4-4 所示。

● 单击"是"，将打开"载入族"对话框，如图 4.4-5 所示，选择"结构""基础""独立基础 – 坡形截面"，单击"打开"按钮。

图　4.4-4

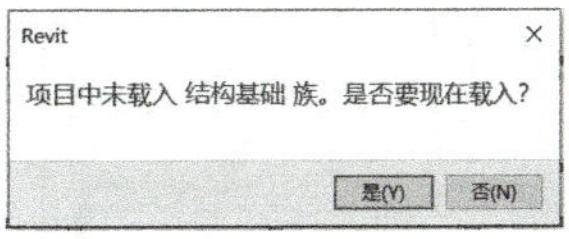

图　4.4-3

图　4.4-5

● Revit 将自动切换至"修改 | 放置独立基础"上下文选项卡。

● "属性"选项卡中单击"编辑类型"，打开"类型属性"对话框，单击"复制"，命名为"JC-1"，修改尺寸标注"h2"为"150.0"，"h1"为"250.0"，"宽度"为"2000.0"，"长度"为"2000.0"。采用同样的方法创建其余基础类型，参数如图 4.4-6 所示。

● "属性"选项卡类型选择器中选择"JC-1"，单击"修改 | 放置独立基础"上下文选项卡"多个"面板中的"在柱处" 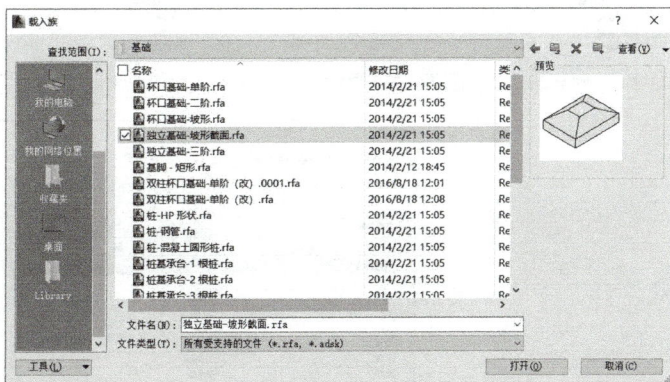 按钮，进入"修改 | 放置独立基础 > 在结构柱处"模式，如图 4.4-7 所示。在该模式下，Revit 允许用户拾取已放置于项目中的结构柱。

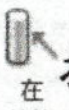

> **小提示**：Revit 提供了三种独立基础放置方法，手动放置、在轴网处放置和在柱处放置。其中在轴网处放置的方法和在轴网处放置柱的方法是相同的。

> **小提示**：在创建独立基础时，Revit 默认独立基础仅可以放置在结构柱图元下方，而不可以在建筑柱下方放置独立基础。创建的结构基础如果在相应的结构楼层平面不可见，可以通过调整视图范围中的标高偏移值来使结构基础在楼层平面中可见。

● 按住〈Ctrl〉键，鼠标左键单击选择①轴与Ⓐ轴交点处 KZ1、①轴与Ⓓ轴交点处 KZ4、④轴与Ⓐ轴交点处 KZ13 和⑤轴与Ⓓ轴交点处 KZ19，Revit 将显示基础放置预览，如图 4.4-8 所示。

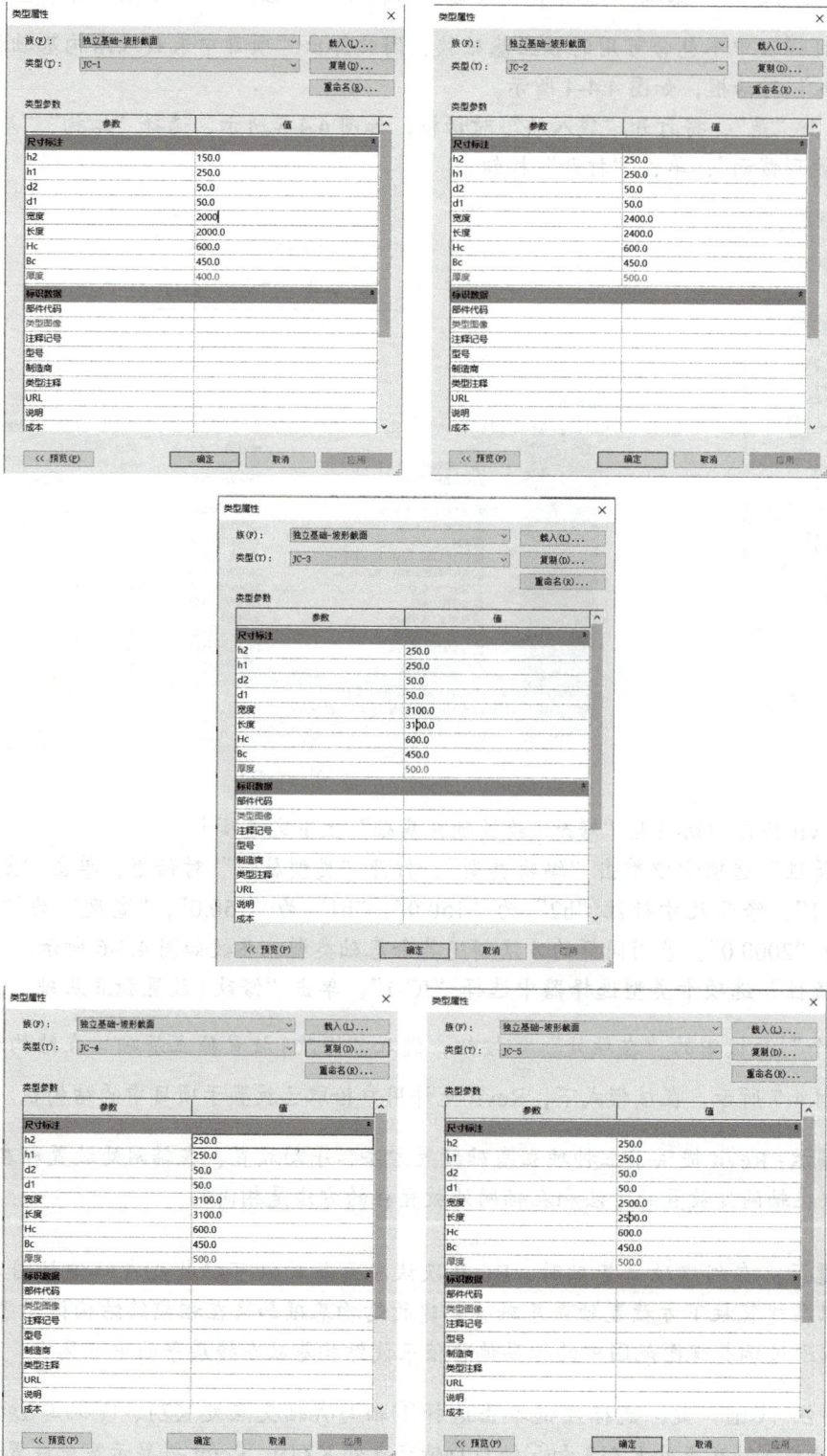

类型属性				
族(F)：	独立基础-坡形截面		载入(L)...	
类型(T)：	JC-1		复制(D)...	
			重命名(R)...	
类型参数				
参数		**值**		
尺寸标注				
h2		150.0		
h1		250.0		
d2		50.0		
d1		50.0		
宽度		2000		
长度		2000.0		
Hc		600.0		
Bc		450.0		
厚度		400.0		
标识数据				
部件代码				
类型图像				
注释记号				
型号				
制造商				
类型注释				
URL				
说明				
成本				

<< 预览(P)　　　确定　　取消　　应用

类型属性		
族(F)：	独立基础-坡形截面	载入(L)...
类型(T)：	JC-2	复制(D)...
		重命名(R)...
类型参数		
参数	**值**	
尺寸标注		
h2	250.0	
h1	250.0	
d2	50.0	
d1	50.0	
宽度	2400.0	
长度	2400.0	
Hc	600.0	
Bc	450.0	
厚度	500.0	
标识数据		
部件代码		
类型图像		
注释记号		
型号		
制造商		
类型注释		
URL		
说明		
成本		

<< 预览(P)　　　确定　　取消　　应用

类型属性		
族(F)：	独立基础-坡形截面	载入(L)...
类型(T)：	JC-3	复制(D)...
		重命名(R)...
类型参数		
参数	**值**	
尺寸标注		
h2	250.0	
h1	250.0	
d2	50.0	
d1	50.0	
宽度	3100.0	
长度	3100.0	
Hc	600.0	
Bc	450.0	
厚度	500.0	
标识数据		
部件代码		
类型图像		
注释记号		
型号		
制造商		
类型注释		
URL		
说明		
成本		

<< 预览(P)　　　确定　　取消　　应用

类型属性		
族(F)：	独立基础-坡形截面	载入(L)...
类型(T)：	JC-4	复制(D)...
		重命名(R)...
类型参数		
参数	**值**	
尺寸标注		
h2	250.0	
h1	250.0	
d2	50.0	
d1	50.0	
宽度	3100.0	
长度	3100.0	
Hc	600.0	
Bc	450.0	
厚度	500.0	
标识数据		
部件代码		
类型图像		
注释记号		
型号		
制造商		
类型注释		
URL		
说明		
成本		

<< 预览(P)　　　确定　　取消　　应用

类型属性		
族(F)：	独立基础-坡形截面	载入(L)...
类型(T)：	JC-5	复制(D)...
		重命名(R)...
类型参数		
参数	**值**	
尺寸标注		
h2	250.0	
h1	250.0	
d2	50.0	
d1	50.0	
宽度	2500.0	
长度	2500.0	
Hc	600.0	
Bc	450.0	
厚度	500.0	
标识数据		
部件代码		
类型图像		
注释记号		
型号		
制造商		
类型注释		
URL		
说明		
成本		

<< 预览(P)　　　确定　　取消　　应用

图　4.4-6

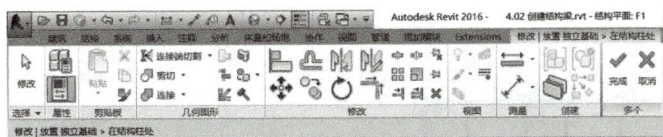

图 4.4-7

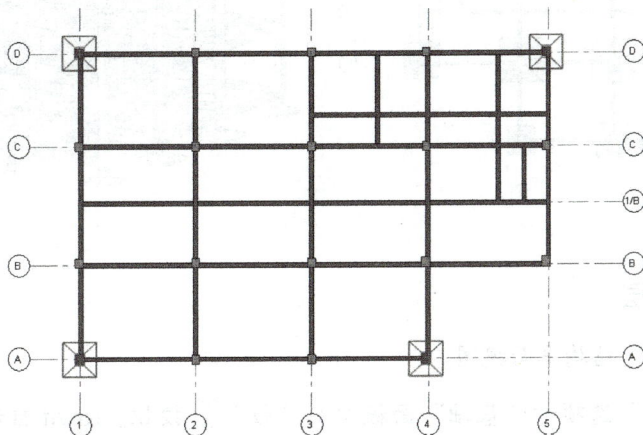

图 4.4-8

● Revit 将自动在选择的四处结构柱底部生成独立基础，并将基础移动至结构柱底部，若 Revit 给出如图 4.4-9 所示 "警示" 对话框，按〈Esc〉键，并单击视图任意位置关闭该对话框。

● 再次单击功能区 "结构" 选项卡 "基础" 面板中的 "独立" 按钮，"属性" 选项卡类型选择器中选择 "JC-2"，单击 "修改｜放置独立基础" 上下文选项卡 "多个" 面板中的 "在柱处" 按钮，进入 "修改｜放置独立基础 > 在结构柱处" 模式。按住〈Ctrl〉键，鼠标左键单击选择①轴与⑧轴交点处 KZ2、②轴与⑥轴交点处 KZ5、②轴与⑩轴交点处 KZ8、③轴与⑥轴交点处 KZ9、③轴与⑩轴交点处 KZ12 以及④轴与⑩轴交点处 KZ16，完成后单击 "多个" 面板中的 "完成" 按钮，完成 JC-2 的放置，结果如图 4.4-10 所示。

● 采用同样方法完成其他基础的放置，完成后结果如图 4.4-11 所示。

警告: 1 超出 4
附着的结构基础将被移动到柱的底部。

图 4.4-9

图 4.4-10

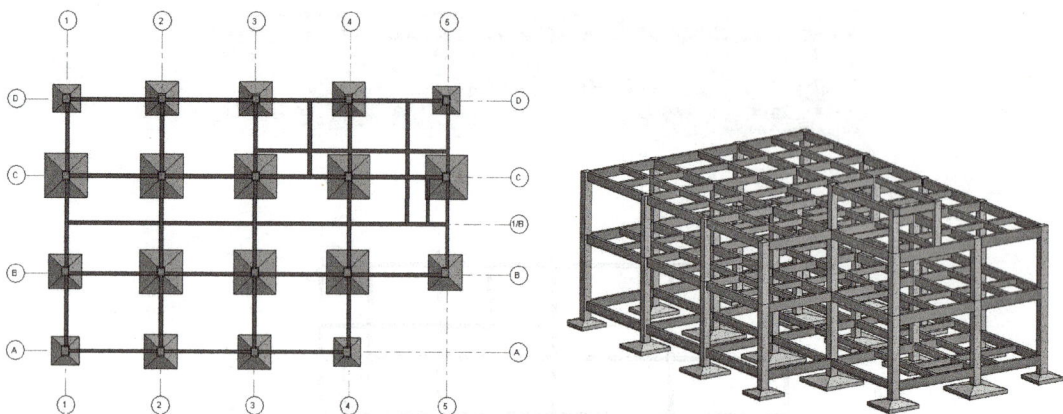

图　4.4-11

二、创建基础垫层

● 切换到"F1"结构平面视图。

● 单击"结构"选项卡"基础"面板中的"板"　按钮。Revit 自动进入"修改 | 创建楼层边界"上下文选项卡，如图 4.4-12 所示。

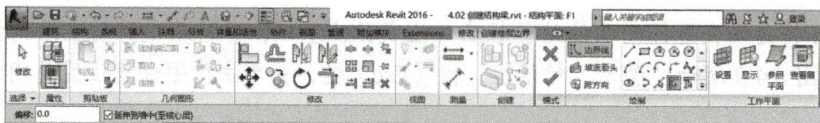

图　4.4-12

● 在"属性"选项卡中单击"编辑类型"，弹出"类型属性"对话框，单击"复制"按钮，在"名称"对话框中输入"基础垫层100"，单击"结构"后的"编辑"按钮，弹出"编辑部件"对话框，将"结构"层"厚度"改为"100.0"，如图 4.4-13 所示，单击"确定"按钮，回到"类型属性"对话框，再次单击"确定"按钮，完成基础垫层类型的编辑。

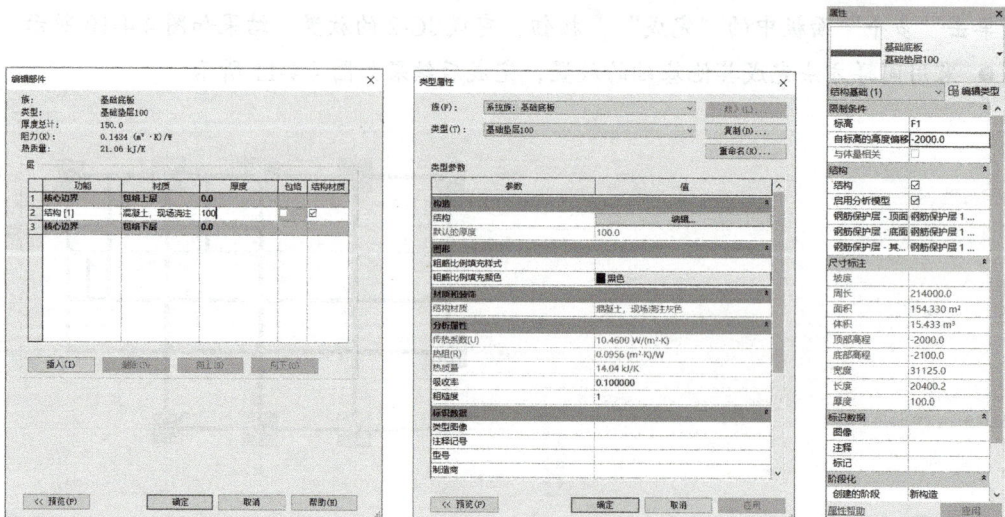

图　4.4-13

● 再次回到"属性"选项卡,"限制条件"中,"标高"为"F1","自标高的高度偏移"设为"–2000.0"(因为基础垫层位于独立基础之下)。

● 单击"修改 | 创建楼层边界"上下文选项卡"绘制"面板中的"矩形"按钮,根据图纸,基础垫层每边超出基础 100 宽,所以在状态栏中偏移值设为"100.0",如图 4.4-14 所示。

● 依次绘制基础垫层的轮廓,同样尺寸的基础垫层轮廓可以借助复制的命令来创建,绘制完成的结果如图 4.4-15 所示。

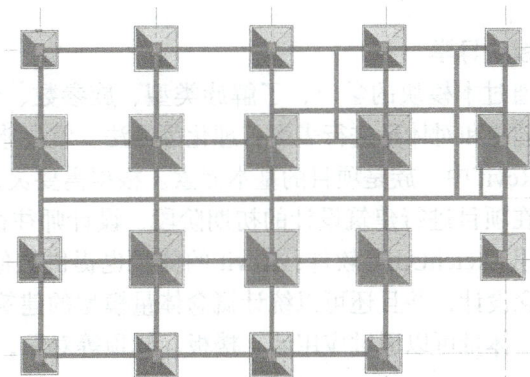

图 4.4-14　　　　　　　　　　　　　　　　　　图 4.4-15

● 单击"完成"按钮,这样就在每个独立基础下面生成了 100mm 厚的混凝土垫层,三维视图效果如图 4.4-16 所示。

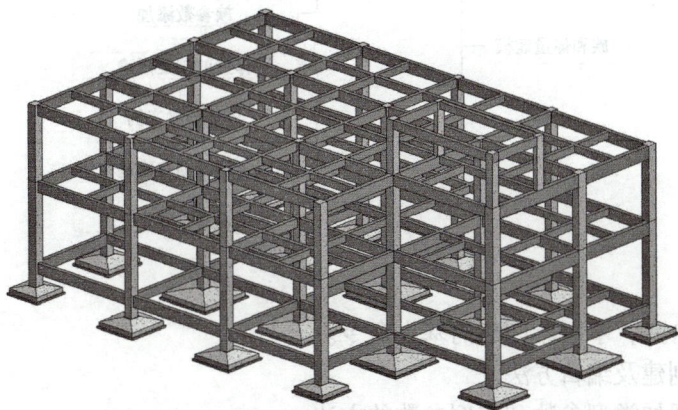

图 4.4-16

小提示:条形基础的用法类似于墙饰条,用于沿墙底部生成带状基础模型。单击选择墙即可在墙底部添加指定类型的条形基础。可以分别在条形基础类型参数中调节条形基础的坡脚长度、根部长度、基础厚度等参数,以生成不同尺寸的条形基础。与墙饰条不同的是,条形基础属于系统族,无法指定其轮廓,且条形基础具备诸多结构计算属性,而墙饰条则无法用于结构承载力计算。

模块五　族和体量建模

模块导学

通过本模块的学习，了解族类型、族参数、体量等基本概念，熟悉族三维形状创建、体量创建和对体量进行表面有理化等方法，掌握族创建的一般步骤和方法。

Revit 中，族是项目的基本元素。根据需要灵活定位族是准确、高效完成项目的基础。

在项目进行建筑设计的初期阶段，设计师往往会通过草图来表达自己的设计意图，常常使用 SketchUp 等软件，Revit 的体量也提供类似功能，可以帮助设计师灵活、快速地进行概念设计，并且还可以统计概念体量模型的建筑面积、占地面积、外表面积等设计数据，同时，体量可以通过应用墙、楼板、屋顶等对象，完成从概念设计到方案设计的转换。

知识结构

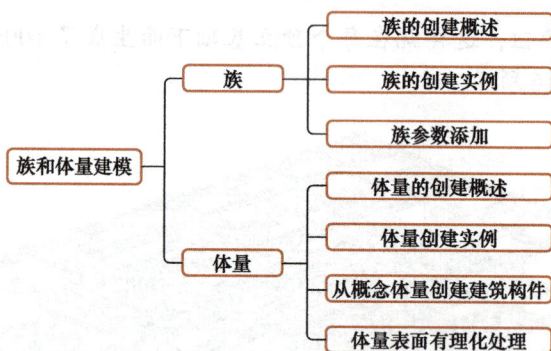

学习任务

1. 理解族的含义，掌握族创建的基本命令。
2. 掌握族的创建及编辑方法。
3. 掌握为族添加类型参数和实例参数的方法。
4. 理解体量的含义，掌握体量创建的基本命令。
5. 掌握体量的创建及编辑方法。

素养目标

1. 在创建体量和复杂族的过程中，锻炼空间想象能力和三维思维，更好地理解建筑空间的构成和关系。
2. 尝试利用族和体量建模工具进行创新设计，创造出独特的建筑形式和构件，展现个人的设计风格和创意。

5.1 族的创建概述

📖 内容导学

族是 Revit 中非常重要的构成要素，Revit 中的所有图元都是基于族的。正是因为族概念的引入，我们才可以实现参数化设计，例如在 Revit 中可以通过修改参数，从而修改门窗族的宽度、高度或材质等。也正是因为族的开放性和灵活性，使我们在设计时可以自由定制符合需求的注释符号族和三维构件族等，从而满足了建筑师应用 Revit 软件的本地化标准定制的需求。

🖱 知识储备

一、族的概念

族是组成项目的基本单元，是参数信息的载体，是一个包含通用属性（称为参数）集和相关图形表示的图元组。每个族图元，能够在其内定义多种类型，根据族创建者的设计，每种类型可以具有不同的尺寸、形状、材质或其他参数变量。在使用 Revit 进行项目设计时，如果能准备一定数量的族文件，将对设计工作的进程和效率有很大帮助。

视频 5.1-1
族的概念

二、族的分类

Revit 中族可分为三种类型：系统族、可载入族、内建族，见表 5.1-1。

表 5.1-1　族的分类、概念和特性

族分类	系统族	可载入族	内建族
概念	已在项目中预定义且仅能在项目中进行创建、修改的族类型，如墙、楼板等	使用族样板创建于项目外的扩展名为 .rfa 的文件，如门、窗等	在当前项目中创建的族
特性	不能作为外部文件载入、创建，但可在项目及样板间复制、粘贴、传递	可载入项目，属性可自定义	只能储存于当前项目文件中，不能单独存成 .rfa 文件，不能用于其他项目文件

> **小提示：**
> 1. 能够影响项目环境且包含标高、轴网、图纸和视口类型的系统设置也是系统族。
> 2. 创建"内建"图元时，将要求为该内建图元指定一种类型，该类型也将作为该内建族的族类型。

三、族文件基本格式

rft 格式：rft 格式是创建 Revit 可载入族的样板文件格式。创建不同类别的族要选择不同的族样板文件。Revit 软件中自带了八十余种族样板文件，可以根据自己的需要来选择合适的族样板。

rfa 格式：rfa 格式是 Revit 可载入族的文件格式，用户可以根据项目需要创建自己的常用族文件，以便随时在项目中调用。

> **小提示**：在 Revit 中有两种方法来创建族。
>
> 1. 新建一个族文件，在族类别和族参数里选择合适的族样板进行创建。
>
> 2. 在项目中单击"建筑"选项卡"构建"面板中"构件"下面的"内建模型"，如图 5.1-1 所示，选择合适的族样板来创建族。
>
> 两种方法创建族的界面是一样的。

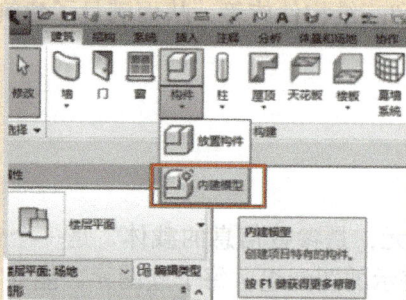

图　5.1-1

👆 技能实战

一、族三维模型的创建方法

族三维模型的创建最常用的方法是创建实体模型和空心模型，且任何实体模型和空心模型都必须对齐且锁定在参照平面上，且可通过改变参照平面上标注尺寸驱动实体形状的改变。下面分别介绍建模命令的特点和使用方法。

视频 5.1-2
族的创建
方法

1. 新建族

● 双击 Revit 2016 的快捷方式，将其启动，默认打开"最近使用的文件"页面。

● 单击"应用程序菜单" 🔺 → "新建" → "族"，在弹出的"新族 – 选择样板文件"对话框中选择"公制常规模型 .rft"族样板，如图 5.1-2 所示，单击"打开"按钮，这样就进入到了新建的族文件中，默认进入"参照标高"楼层平面。

图　5.1-2

● 在"创建"选项卡"形状"面板中有实体模型的创建，主要包括"拉伸""融合""旋转""放样""放样融合"五种命令，如图 5.1-3 所示。与实体模型相对应的空心模型也有五种创建命令，包括"空心拉伸""空心融合""空心旋转""空心放样""空心放样融合"。空心形状主要是起到剪切的作用。

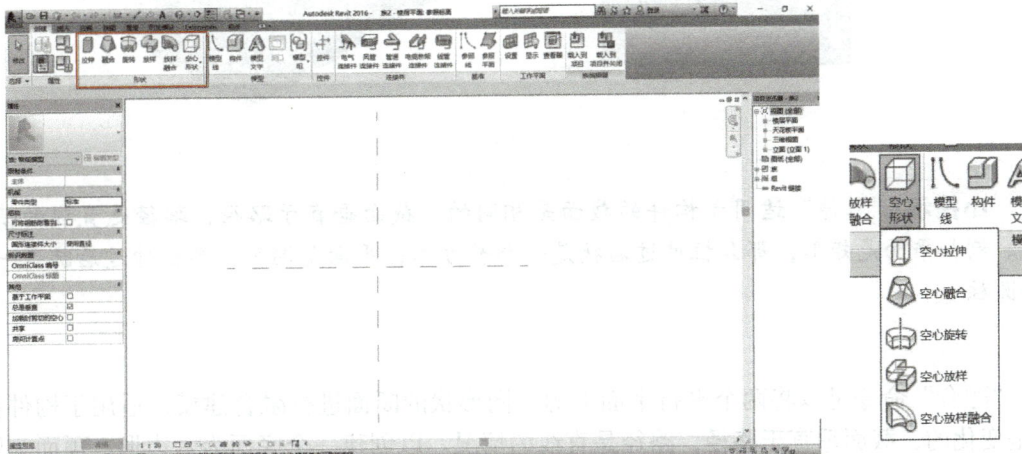

图 5.1-3

2. 拉伸命令

"拉伸"命令通过绘制一个封闭的拉伸断面并设置一个拉伸高度进行建模，方法如下：

● 在"参照标高"楼层平面中，单击"拉伸" 按钮，在"绘制"面板中选择"矩形"命令，以中心为起点，绘制任意一矩形如图 5.1-4a 所示。

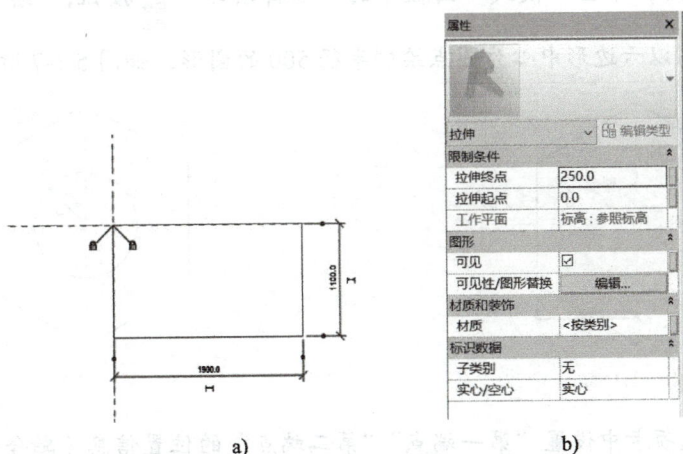

a)   b)

图 5.1-4

● "属性"选项卡中设置"拉伸起点"与"拉伸终点"，如图 5.1-4b 所示。

● 单击"模式"面板中的"完成"按钮，完成绘制。

● 完成之后会出现拉伸的符号，如图 5.1-5 所示，用户可自行拉伸，在三维视图中也可以进行拉伸。

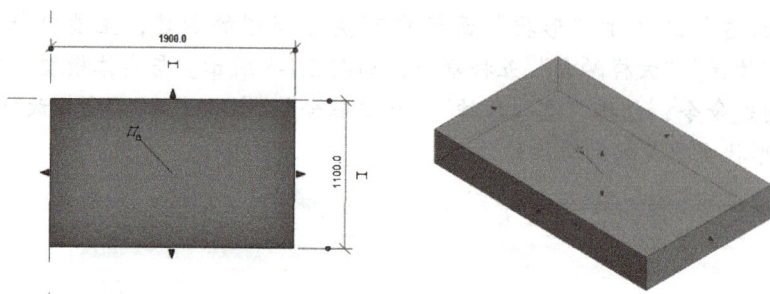

图　5.1-5

小提示：“拉伸”适用于构件的截面是相同的，截面垂直于路径，路径是直线的情况。例如平面是矩形，那么拉伸过后就是一个长方体；平面是圆形，则拉伸过后就是一个圆柱。

3. 融合命令

“融合”命令可以将两个平行平面上的不同形状的断面进行融合建模，适用于构件截面是变化的，截面垂直于路径，路径是直线的情况。以创建一个底面为六边形、顶面为圆形的构件为例，方法如下：

● 进入“楼层平面”中的“参照标高”平面。

● 单击“创建”选项卡“形状”面板中的“融合” 按钮，进入“修改|创建融合底部边界”上下文选项卡，这时可绘制底部融合面的形状，选择“绘制”面板中的“外接多边形” 命令，绘制一个六边形，如图 5.1-6 所示。

● 绘制好之后，单击“模式”面板中的“编辑顶部” 按钮，“绘制”面板中选择“圆形” 命令，以六边形中心为圆点绘制半径 500 的圆形，如图 5.1-7 所示。

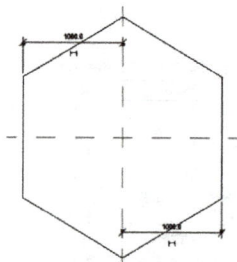

图　5.1-6

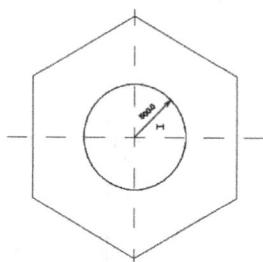

图　5.1-7

● “属性”选项卡中设置“第一端点”“第二端点”的位置信息（融合形体在立面上的高度信息），如图 5.1-8 所示，设置好之后单击“模式”面板中的“完成”按钮。三维效果如图 5.1-9 所示。

小提示：融合形成的三维模型也可以通过拖拽箭头进行高度方向上的拉伸或缩短。
在使用融合建模过程中可能会遇到融合效果不理想的情况，可通过增减融合面的顶点数量来控制融合的效果。

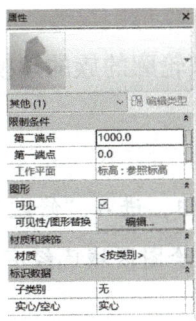

图　5.1-8

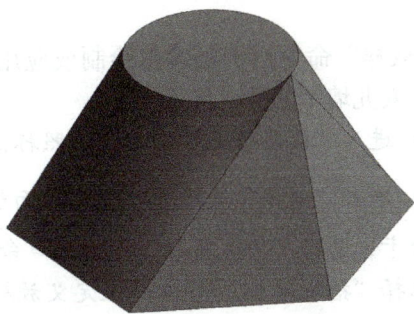

图　5.1-9

4. 旋转命令

"旋转"命令可以建出围绕一根轴旋转而成的几何模型，方法如下：

● 双击进入"前"立面视图，单击"旋转" 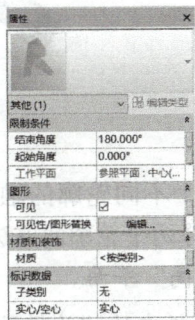 按钮，在"绘制"面板中选择"矩形"命令，绘制任意一矩形，如图 5.1-10 所示。

> **小提示**：使用"旋转"命令时，绕轴旋转的图形必须是闭合的。

● 绘制完成后，单击"绘制"面板中的"轴线" 轴线 按钮，选择"拾取线"，绘图区域单击选择竖向参照平面，如图 5.1-11 所示，也可选择"直线" 自行绘制轴线。

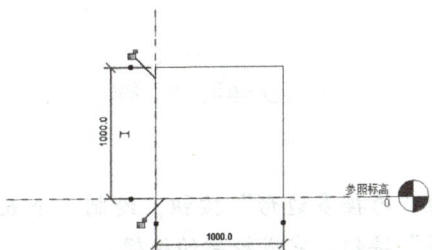

图　5.1-10

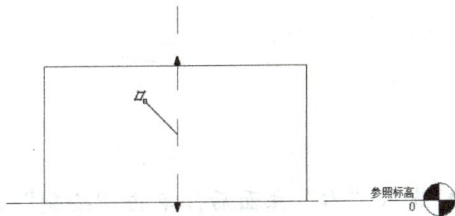

图　5.1-11

● 单击"模式"面板中的"完成"按钮，完成绘制。切换至三维视图查看效果，如图 5.1-12 所示，该图为圆柱。

● 选中构件，可以通过"属性"选项卡中的"起始角度"和"结束角度"来调整旋转的范围，如图 5.1-13 所示。

图　5.1-12

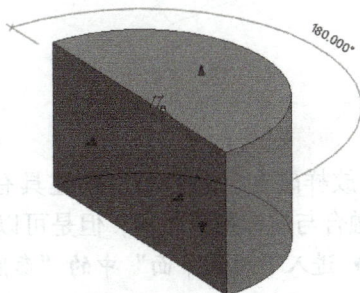

图　5.1-13

5. 放样命令

"放样"命令用于创建需绘制或应用轮廓且沿路径拉伸该轮廓的族的建模，例如室外散水、女儿墙等构件，方法如下：

● 进入"楼层平面"中的"参照标高"平面。

● 单击"创建"选项卡"形状"面板中的"放样"![图标]按钮，进入"修改|放样"上下文选项卡，选择"绘制路径"![图标]绘制路径命令，画出路径，如果绘图区域已经有需要的路径，可以选择"拾取路径"![图标]拾取路径来定义放样路径。

● 放样路径定义完成之后，单击"完成"按钮完成路径的绘制，结果如图 5.1-14 所示。

● 轮廓可以通过载入已有的轮廓获得，也可以通过编辑轮廓来进行绘制。

● 单击"放样"面板中的"编辑轮廓"![图标]编辑轮廓按钮，弹出"转到视图"对话框，选择"立面：右"，单击"打开视图"，如图 5.1-15 所示。由于当前视图是与轮廓的平面垂直的，无法绘制轮廓，因此，会提示用户转到一个合适的视图。

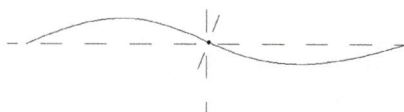

图 5.1-14

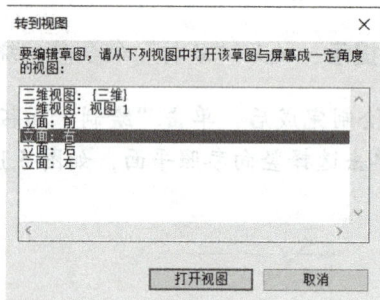

图 5.1-15

● 进入"右"立面后，单击"绘制"面板中的"内接多边形"按钮，绘制一个五边形，如图 5.1-16 所示，单击"模式"面板中的"完成"按钮，完成轮廓的编辑。

● 再点击"完成"按钮，完成放样。切换至三维视图查看效果，如图 5.1-17 所示。

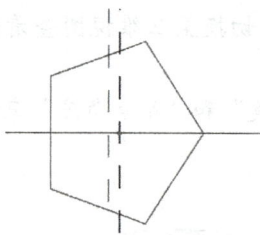

图 5.1-16

图 5.1-17

6. 放样融合命令

"放样融合"命令可以创建具有两个不同轮廓的融合体，然后沿路径对其进行放样，放样融合与放样操作相同，但是可以选择两个轮廓面方法如下：

● 进入"楼层平面"中的"参照标高"平面。

● 单击"创建"选项卡"形状"面板中的"放样融合"![图标]按钮，进入"修改|放样融

合"上下文选项卡，选择"绘制路径"  命令，画出路径，如果绘图区域已经有需要的路径，可以选择"拾取路径" 来定义放样路径。

● 放样路径定义完成之后，单击"完成"按钮完成路径的绘制，结果如图 5.1-18 所示。

图 5.1-18

> **小提示**：放样融合命令的路径可以是直线，也可以是曲线。

● 单击"选择轮廓1" ，选择"编辑轮廓" 命令，弹出"转到视图"对话框，选择"立面：右"，单击"打开视图"，绘制如图 5.1-19 所示矩形。

● 绘制完成后，单击"模式"面板中的"完成"按钮。

● 单击"选择轮廓2" ，绘制如图 5.1-20 所示圆形。绘制完成后，单击"模式"面板中的"完成"按钮。

● 单击"完成"按钮，完成放样融合。进入三维视图查看效果，如图 5.1-21 所示。

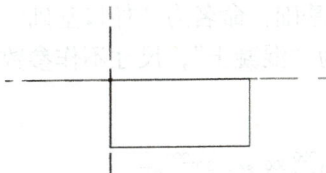
图 5.1-19

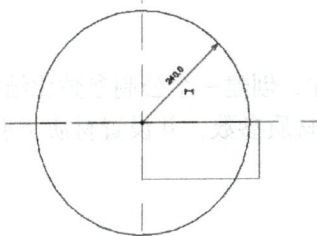
图 5.1-20

图 5.1-21

7. 空心形状命令

可采取两种方法创建空心模型：

1）选中实体，在"属性"选项卡中将实体转变为空心。

2）单击"创建"选项卡"形状"面板中的"空心形状"，在下拉菜单中选择命令，各命令的使用方法与对应的实体模型各命令的使用方法基本相同。

二、将族载入到项目的方法

将族载入到项目中主要有三种方法：

1）先打开一个以".rvt"为后缀的项目文件，再打开一个以".rfa"为后缀的族文件，单击功能区中"创建"→"族编辑器"→"载入到项目中"，如图 5.1-22 所示，即可将该族载入到项目中。

图 5.1-22

2）通过 Windows 的资源管理器将以 ".rfa" 为后缀的族文件拖到项目的绘图区域，该族文件即可载入到项目中。

3）打开一个项目文件，单击功能区 "插入" 选项卡→ "从库中载入" → "载入族"，如图 5.1-23 所示，即可打开 "载入族" 对话框。选中要载入的族，单击对话框右下角 "打开"，被选中的族即可被载入到该项目中。

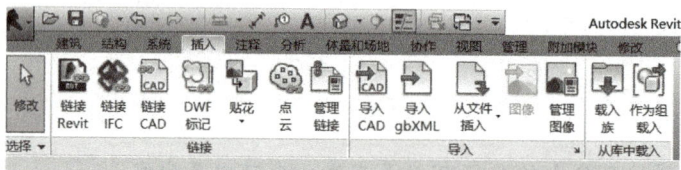

图　5.1-23

载入到项目中的模型，会按照族文件的模板按类别归类到对应的选项卡中，以后需要的时候可以点击对应的选项卡调出。

5.2　创建杯口基础族

🖱 案例信息

如图 5.2-1 所示，根据图中尺寸，创建一个公制参数化结构基础，命名为 "杯口基础"。给模型添加名称为 "基础材质" 的材质参数，并设置材质类型为 "混凝土"，尺寸不作参数化要求。

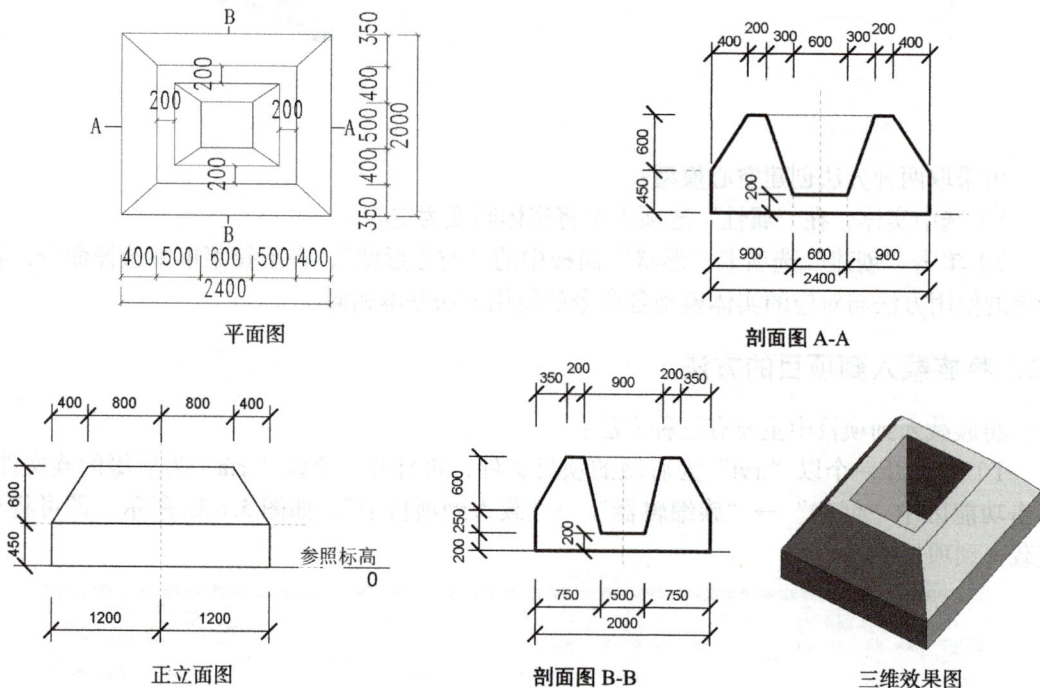

平面图

剖面图 A-A

正立面图

剖面图 B-B

三维效果图

图　5.2-1

技能实战

> **小提示**：基础底部尺寸为 2400mm×2000mm，高度为 1050mm，可以通过拉伸命令来实现；基础上方侧面可以通过对 $b×h$ 分别为 400mm×600mm 和 350mm×600mm 的三角形进行空心拉伸来实现；里面的杯口深度为 600mm + 450mm–200mm=850mm，上口尺寸为 1200mm×900mm，下口尺寸为 600mm×500mm，可以通过空心放样融合来实现。

● 双击 Revit 2016 的快捷方式，将其启动，默认打开"最近使用的文件"页面。

● 单击"应用程序菜单" ![icon] →"新建"→"族"，在弹出的"新族–选择样板文件"对话框中选择"公制常规模型 .rft"族样板，如图 5.2-2 所示，单击"打开"按钮，这样就进入到了新建的族文件中，默认进入"参照标高"楼层平面。

> 视频 5.2-1
> 族的创建
> 实例

> **小提示**：族样板已经定义了原点位置，即十字线中心点。

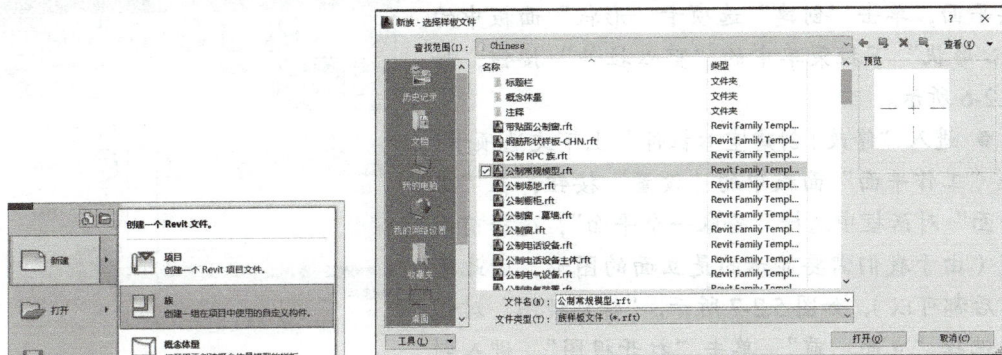

图　5.2-2

一、创建几何体

● 首先通过绘制参照平面确定需要创建的基础族的位置。单击"创建"选项卡"基准"面板中的"参照平面"按钮，快捷键〈RP〉，绘制两个参照平面，两个方向的参照平面距离中心的尺寸分别为 1200 和 1000。

● 单击"创建"选项卡"形状"面板中的"拉伸"按钮，"绘制"面板中选择"矩形"命令，绘制如图 5.2-3 所示矩形。

● "属性"选项卡中设置"拉伸起点"为"0.0"，"拉伸终点"为"1050.0"（即基础的总高度），如图 5.2-4 所示。

● 单击"修改|创建拉伸"上下文选项卡"模式"面板中的"完成" ✔ 按钮。进入三维视图查看创建的形体，如图 5.2-5 所示。

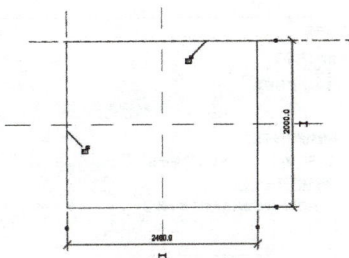

图　5.2-3

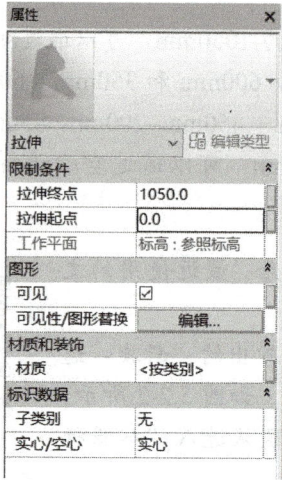

图 5.2-4

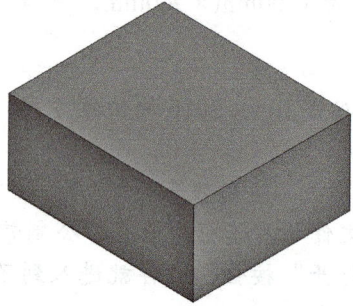

图 5.2-5

● 裁剪掉基础上部的四周。进入"参照标高"楼层平面，单击"创建"选项卡"形状"面板中的"空心形状"下拉菜单中的"空心拉伸"按钮，如图 5.2-6 所示。

● 进入"修改|创建空心拉伸"上下文选项卡，单击"工作平面"面板中的"设置"按钮，在"工作平面"对话框中选择"拾取一个平面"，选择前面边线（由于我们需要显示的是立面的图形，因此选择前后都可以），如图 5.2-7 所示。"转到视图"对话框中选择"立面：前"，单击"打开视图"，进入到前立面视图。

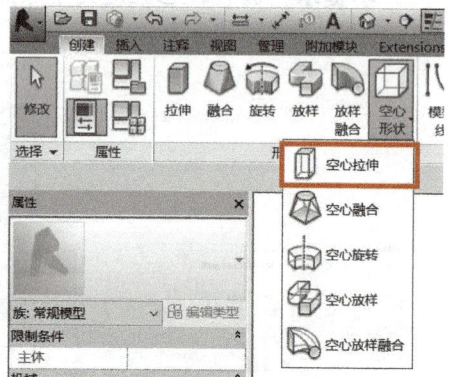

图 5.2-6

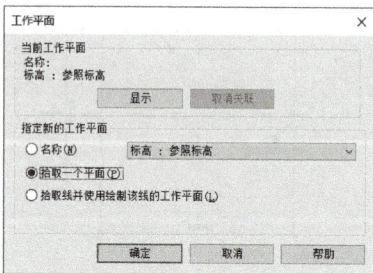

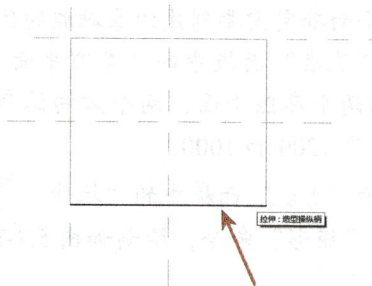

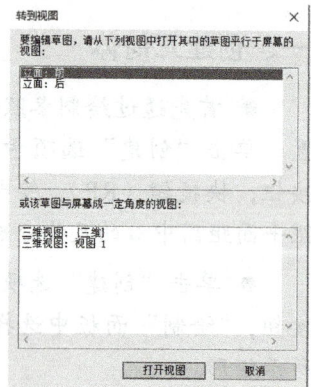

图 5.2-7

● 选择"绘制"面板中的"直线"命令，绘制 $b \times h$ 为 400mm × 600mm 的三角形，如图 5.2-8 所示。

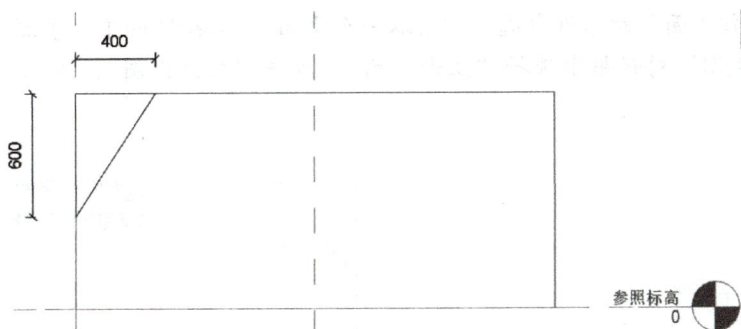

图　5.2-8

● 采用镜像命令，绘制另一边的三角形。框选三角形的三条边线，选择"修改"面板中的"镜像－拾取轴" 命令，选项栏中勾选"复制"，在绘图区域鼠标单击选择中心参照线，如图 5.2-9 所示，完成两边需要裁剪掉部分的截面轮廓。

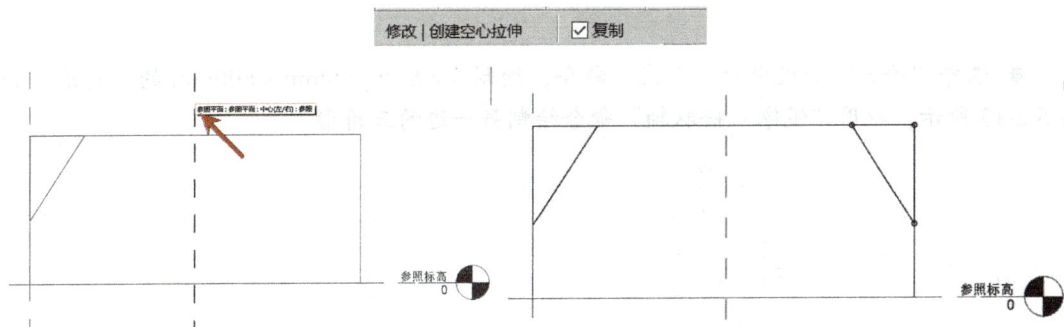

图　5.2-9

● "属性"选项卡中设置"拉伸起点"为"0.0"，"拉伸终点"为"2000.0"，如图 5.2-10 所示。

● 单击"完成"按钮，三维视图如图 5.2-11 所示。

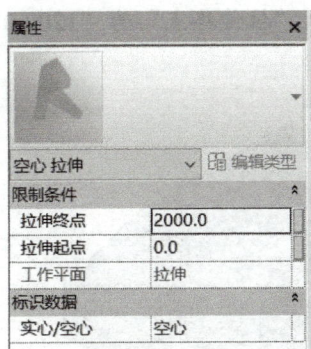

图　5.2-10

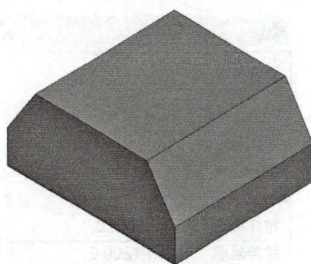

图　5.2-11

● 同样方法进行另外一个方向的空心拉伸。进入"参照标高"楼层平面，单击"创建"选项卡"形状"面板中的"空心形状"下拉菜单中的"空心拉伸"按钮。

● 进入"修改 | 创建空心拉伸"上下文选项卡，单击"工作平面"面板中的"设置"

按钮，在"工作平面"对话框中选择"拾取一个平面"，选择竖向中心参照线，如图 5.2-12 所示。"转到视图"对话框中选择"立面：右"，单击"打开视图"，进入到右立面中心视图中。

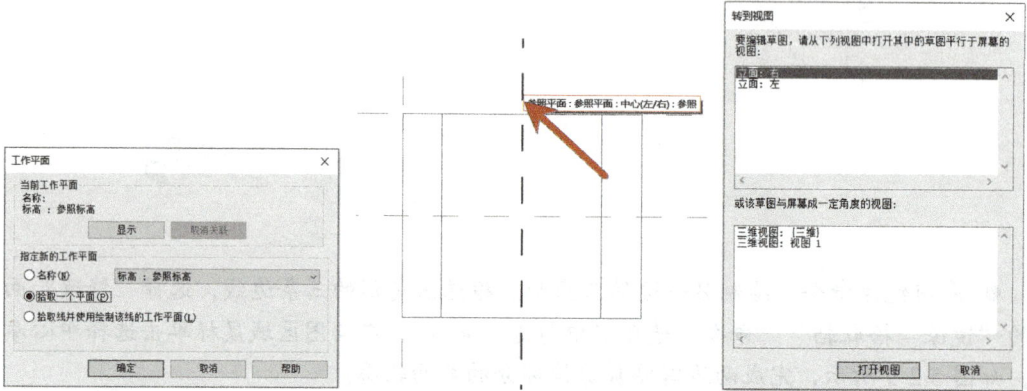

图　5.2-12

● 选择"绘制"面板中的"直线"命令，绘制 $b \times h$ 为 350mm×600mm 的三角形，如图 5.2-13 所示，应用"镜像－拾取轴"命令绘制另一边的三角形。

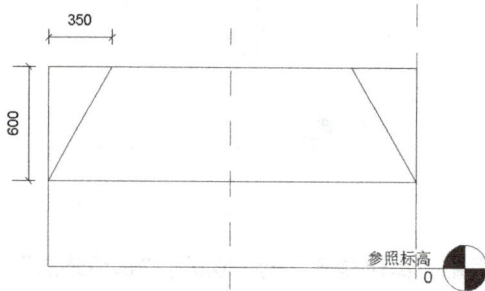

图　5.2-13

● "属性"选项卡中设置"拉伸起点"为"–1200.0"，"拉伸终点"为"1200.0"，单击"完成"按钮，结果如图 5.2-14 所示。

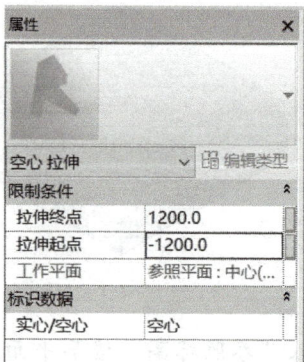

图　5.2-14

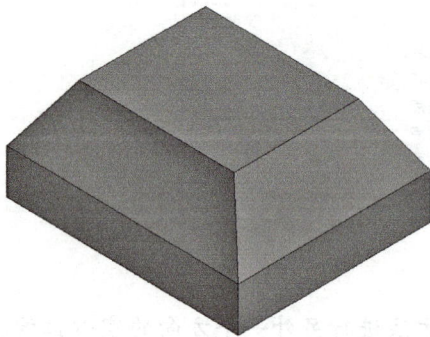

● 绘制中间空心部分。进入"参照标高"楼层平面，单击"创建"选项卡"形状"面

板中的"空心形状"下拉菜单中的"空心融合"按钮,如图 5.2-15 所示。进入"修改 | 创建空心融合底部边界"上下文选项卡。

● 选择"绘制"面板中的"直线"命令,绘制如图 5.2-16 所示图形,即空心部分底部轮廓。

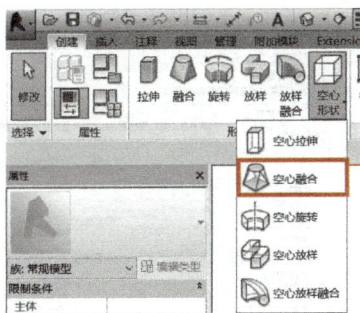

图　5.2-15

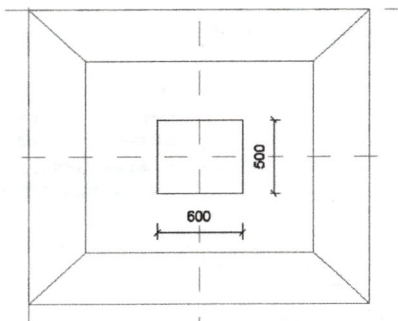

图　5.2-16

● 单击"模式"面板中的"编辑顶部" 按钮,绘制如图 5.2-17 所示图形,即空心部分顶部轮廓。

● "属性"选项卡中设置"第一端点"为"250.0","第二端点"为"1050.0",如图 5.2-18 所示,即空心部分在高度方向的位置。

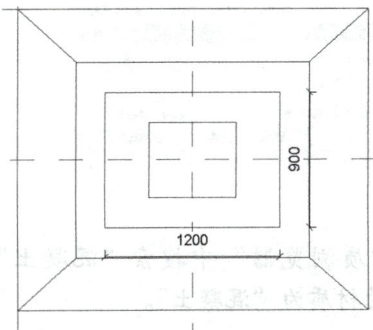

图　5.2-17

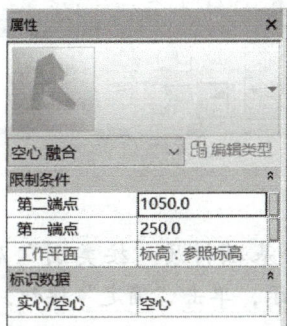

图　5.2-18

● 单击"修改 | 创建空心融合顶部边界"上下文选项卡"模式"面板中的"完成" 按钮,完成后的三维视图如图 5.2-19 所示。

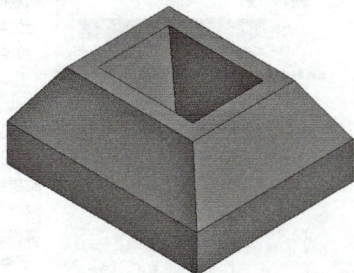

图　5.2-19

二、定义材质

● 选中创建好的基础模型，单击"属性"选项卡"材质和装饰"中"材质"右侧按钮，如图 5.2-20 所示，打开"关联族参数"对话框，单击"添加参数"，"名称"输入"基础材质"，"参数类型"选择"材质"，单击"确定"按钮。

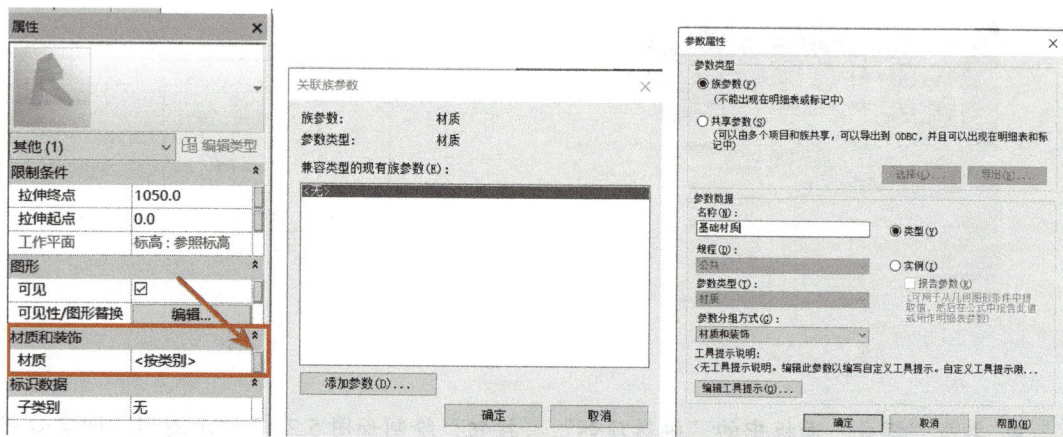

图　5.2-20

● 单击"修改"选项卡"属性"面板中的"族类型"按钮，如图 5.2-21 所示，弹出"族类型"对话框。

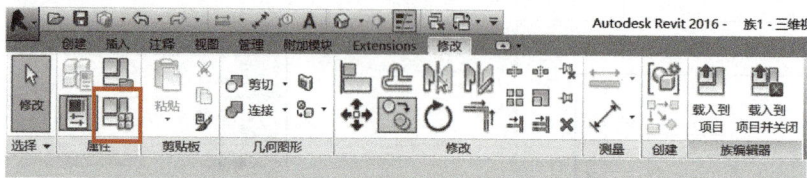

图　5.2-21

● 单击基础材质"按类别"后的按钮，在"材质浏览器"中搜索"混凝土"，如图 5.2-22 所示，单击"确定"按钮，定义杯口基础族的材质为"混凝土"。

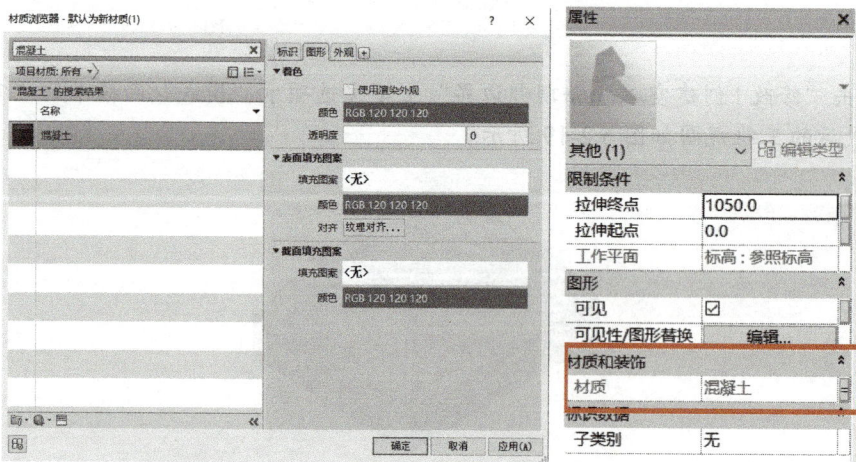

图　5.2-22

三、保存文件

● 单击"保存"按钮，选择文件保存位置，文件名为"杯口基础"，文件类型为"族文件（*.rfa）"，单击保存。

5.3　族参数添加

📖 知识储备

族的参数有三种类别：

1）固定参数。固定参数不能够在类型或者实例中进行修改。

2）类型参数。类型参数可以在类型中修改。改变类型参数，会导致族在同一类型的图元同步变化。

3）实例参数。实例参数不出现在类型参数中，只出现在实例属性中，修改图元的实例属性，只会导致选中的图元改变，而不影响任何其他的图元。

因此，类型参数针对同一类型的族都能起到约束的作用，而实例参数仅对单个族起到约束的作用。

📖 技能实战

● 首先新建一个族，单击"应用程序菜单" 🔖 按钮→"新建"→"族"，在弹出的"新族 – 选择样板文件"对话框中选择"公制常规模型 .rft"族样板，单击"打开"按钮。

● 单击"创建"选项卡"形状"面板中的"拉伸" 🔲 按钮，"绘制"面板中选择"矩形"命令，绘制一个矩形，创建一个矩形族，三维视图如图 5.3-1 所示。

视频 5.3-1
族的参数运用

图　5.3-1

一、添加类型参数

● 切换至"参照标高"楼层平面。

● 由于 Revit 中通过尺寸标注控制尺寸参数，所以首先对其进行尺寸标注。

● 单击"注释"选项卡"尺寸标注"面板中的"对齐" 📏 按钮，鼠标指针移动到绘图区域，鼠标左键依次单击左侧边、右侧边，对其长边进行尺寸标注，如图 5.3-2 所示。

- 鼠标单击选中该尺寸标注，Revit 自动进入"修改 | 尺寸标注"上下文选项卡。
- 单击选项栏"标签"后下拉三角形，选择"添加参数"，如图 5.3-3 所示。

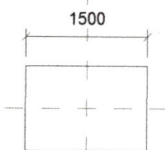

图 5.3-2

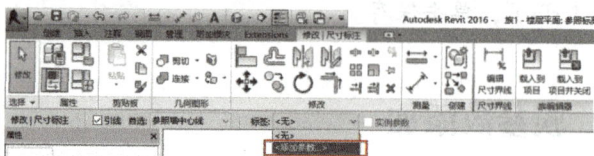

图 5.3-3

- 弹出"参数属性"对话框。"参数类型"默认选择"族参数"。"参数数据"下，"名称"为"长度"，选中"类型"，即将长度参数设为类型参数，设置完成后单击"确定"，如图 5.3-4 所示。
- 此时，长度参数被添加为族类型参数，如图 5.3-5 所示。

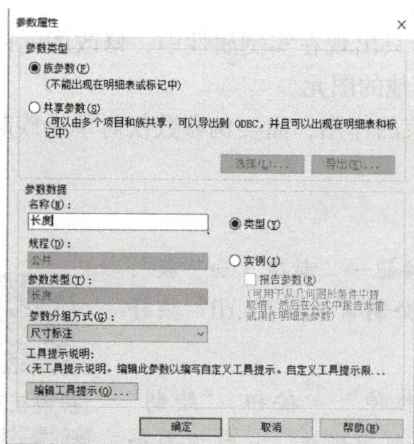

图 5.3-4

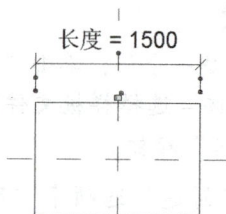

图 5.3-5

二、添加实例参数

- 单击"注释"选项卡"尺寸标注"面板中的"对齐"按钮，鼠标指针移动到绘图区域，鼠标左键依次单击上侧边、下侧边，对其宽度进行尺寸标注，如图 5.3-6 所示。
- 鼠标单击选中该尺寸标注，单击选项栏"标签"后下拉三角形，选择"添加参数"，弹出"参数属性"对话框。"参数类型"默认选择"族参数"。"参数数据"下，"名称"为"宽度"，选中"实例"，即将宽度参数设为实例参数，设置完成后单击"确定"按钮，如图 5.3-7 所示。

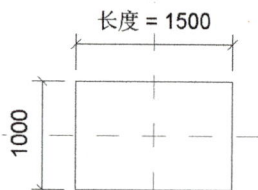

图 5.3-6

> **小提示**：在族环境中，类型参数和实例参数都可以通过单击参数标签从而对其数值进行修改，如单击"长度 =1500"，将数值改为"2000"，即将族长度参数值改为 2000，如图 5.3-8 所示。

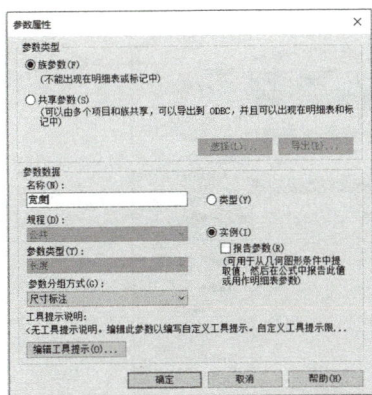

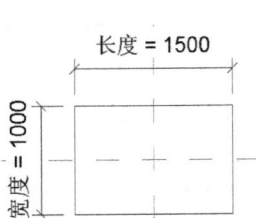

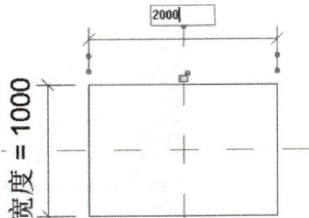

图　5.3-7　　　　　　　　　　　　　　　　　图　5.3-8

三、添加材质参数

● 族参数类型可以是文字、数值、长度、材质等。下面为该族添加材质参数。

● 单击"修改"选项卡"属性"选项卡中的"族类型"　按钮，弹出"族类型"对话框，如图5.3-9所示。

图　5.3-9

> **小提示**：在"族类型"对话框中显示了已经创建的族参数，包括类型参数和实例参数。参数名称后有"（默认）"时，说明该参数为实例参数。更改参数对应的数值可以更改族参数值，如长度和宽度。

● 单击"族类型"对话框右侧"参数"下的"添加"按钮，弹出"参数属性"对话框。

● "参数数据"下，"名称"为"材质"，可根据需要选择"类型"或"实例"，在此，按默认"类型"设置，即将材质参数设为类型参数，"参数类型"设为"材质"，"参数分组方式"自动更改为"材质和装饰"，设置完成后单击"确定"按钮，回到"族类型"对话框。可以看到，材质已经被添加为族参数，如图5.3-10所示。单击"材质"后的"按类别"按钮，可以设置其材质参数，本项目将其设为混凝土材质。

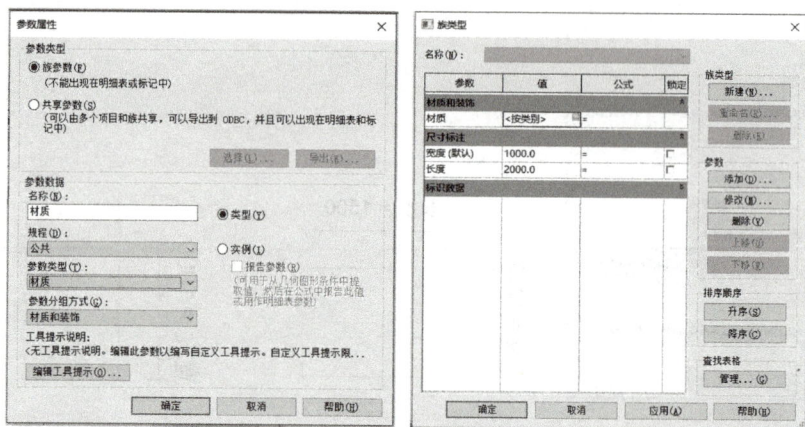

图 5.3-10

四、类型参数和实例参数的区别

● 将族载入到项目，分析类型参数和实例参数的区别。

● 单击"新建项目"按钮，或者输入快捷键〈Ctrl+N〉，选择"构造样板"，单击"确定"按钮，新建一个空白项目。

● 按〈Ctrl+Tab〉键切换到已经添加好参数的族。

● 单击"修改"选项卡"族编辑器"面板中的"载入到项目" 按钮，Revit 自动切换至新建的空白项目，绘图区域自动显示族放置预览，在合适的位置分别单击鼠标左键放置两个族构件，如图 5.3-11 所示。

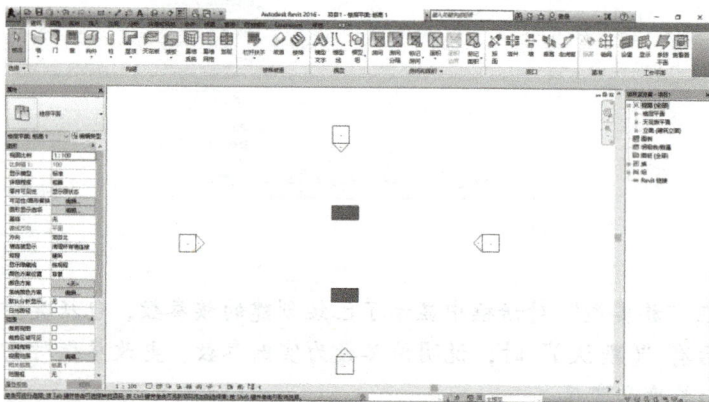

图 5.3-11

● 单击鼠标左键选中任意一个族构件。"属性"选项卡中显示了族的实例参数，即尺寸标注选项下的"宽度"参数，单击后面数值可以修改其尺寸，将其更改"2000.0"，按下〈Enter〉键选中族构件的宽度发生了变化，未选中的族构件的宽度并未变化，如图 5.3-12 所示。

● 因此，实例参数仅对单个族起到约束的作用。更改实例参数数值时，选中的族构件参数发生变化。

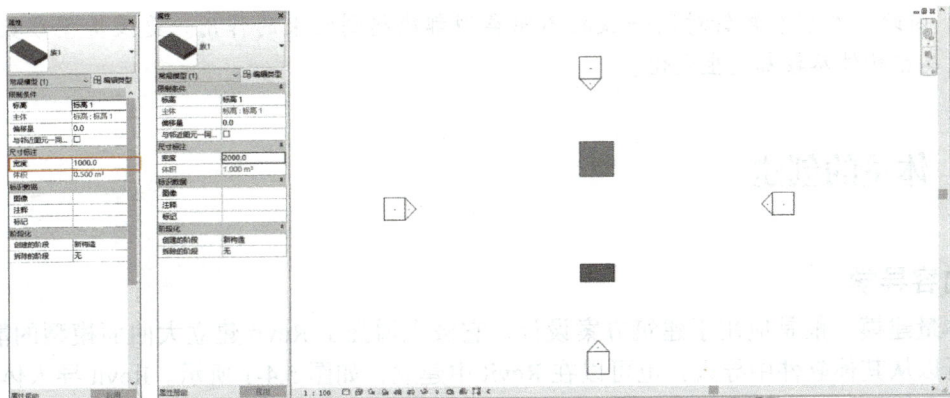

图　5.3-12

● "属性"选项卡中单击"编辑类型",弹出"类型属性"对话框,可以看到族的类型参数"长度"和"材质",如图 5.3-13 所示。

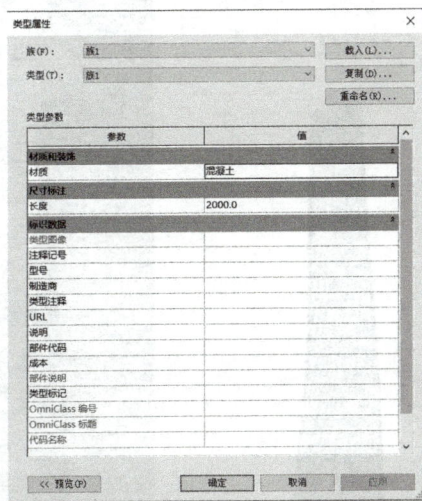

图　5.3-13

● 更改参数数值,如将长度改为"5000.0",可以看到绘图区域该类别的族构件长度都发生了变化,如图 5.3-14 所示。

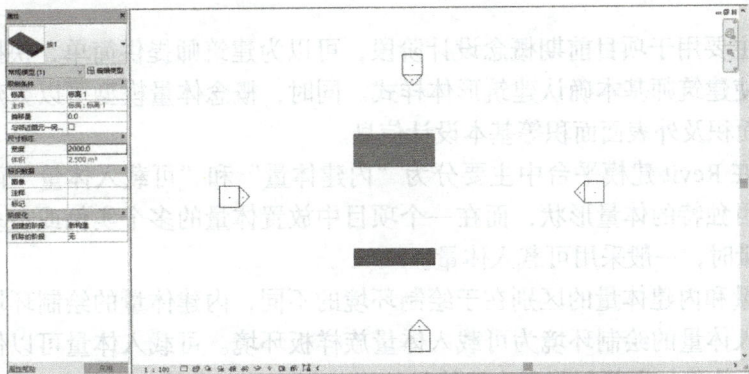

图　5.3-14

● 因此，类型参数针对同一族的不同类型都能起到约束的作用。更改类型参数数值时，该类族构件参数都发生变化。

5.4 体量的创建

📖 内容导学

体量建模一般是应用于建筑方案设计，它极大增强了 Revit 建立大曲面模型的能力。体量可以从其他软件中导入，也可以在 Revit 中建立，如图 5.4-1 所示。Revit 导入体量以后，很多建模命令可以拾取体量模型，例如建立墙或者屋面的时候，可以直接拾取体量模型，从而解决了 Revit 无法生成异形曲面墙等问题。

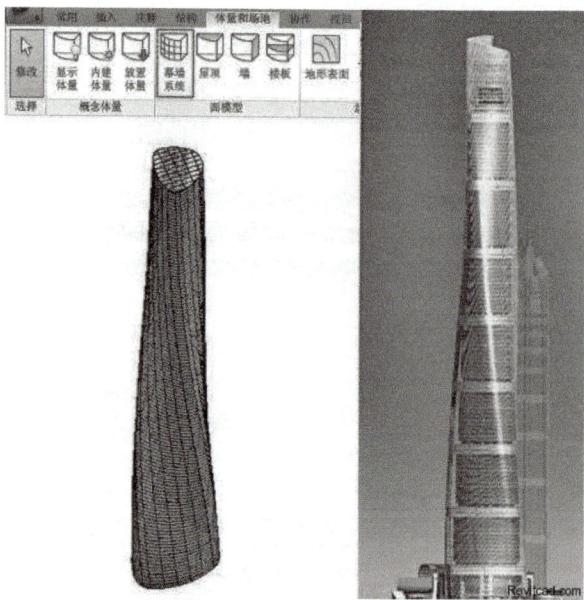

图　5.4-1

🖱 知识储备

概念体量主要用于项目前期概念设计阶段，可以为建筑师提供简单、快捷、灵活的概念设计模型，使建筑师基本确认建筑形体样式。同时，概念体量模型可以为建筑师提供占地面积、楼层面积及外表面面积等基本设计信息。

概念体量在 Revit 建模平台中主要分为"内建体量"和"可载入体量"两种，内建体量用于表达项目独特的体量形状，而在一个项目中放置体量的多个实例或在多个项目中重复使用某个体量时，一般采用可载入体量。

可载入体量和内建体量的区别在于绘制环境的不同，内建体量的绘制环境为工程项目环境，而可载入体量的绘制环境为可载入体量族样板环境。可载入体量可以保存为独立的族文件。可载入体量的形状创建和内建体量的形状创建是一样的。

🖰 **技能实战**

一、内建体量

● 选择"建筑样板"新建一个项目，单击"体量和场地"选项卡"概念体量"面板中的"内建体量"按钮，如图 5.4-2 所示。

● 默认体量在项目中不可见，当常见内建体量时，系统会提示启用可见性，故弹出"体量－显示体量已启用"对话框，如图 5.4-3 所示，此处可单击"关闭"即可。

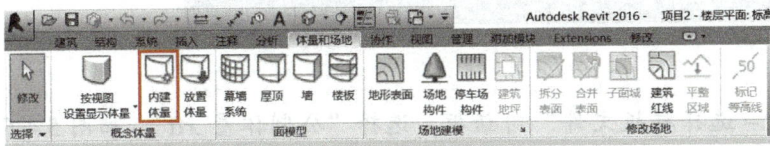

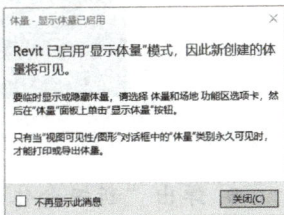

图　5.4-2　　　　　　　　　　　　　　　　图　5.4-3

小提示：如果打开其他含体量的项目，但看不到体量模型，此时需要单击当前视图属性中"可见性 / 图形替换"的"编辑"按钮，在弹出的对话框中，勾选"体量"选项，单击"确定"即可看到体量模型。此操作仅适用于当前视图，转换至其他视图，需要重复设置体量的可见性。

● 如图 5.4-4 所示，在弹出的"名称"对话框中，对体量进行命名。单击"确定"，进入内建体量环境。

图　5.4-4

二、新建可载入体量

1. 新建体量

● 在 Revit 启动界面中"族"下方单击"新建概念体量模型"，如图 5.4-5 所示。

图 5.4-5

● 弹出"新概念体量 – 选择样板文件"对话框，选择"公制体量.rft"，如图 5.4-6 所示。

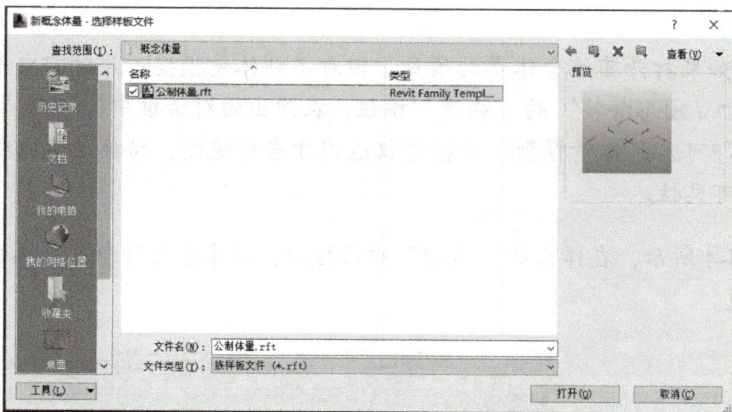

图 5.4-6

● 单击"打开"，跳转到概念体量操作界面，概念体量默认的工作界面是三维工作界面，如图 5.4-7 所示。

图 5.4-7

2. 创建标高

● 概念体量中也存在标高。与内建体量不同，内建体量的标高根据项目的标高而定，概念体量的标高可以在绘制体量时自己创建，载入到项目时体量标高会隐藏，不会对项目产生影响。

● 在三维视图中，单击"创建"选项卡"基准"面板中的"标高"按钮，如图 5.4-8 所示。

图　5.4-8

● 也可选中"标高 1"平面，通过"复制"命令实现标高的创建，如图 5.4-9 所示。高度可以根据临时尺寸标注进行修改。

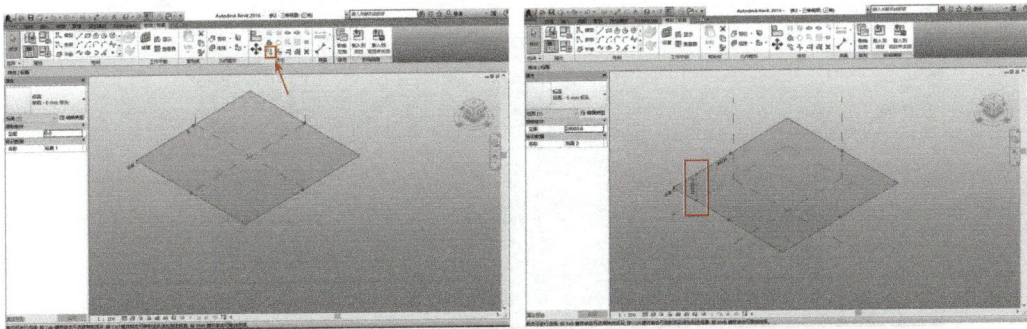

图　5.4-9

● 也可以在立面视图中，通过绘制或复制原有标高来实现标高的创建。

三、工作平面、模型线、参照线和参照平面

● 创建概念体量模型的一般步骤是先创建参照平面或参照线，再创建模型线，也可直接使用族中已有几何图形的边线、表面或曲线，然后使用"实心形状"或"空心命令"创建概念体量模型。在此过程中，需要使用工作平面、模型线、参照线、参照平面等概念，相应命令的选项卡见图 5.4-10 所示。

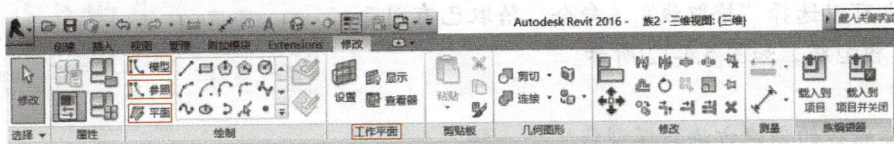

图　5.4-10

1. 工作平面

在绘制模型线、参照线等图元时，需要在一个已经确定的"平面"内进行创建。在绘

制图元时，需要根据设计的实际情况，首先选择要绘制的图元所在的平面作为工作平面。工作平面可以采用以下图元中的一种：

（1）表面：可以拾取已有模型图元的表面作为绘制的工作平面。

（2）三维标高：即楼层平面，只有在可载入体量族的概念设计环境三维视图中才可使用。

（3）三维参照平面：即常规参照平面，在平、立、剖视图中显示为线，只有在可载入体量族的概念设计环境三维视图中才能使用。

● 显示工作平面。在默认情况下，工作平面在视图中是不显示的。选择"创建"选项卡"工作平面"面板中的"显示" 显示命令，如图 5.4-11 所示，系统可将当前的工作平面显示出来。

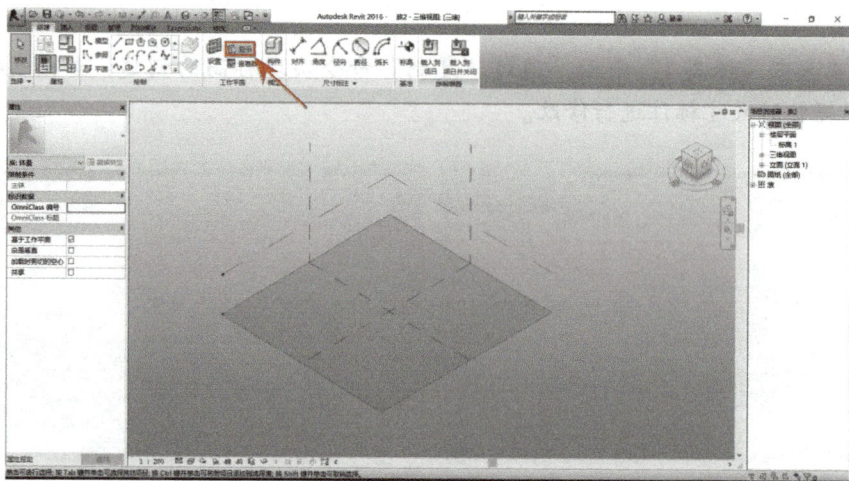

图　5.4-11

● 设置工作平面：在平、立、剖视图中，单击"创建"选项卡"工作平面"面板中的"设置" 按钮，鼠标单击拾取要设置为工作平面的面，将其设置为当前工作平面。

2. 模型线

● 单击"创建"选项卡"绘制"面板中的"模型" 模型按钮，然后选择其中的"线""矩形""内接多边形""圆形"或"样条曲线"等命令，即可在工作平面中绘制各种直线、矩形、圆形、圆弧、椭圆、椭圆弧、样条曲线等模型线。

● 也可以选择"拾取线" 命令，拾取已有图元的边创建模型线，如图 5.4-12 所示。

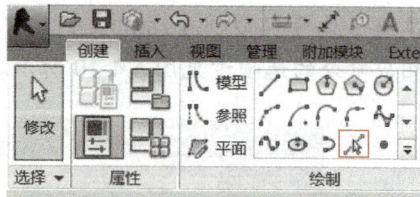

图　5.4-12

3. 参照线

● 参照线的创建方法与模型线完全一样。

4. 参照平面

● 单击"创建"选项卡"绘制"面板中的"平面" 平面按钮，可以进行参照平面绘制，其绘制命令有"线"和"拾取线"两种。

四、概念体量形状创建

概念体量形状创建同族一样，可以用拉伸、融合、旋转、放样、放样融合等命令实现。

1. 拉伸命令

拉伸命令使用方法如下：

● 单击"创建"选项卡"绘制"面板中的"模型" ⨅ 模型 按钮，然后选择其中的"内接多边形" ⬡ 命令，绘制任意大小的六边形，如图5.4-13所示。

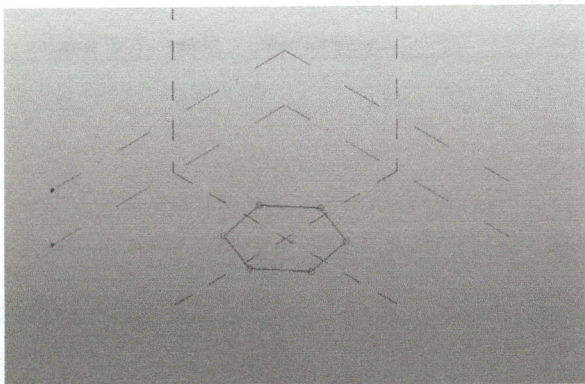

图 5.4-13

● 选中所绘制的六边形，Revit自动跳转到"修改 | 线"上下文选项卡。单击"形状"面板中"创建形状"下拉菜单中的"实心形状"，如图5.4-14所示，将六边形通过"实心形状"命令创建为六棱柱。

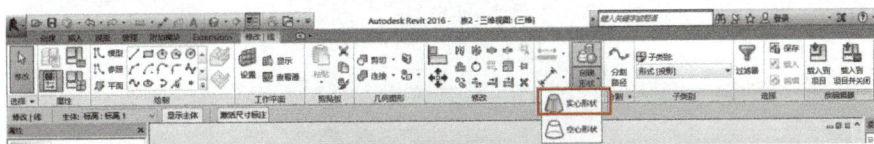

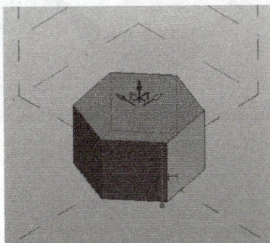

图 5.4-14

> **小提示**：选中六边形时需注意，要将六条边全部选中，否则不能生成实心形状，会将选择的边拉伸生成面。

2. 融合命令

融合命令使用方法如下：

● 单击"创建"选项卡"绘制"面板中的"模型"∬ 模型 按钮，然后选择其中的"内接多边形"⬡ 命令，绘制任意大小的六边形如图 5.4-15 所示。

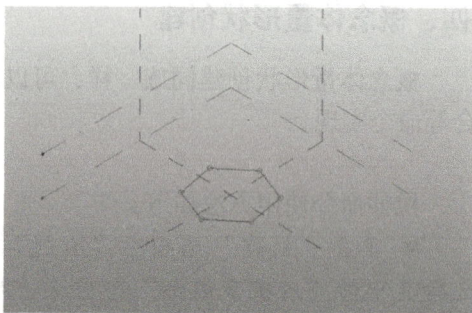

● 进入"标高 2"楼层平面，再次单击"创建"选项卡"绘制"面板中的"模型"∬ 模型 按钮，然后选择其中的"内接多边形"⬡ 命令，选项栏中"放置平面"为"标高：标高 2"，绘制比上个步骤稍大的六边形，如图 5.4-16 所示。

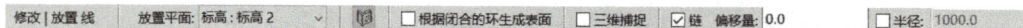

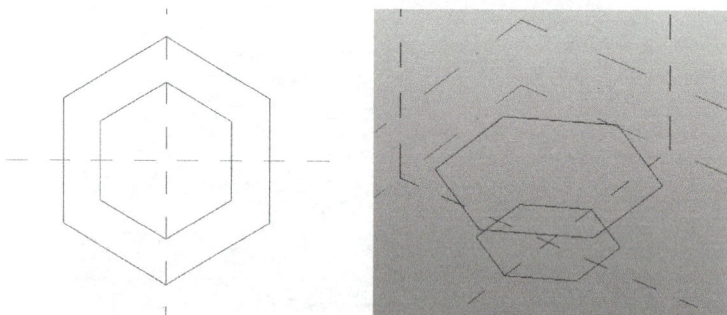

图　5.4-15

图　5.4-16

● 框选两个六边形，单击"形状"面板中"创建形状"下拉菜单中的"实心形状"，完成体量的融合创建，结果如图 5.4-17 所示。

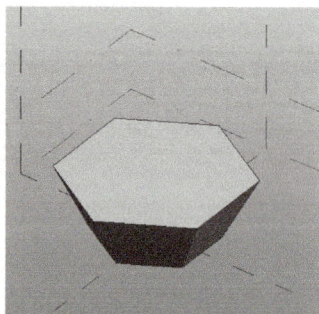

图　5.4-17

3. 旋转命令

旋转命令使用方法如下：

● 进入东立面视图。

● 单击"创建"选项卡"绘制"面板中的"模型"∬ 模型 按钮，然后选择其中的"直线"╱命令，在绘图区域任意位置绘制两条平行但长短不一的直线，如图 5.4-18 所示。

● 选中这两根线，单击"形状"面板中"创建形状"下拉菜单中的"实心形状"按钮，在所绘制的线下方，会出现

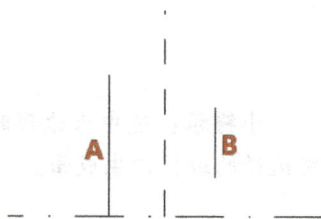

图　5.4-18

三种创建形状方式选项，如图 5.4-19 所示。

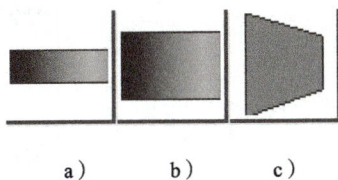

图　5.4-19

1）图 5.4-19a 表示 B 线以 A 线为轴进行旋转，旋转后形状如图 5.4-20 所示。
2）图 5.4-19b 表示 A 线以 B 线为轴进行旋转，旋转后形状如图 5.4-21 所示。
3）图 5.4-19c 表示 A 线、B 线共同形成一个面，面的形状如图 5.4-22 所示。

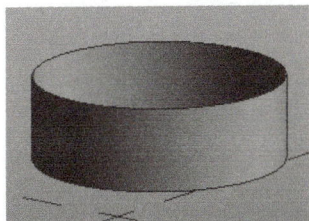

图　5.4-20

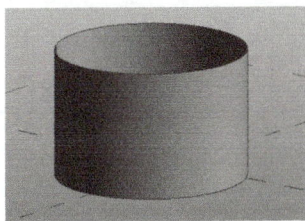

图　5.4-21

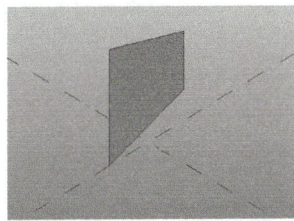

图　5.4-22

4. 放样命令

放样命令使用方法如下：

● 进入"标高 1"楼层平面。

● 单击"创建"选项卡"绘制"面板中的"模型"$\parallel$模型按钮，然后选择其中的"矩形"$\square$命令，在绘图区域绘制 5000mm×5000mm 的矩形，如图 5.4-23 所示。

● 单击"创建"选项卡"绘制"面板中的"参照"$\parallel$参照按钮，然后选择其中的"点图元"$\cdot$命令，在矩形右边线上任意位置放置一个参照点，如图 5.4-24 所示。

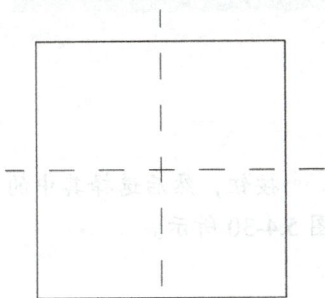

图　5.4-23

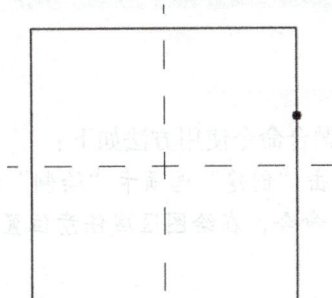

图　5.4-24

● 单击"修改"选项卡"工作平面"面板中的"设置"$\boxed{}$设置按钮，弹出"工作平面"对话框，选择"拾取一个平面"，单击"确定"，如图 5.4-25 所示。

● 进入拾取工作平面的状态。用鼠标左键单击参照点，此时会弹出"转到视图"对话框，在此选择"立面：北"，再单击"打开视图"按钮，如图 5.4-26 所示。

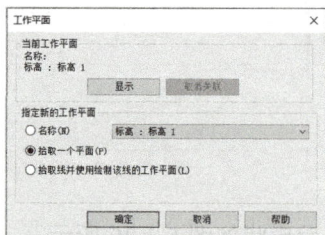

图 5.4-25

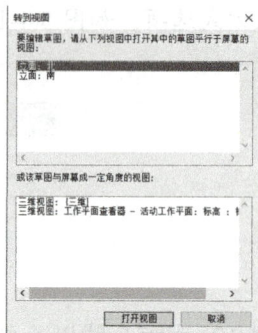

图 5.4-26

● 进入北立面视图，在参照点位置绘制如图 5.4-27 所示尺寸图形。

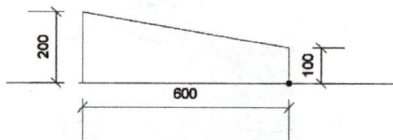

图 5.4-27

● 绘制完成后三维视图如图 5.4-28 所示。

● 选中所绘制的轮廓，单击"形状"面板"创建形状"下拉菜单中的"实心形状"，完成放样体量形状的创建，进入三维视图查看模型真实效果，如图 5.4-29 所示。

图 5.4-28

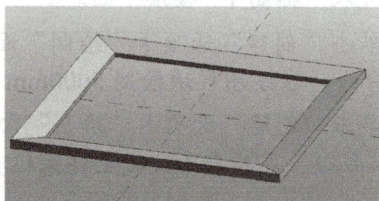

图 5.4-29

5. 放样融合命令

放样融合命令使用方法如下：

● 单击"创建"选项卡"绘制"面板中的"模型"按钮，然后选择其中的"样条曲线"命令，在绘图区域任意位置绘制一条曲线，如图 5.4-30 所示。

图 5.4-30

● 进入三维视图中，单击"修改"选项卡"工作平面"面板中的"设置"按钮，鼠标单击选择中间参照点设置为工作平面，绘制一个六边形。同样的方法，在两个端点绘制同样大小的圆形，如图 5.4-31 所示。

● 选中所绘制的三个轮廓和一条路径，单击"形状"面板中"创建形状"下拉菜单中的"实心形状"按钮，完成放样融合体量形状的创建，进入三维视图查看模型真实效果，如图 5.4-32 所示。

图　5.4-31

图　5.4-32

6. 空心形状命令

如果要创建空心形状，前面的步骤均相同，在最后单击"形状"面板中"创建形状"下拉菜单中的"空心形状"即可，空心体量可以与实心体量相互剪切。

五、将体量载入到项目的方法

与族相同，将体量载入到项目中主要有三种方法：

1）先打开一个以".rvt"为后缀的项目文件，再打开一个以".rfa"为后缀的体量文件，单击功能区中"修改"→"族编辑器"→"载入到项目"，如图 5.4-33 所示，即可将该体量载入到项目中。

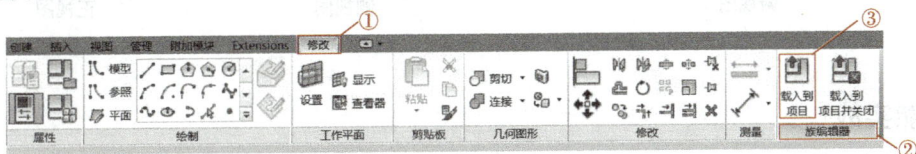

图　5.4-33

2）通过 windows 的资源管理器将以".rfa"为后缀的体量文件拖到项目的绘图区域，该体量文件即可被载入到项目中。

3）打开一个项目文件，单击功能区"插入"→"从库中载入"→"载入族"，如图 5.4-34 所示，即可打开"载入族"对话框。选中要载入的体量，单击对话框右下角"打开"，被选中的体量即可被载入到该项目中。

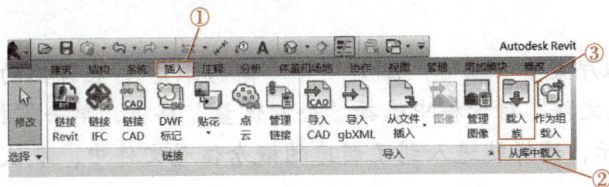

图　5.4-34

5.5　创建体量大厦

案例信息

创建一个参数化模型，尺寸如图 5.5-1 所示，并添加名称为"体量大厦材质"的材质，设置材质为"金色"。

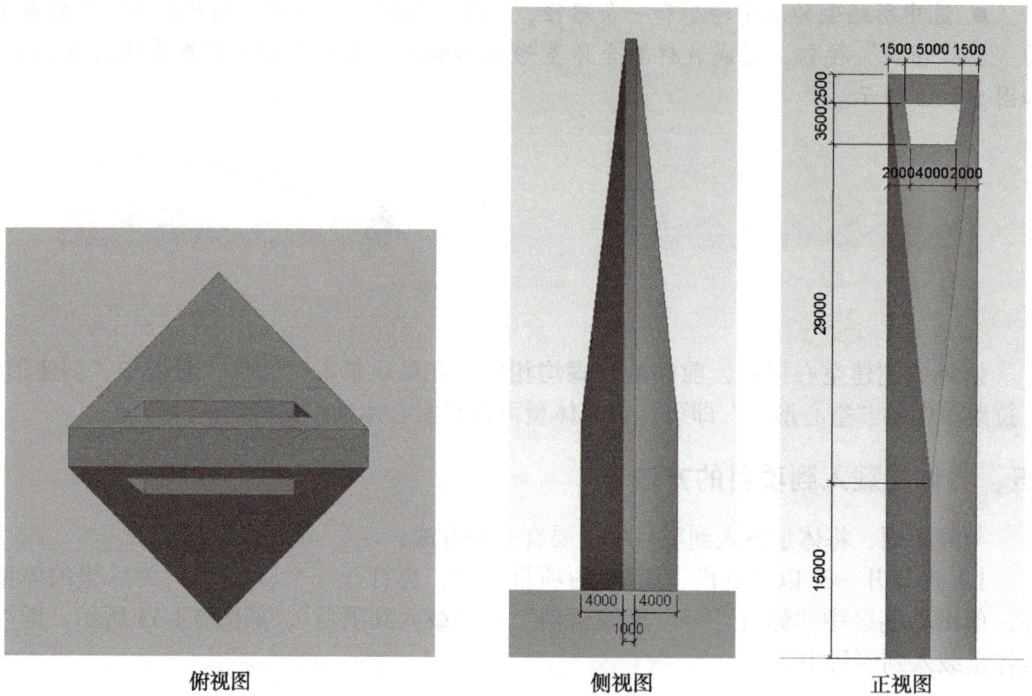

| 俯视图 | 侧视图 | 正视图 |

图 5.5-1

技能实战

> **小提示**：体量大厦高度为 15m+35m=50m。底部平面由三部分组成，中间为一个 1000mm×8000mm 的矩形，上下为高 4000mm 的等腰直角三角形；顶部平面为 1000mm×8000mm 的矩形；截面形状在高度 15m 处发生了变化。整个大厦的形体可以通过放样融合命令来创建。在体量大厦的上部有一个梯形的空心结构，可以通过空心拉伸来实现。

● 双击 Revit 2016 的快捷方式，将其启动，默认打开"最近使用的文件"页面。

● 单击"应用程序菜单" ![icon] →"新建"→"概念体量"，在弹出的"新概念体量 – 选择样板文件"对话框中选择"公制体量"样板，单击"打开"按钮，如图 5.5-2 所示，这样就进入到了新建的概念体量文件中，默认进入"三维"视图。

视频 5.5-1
体量创建
实例

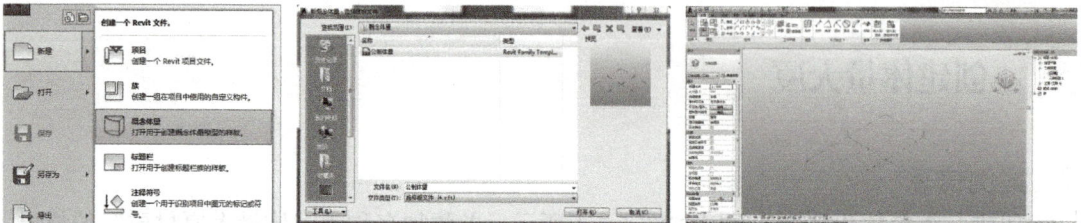

图 5.5-2

小提示：体量样板已经定义了原点位置，即十字线中心点。

一、创建大厦形体

● 首先需要创建标高。进入任意一个立面视图（如东立面视图），选择"创建"选项卡"基准"面板中的"标高"命令，快捷键为〈LL〉，创建如图 5.5-3 所示标高。

小提示：可以通过新建标高或复制"标高 1"来创建其他的标高，也可以创建参照平面。

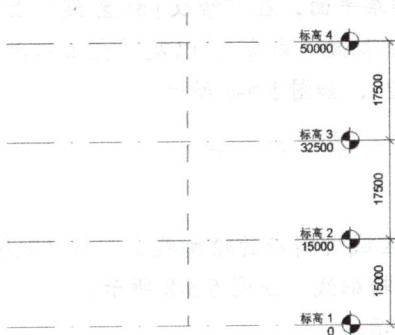

标高 4
50000

17500

标高 3
32500

17500

标高 2
15000

15000

标高 1
0

图 5.5-3

小提示：本案例通过放样融合创建体量大厦，由于在 15.0~50m 之间截面形状在变化，因此需要在中间，即 32.5m 位置处创建一个标高平面，使创建的形状与图 5.5-1 一致。

● 双击进入"标高 1"楼层平面，在"修改 | 放置 线"上下文选项卡"绘制面板"中选择"模型"命令、"矩形"命令以及"在工作面上绘制"命令，选项栏中"放置平面"为"标高：标高 1"。在绘图区域绘制 1000mm×8000mm 的矩形，如图 5.5-4 所示。

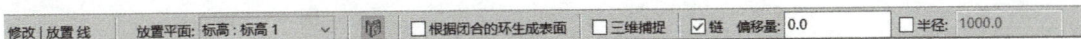

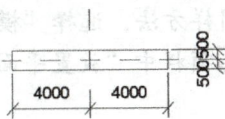

| 修改 \| 放置 线 | 放置平面：标高：标高 1 | | □ 根据闭合的环生成表面 | □ 三维捕捉 | ☑ 链 | 偏移量：0.0 | □ 半径：1000.0 |

4000 4000

500 500

图 5.5-4

小提示：若要选中矩形某一条边，需要通过双击该条边或者框选该条边来选中。直接单击则选中整个矩形。

● "绘制面板"中选择"模型"命令和"直线"命令，绘制如图 5.5-5 所示轮廓。

● 框选内部轮廓线，将其删除，结果如图 5.5-6 所示。

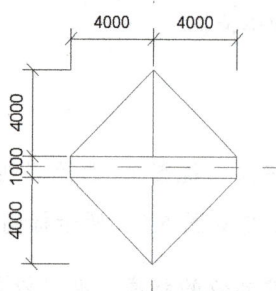

图　5.5-5

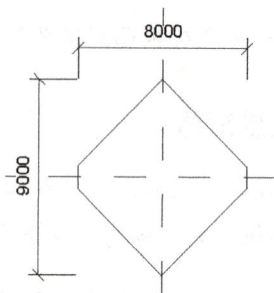

图　5.5-6

● 双击进入"标高 2"楼层平面，在"修改 | 放置 线"上下文选项卡，"绘制面板"中选择"模型" 模型命令、"拾取线"命令 以及"在工作面上绘制" 命令，选项栏中"放置平面"为"标高：标高 2"，如图 5.5-7 所示。

图　5.5-7

● 鼠标指针移动到绘图区域绘制好的轮廓线上，按〈Tab〉键，当整个轮廓高亮显示时，单击鼠标左键，拾取整个轮廓线，如图 5.5-8 所示。

● 三维效果如图 5.5-9 所示。

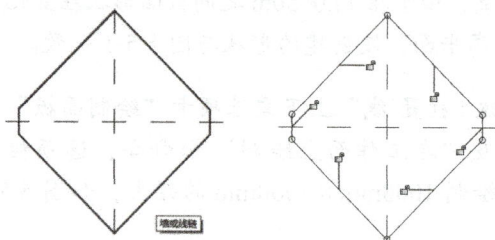

图　5.5-8

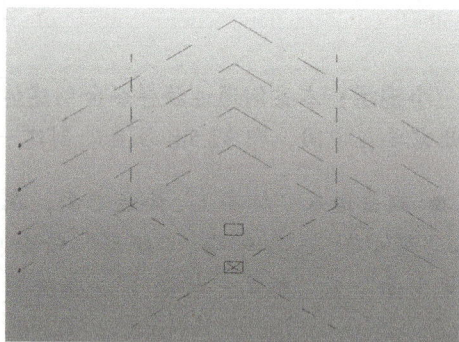

图　5.5-9

● 进入"标高 3"楼层平面，同样方法，选择"模型" 模型命令、"拾取线"命令以及"在工作面上绘制" 命令，选项栏中"放置平面"为"标高：标高 3"。绘图区域拾取整个轮廓线，如图 5.5-10 所示。

● 单击"直线"命令，拾取到线的中点，绘制两条直线，如图 5.5-11 所示。

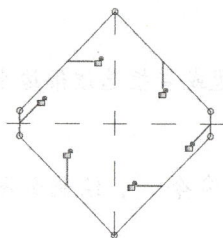

图　5.5-10

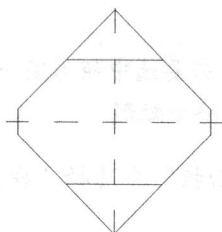

图　5.5-11

● 选择"修改"面板中的"修剪/延伸为角"命令，快捷键为〈TR〉，对图形进行修剪，三维效果如图 5.5-12 所示。

● 双击进入"标高 4"楼层平面，在"修改 | 放置线"上下文选项卡"绘制面板"中选择"模型"命令、"矩形"命令以及"在工作面上绘制"命令，选项栏中"放置平面"为"标高：标高 4"。在绘图区域绘制 1000mm×8000mm 的矩形。三维效果如图 5.5-13 所示。

● 在三维视图中框选这四个截面，选择"修改 | 线"上下文选项卡"形状"面板中"创建形状"命令下拉三角形中的"实心形状"命令，生成体量大厦的实体形状，结果如图 5.5-14 所示。

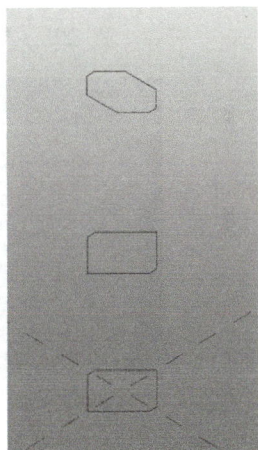

图 5.5-12

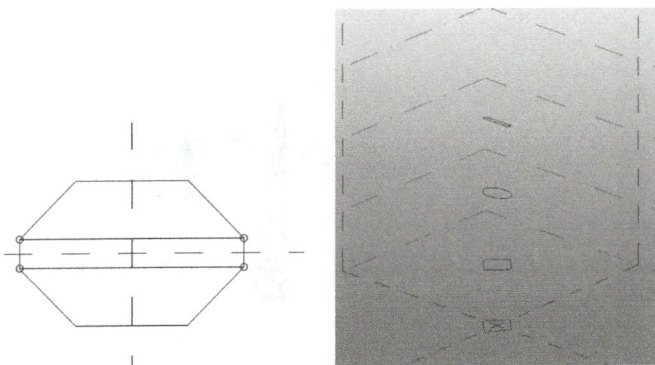

图 5.5-13

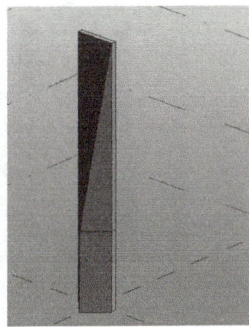

图 5.5-14

二、创建大厦上部空心形体

● 双击进入南立面视图（或北立面视图）。

● 首先通过绘制参照平面来进行定位，输入快捷键〈RP〉，绘制如图 5.5-15 所示六个参照平面。

● 在"修改 | 放置线"上下文选项卡"绘制面板"中选择"模型"命令、"直线"命令以及"在工作面上绘制"命令，选项栏中"放置平面"为"参照平面：中心（前 / 后）"。在绘图区域绘制如图 5.5-16 所示轮廓。

> **小提示**：通过按〈Tab〉键选择整个模型，输入〈HH〉进行临时隐藏，这样可以看到绘制的轮廓线。

● 选择绘制好的梯形轮廓，选择"修改 | 线"上下文选项卡"形状"面板中"创建形状"命令下拉三角形中的"空心形状"命令，进入到三维视图查看，如图 5.5-17 所示，完成了一半的空心创建。

● 通过按〈Tab〉键进行切换，选择平面，通过拖拽绿色箭头，可以对空心放样的长度进行调整。这样就完成了模型的创建，结果如图 5.5-18 所示。

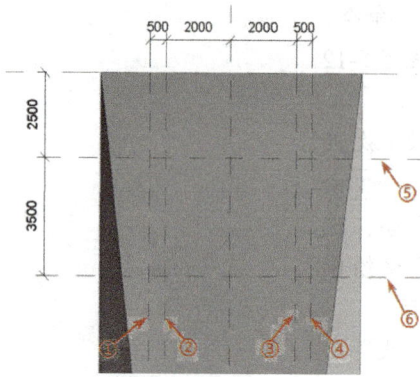

图 5.5-15

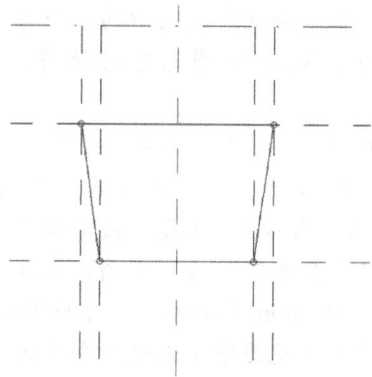

图 5.5-16

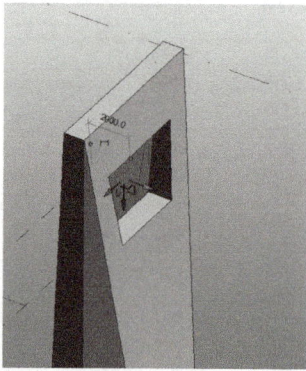

图 5.5-17

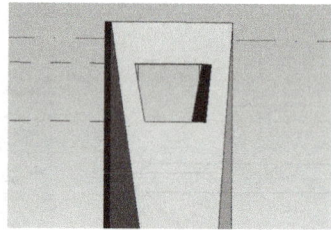

图 5.5-18

三、为体量大厦定义材质

● 通过按〈Tab〉键选中整个体量大厦，单击"属性"选项卡"材质和装饰"中"材质"右侧按钮，如图 5.5-19 所示，打开"关联族参数"对话框，单击"添加参数"按钮，"名称"输入"体量大厦材质"，"参数类型"选择"材质"，单击"确定"按钮。

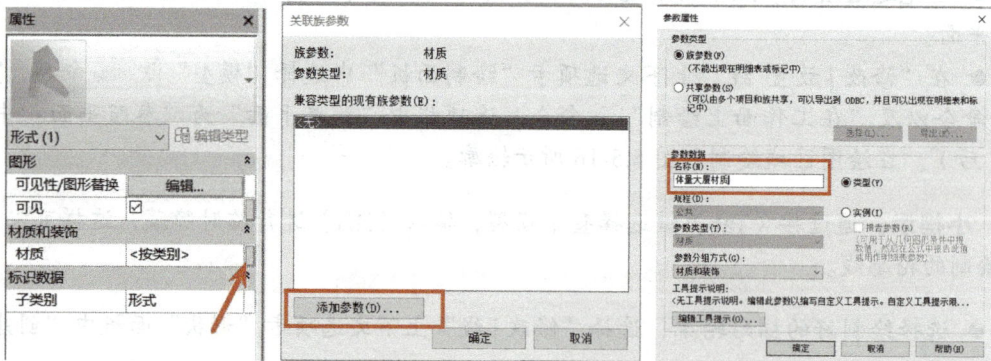

图 5.5-19

● 单击"修改|形式"上下文选项卡"属性"面板中的"族类型"按钮，如图 5.5-20 所示，弹出"族类型"对话框。

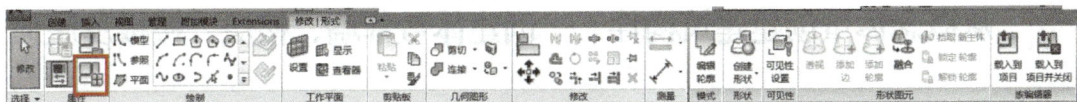

图 5.5-20

● 单击基础材质"体量大厦材质"后的按钮，在"材质浏览器"中搜索"金色"，单击"确定"按钮，定义体量大厦的材质为"金色"，如图 5.5-21 所示。

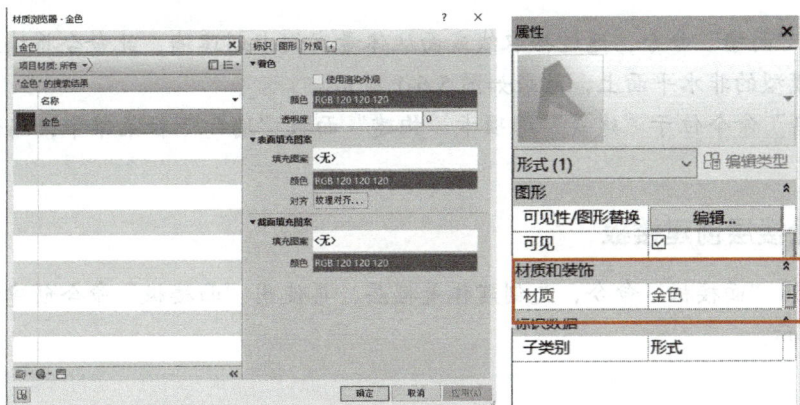

图 5.5-21

四、保存文件

● 单击"保存"按钮，选择文件保存位置，文件名为"体量大厦"，文件类型为"族文件（*.rfa）"。

● 成果如图 5.5-22 所示。

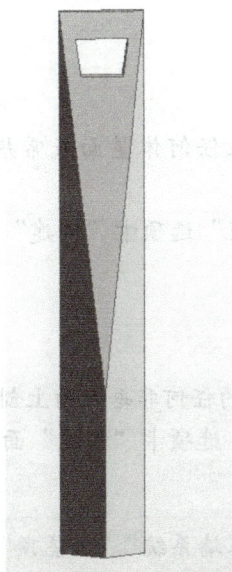

图 5.5-22

5.6 从概念体量创建建筑构件——创建体量幕墙、楼层、楼板及屋顶

📖 内容导学

体量可以通过应用墙、楼板、屋顶等对象，完成从概念设计到方案设计的转换。

一、从体量面创建墙

● 使用"面墙"命令，通过拾取线或面从体量实例中创建墙，此命令将墙放置在体量实例或常规模型的非水平面上，结果如图 5.6-1 所示。

● "面墙"命令位于"建筑"选项卡"构建"面板"墙"下拉菜单中，墙体的设置同建筑墙。

二、从体量楼层创建楼板

● 要使用"面楼板"命令，先创建体量楼层，再使用"面楼板"命令创建楼板，结果如图 5.6-2 所示。

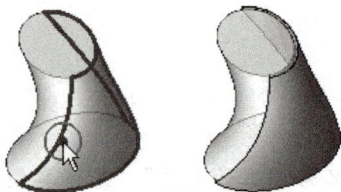

图 5.6-1

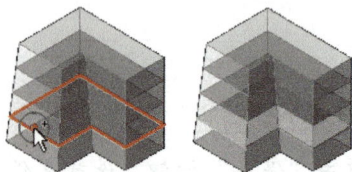

图 5.6-2

● "面楼板"命令位于"建筑"选项卡"构建"面板"楼板"下拉菜单中，面楼板的设置同建筑楼板。

三、从体量创建幕墙系统

● 使用"面幕墙系统"命令在任何体量面或常规模型面上创建幕墙系统，结果如图 5.6-3 所示。

● "幕墙系统"命令位于"建筑"选项卡"构建"面板中，幕墙系统没有可编辑的草图，且无法编辑幕墙系统的轮廓。

四、从体量面创建屋顶

● 使用"面屋顶"命令在体量的任何非垂直面上创建屋顶，结果如图 5.6-4 所示。

● "面屋顶"命令位于"建筑"选项卡"构建"面板"屋顶"下拉菜单中，面屋顶的设置同建筑屋顶。

> **小提示**："面墙""面楼板""幕墙系统""面屋顶"命令均可在"体量和场地"选项卡"面模型"面板中找到。

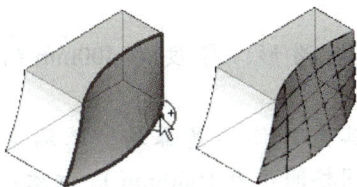

图 5.6-3

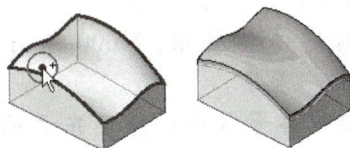

图 5.6-4

案例信息

创建如图 5.6-5 所示模型，面墙为厚度 200mm 的"常规 -200mm"厚面墙，定位线为"核心层中心线"；幕墙系统为网格布局 600mm×1000mm（即横向网格间距为 600mm 竖向网格间距为 1000mm），网格上均设置竖梃，竖梃均为圆形竖梃，半径 50mm；屋顶为厚度为 400mm 的"常规 -400mm"屋顶；楼板为厚度 150mm 的"常规 -150mm 楼板，标高 1 至标高 6 上均设置楼板。将模型以"体量楼层"为名保存。

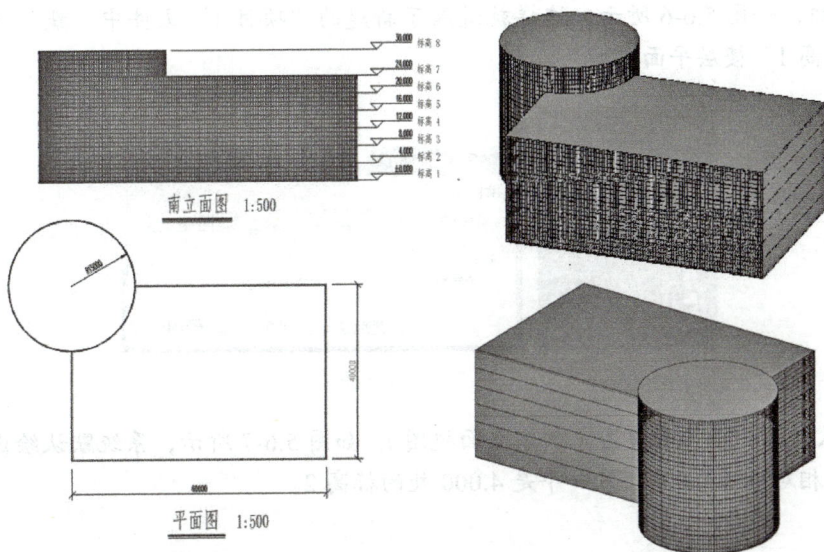

图 5.6-5

技能实战

> **小提示：**
>
> 1. 创建标高：阵列命令绘制标高 1~ 标高 7，间距 4000，复制命令绘制标高 8，间距 6000。
>
> 2. 创建长方体、圆柱体体量：长方体体量尺寸为长 60000，宽 40000，高 24000；圆柱体体量尺寸为半径 15000，高 30000。注意连接形体。
>
> 3. 创建体量面墙：东立面、北立面为厚度 200mm 的"常规 -200mm"厚面墙，绘制时定位线为"核心层中心线"。
>
> 4. 创建体量楼板：标高 1~ 标高 6 上均设置楼板，厚度为 150mm 的"常规 -150mm"

楼板。注意：体量楼层设置。

5. 创建体量屋顶：24000 标高矩形，30000 标高圆形，厚度为 400mm 的"常规 -400mm"屋顶。

6. 创建体量幕墙：除了东立面、北立面外，其余外侧均是幕墙。幕墙系统为 600mm×1000mm（即横向网格间距为 600mm，竖向网格间距为 1000mm）。注意：两形体搭接处无幕墙。

7. 以"体量楼层"为名保存。

一、创建项目及标高

● 双击 Revit 2016 的快捷方式，将其启动，默认打开"最近使用的文件"页面。

● 单击"应用程序菜单" → "新建" → "项目"，或单击"项目" → "新建"，在弹出的"新建项目"对话框中选择"建筑样板"，单击"确定"按钮，如图 5.6-6 所示，这样就进入了新建的"项目 1"文件中，默认进入"标高 1"楼层平面。

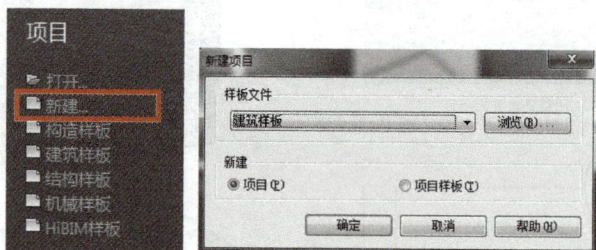

视频 5.6-1
创建体量幕墙、楼层、楼板及屋顶

图 5.6-6

● 进入任意一个立面视图（如东立面视图），如图 5.6-7 所示，系统默认绘出了两个标高，一个是相对标高 0.000，另一个是 4.000 处的标高 2。

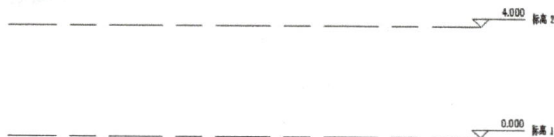

图 5.6-7

● 选中"标高 2"，Revit 进入"修改 | 标高"上下文选项卡，单击"修改"面板中的"阵列" 按钮，阵列选项选择为线性。"项目数"为"7"，选择"第二个"，选择阵列的基点，输入尺寸值 4.000（相邻两个标高之间的距离），如图 5.6-8 所示，按下〈Enter〉键。完成后如图 5.6-9 所示。

图 5.6-8

● 选中"标高8"，单击"修改 | 模型组"上下文选项卡"成组"面板中的"解组" 按钮，再次单击标高8的标高数值，将其改为"30.000"，按下〈Enter〉键。

● 单击"视图"选项卡"创建"面板"平面视图"的下拉菜单中的"楼层平面"按钮，弹出"新建楼层平面"对话框，如图5.6-10所示，选择所有标高，单击"确定"按钮，将在所有标高位置创建楼层平面。

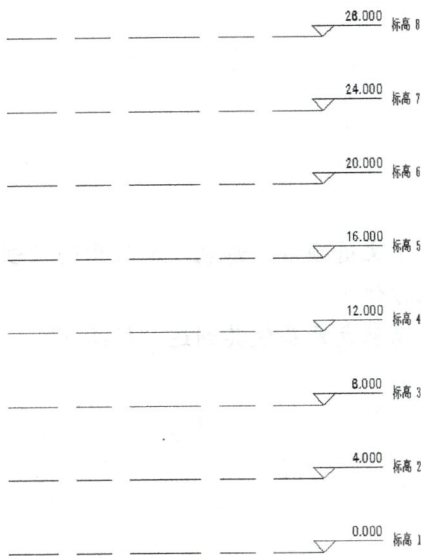

图　5.6-9

图　5.6-10

二、创建长方体、圆柱体体量

● 进入"标高1"楼层平面，在功能区"体量和场地"选项卡"概念体量"面板中单击"内建体量" 按钮，系统弹出"体量 – 显示体量已启用"对话框，如图5.6-11所示，单击"关闭"按钮。

● 在弹出的"名称"对话框中，对体量进行命名，"名称"设为"体量楼层"，如图5.6-12所示。单击"确定"按钮，进入内建体量环境。

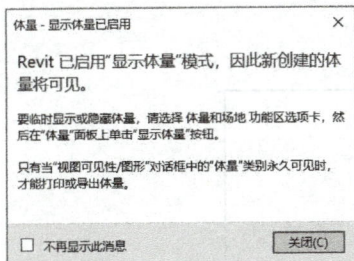

图　5.6-11

图　5.6-12

● 单击"创建"选项卡"绘制"面板中的"模型"按钮，选择"矩形" 命令，在绘图区域绘制长60000，宽40000的矩形，如图5.6-13所示。

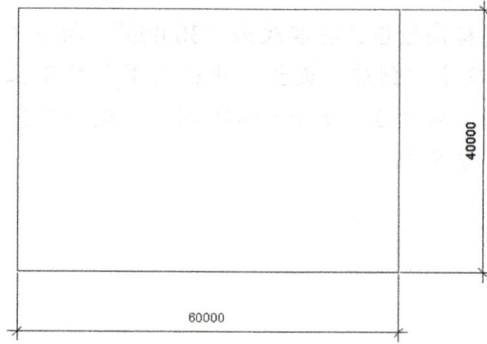

图 5.6-13

● 选中创建的矩形轮廓，单击"修改 | 线"上下文选项卡"形状"面板中的"创建形状"下拉菜单中的"实心形状"，创建体量形状（长方体）。

● 双击进入东立面视图，如图 5.6-14 所示，拖动蓝色箭头使其到达"标高 7"。

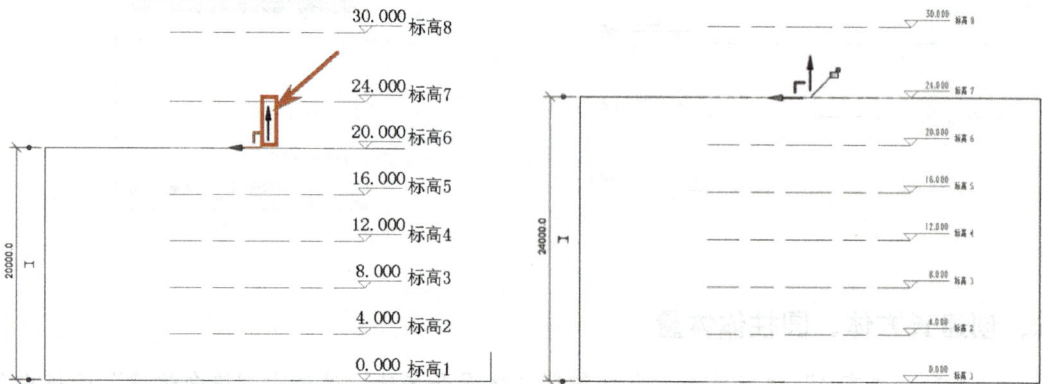

图 5.6-14

● 再次回到"标高 1"楼层平面。

● 单击"创建"选项卡"绘制"面板中的"模型"按钮，选择"圆形"◎命令，以上个步骤绘制矩形的左上角为圆心，绘制半径为 15000 的圆形，如图 5.6-15 所示。

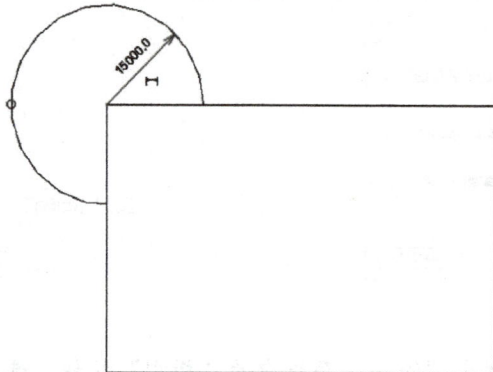

图 5.6-15

● 选中创建的圆形轮廓，单击"修改｜线"上下文选项卡"形状"面板中的"创建形状"下拉菜单中的"实心形状"，创建体量形状（圆柱体）。

● 双击进入东立面视图，如图 5.6-16 所示，拖动蓝色箭头使其到达"标高 8"。

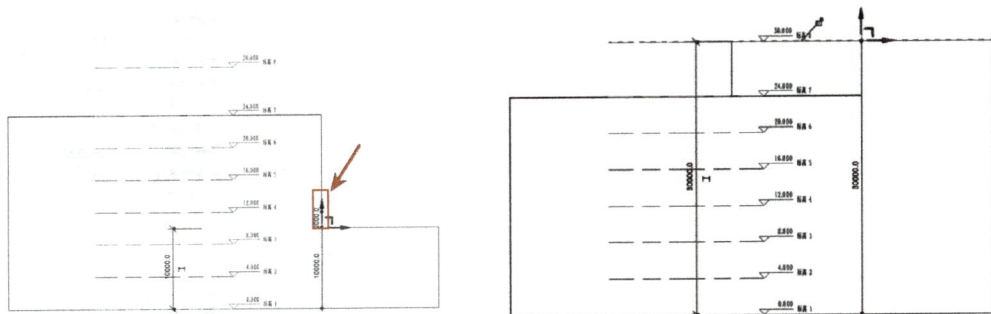

图　5.6-16

● 进入三维视图查看真实效果，如图 5.6-17 所示。

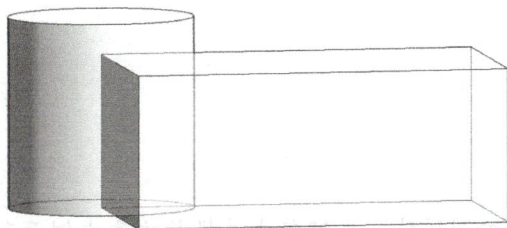

图　5.6-17

● 单击"修改"选项卡"几何图形"面板中的"连接" 连接·按钮，鼠标指针依次单击选择圆柱体和长方体体量，使两个形体连接，完成后如图 5.6-18 所示。

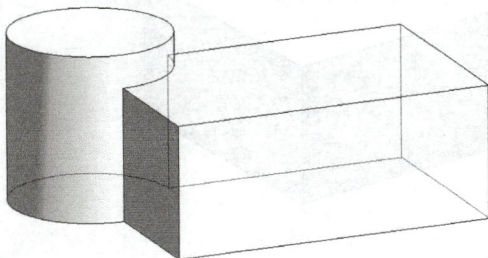

图　5.6-18

三、创建体量面墙

● 在功能区"体量和场地"选项卡"面模型"面板中单击"墙" 墙按钮，选项栏中"定位线"选择"核心层中心线"，"属性"选项卡类型选择器中选择"常规-200mm"墙体，如图 5.6-19 所示。

图   5.6-19

● 鼠标指针移动到绘图区域，左键单击选择长方体右侧面和后侧面，完成面墙的创建，结果如图 5.6-20 所示。

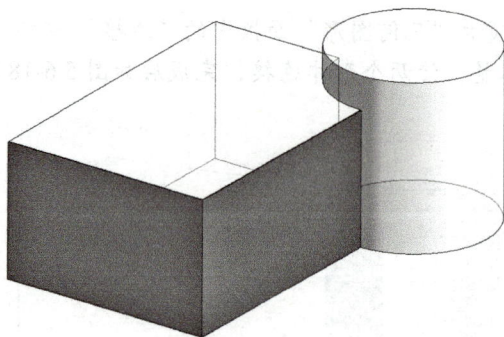

图   5.6-20

四、创建体量楼板

● 选中体量模型，单击"修改|体量"上下文选项卡"模型"面板中的"体量楼层"按钮。

● 弹出"体量楼层"对话框，选择标高 1~ 标高 6，为体量模型添加标高 1~ 标高 6 六个体量楼层，结果如图 5.6-21 所示。

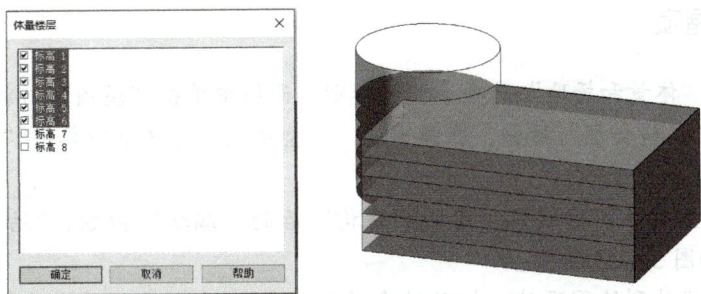

图　5.6-21

● 在功能区"体量和场地"选项卡"面模型"面板中单击"楼板"![按钮]按钮，单击"属性"选项卡中的"编辑类型"按钮，在弹出的"类型属性"对话框中单击"复制"，名称为"常规楼板-150mm"。

● 回到"类型属性"对话框，单击"结构"后的"编辑"按钮，"结构[1]""厚度"改为"150.0"，如图 5.6-22 所示。

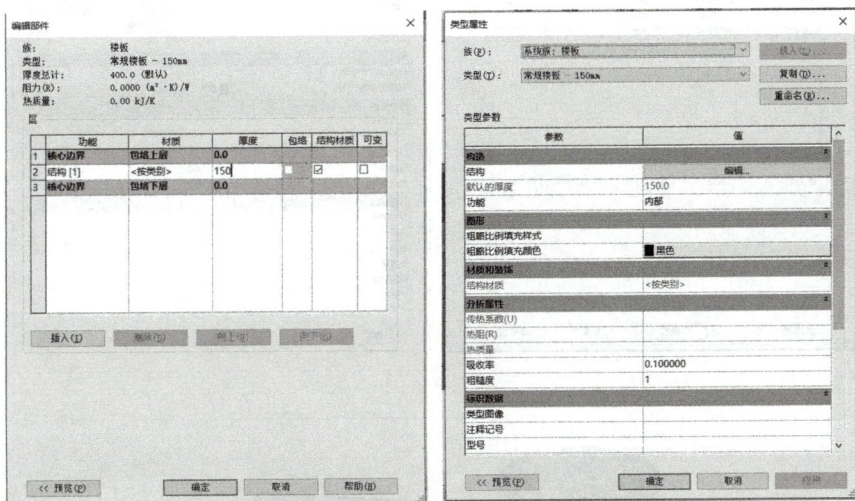

图　5.6-22

● 按住键盘〈Ctrl〉键，鼠标左键单击选中上个步骤创建的六个体量楼层，之后单击"修改|放置面楼板"上下文选项卡"多重选择"面板中的"创建楼板"![按钮]按钮，完成体量楼板的创建，结果如图 5.6-23 所示。

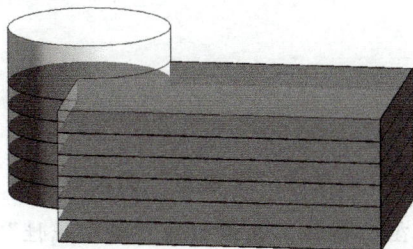

图　5.6-23

五、创建体量屋顶

● 在功能区"体量和场地"选项卡"面模型"面板中单击"屋顶"📦按钮，单击"属性"选项卡中的"编辑类型"按钮，在弹出的"类型属性"对话框中单击"复制"，名称为"常规屋顶 -400mm"。

● 回到"类型属性"对话框，单击"结构"后的"编辑"按钮，"结构 [1]""厚度"改为"400.0"，如图 5.6-24 所示。

● 鼠标指针移动到绘图区域，按住键盘〈Ctrl〉键，鼠标左键单击选择长方体上表面和圆柱体上表面，之后单击"修改 | 放置面屋顶"上下文选项卡"多重选择"面板中的"创建屋顶"📦按钮，完成屋顶的创建，结果如图 5.6-25 所示。

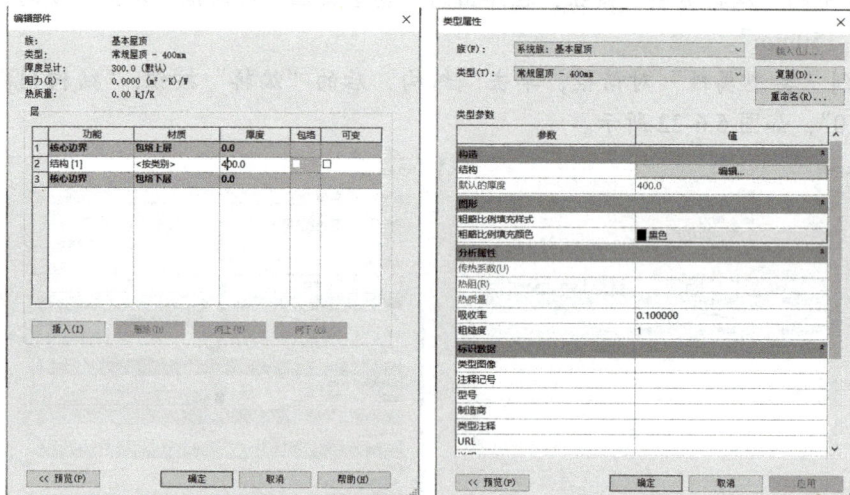

图　5.6-24

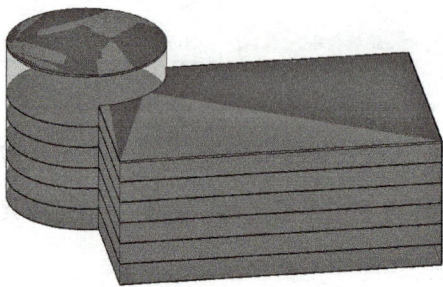

图　5.6-25

六、创建体量幕墙

● 在功能区"体量和场地"选项卡"面模型"面板中单击"幕墙系统"📦按钮，单击"属性"选项卡中的"编辑类型"按钮，在弹出的"类型属性"对话框中单击"复制"，名称为"600×1000mm"。

● 回到"类型属性"对话框，设置"网格1""间距"为"600.0"，"网格2""间距"为"1000.0"，"网格1竖梃"和"网格2竖梃"中的"内部类型"、"边界1类型"、"边界2类型"均设为"圆形竖梃：50mm半径"，如图5.6-26所示。

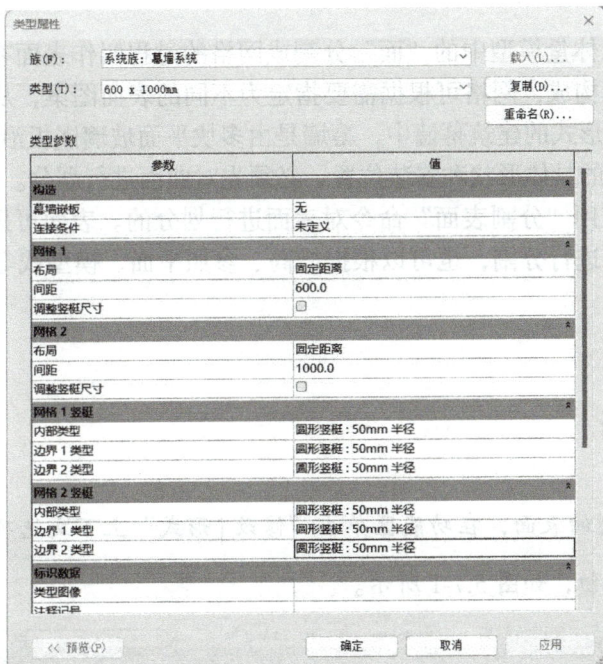

图　5.6-26

● 鼠标指针移动到绘图区域，按住键盘〈Ctrl〉键，鼠标左键单击要创建幕墙的体量面，之后单击"修改 | 放置面屋顶"上下文选项卡"多重选择"面板中的"创建系统"按钮，完成体量幕墙的创建，结果如图5.6-27所示。

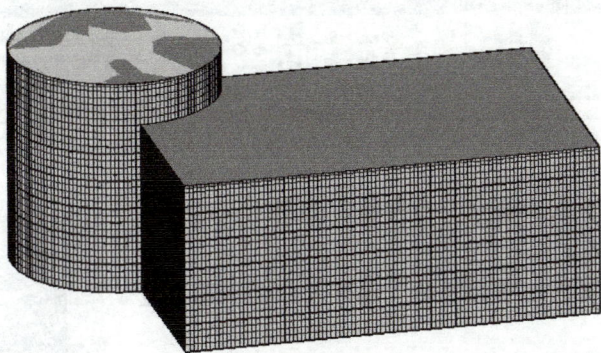

图　5.6-27

七、保存文件

● 单击"保存"按钮，选择文件保存位置，文件名为"体量楼层"，文件类型为"项目文件（*.rvt）"。

5.7 体量表面有理化处理

📖 内容导学

将已创建的概念体量模型中的"面"分割成网格的过程叫作表面有理化。有理化后的模型表面由多个网格构成，网格可根据需要指定为不同的表面图案，从而增强模型的表现能力。例如，在曲面形式的建筑幕墙中，幕墙是由多块平面玻璃嵌板沿曲面方向平铺而成，要得到每块玻璃嵌板的具体形状和安装位置，必须先对曲面进行划分。

表面有理化是使用"分割表面"命令对表面进行划分的。表面可以通过 UV 网格（表面的自然网格分割）进行分割，也可以根据标高、参照平面、模型线等图元按用户指定的方式分割。

🖱 技能实战

一、创建 UV 网格

1. 分割表面

● 选择体量模型的表面，在功能区单击"修改 | 形式"上下文选项卡"分割"面板中的"分割表面" _{分割 表面} 按钮，如图 5.7-1 所示。

图 5.7-1

● Revit 自动切换至"修改 | 分割的表面"上下文选项卡，如图 5.7-2 所示。

图 5.7-2

● 选中的体量模型表面被分割为网格，如图 5.7-3 所示。

2. 设置 UV 网格

● 默认的网格是按照选项栏中的"编号"后的网格数量来平均分布的。

● 在选项栏中选择"编号"后面的"距离"，改变其数值，并从下拉列表选择"最大距离"，按〈Enter〉键后网格自动更新。

● 单击功能区"修改|分割的表面"上下文选项卡"UV网格和交点"面板中的"U 网格" _{U 网格} 和"V 网格" _{V 网格} 按钮，

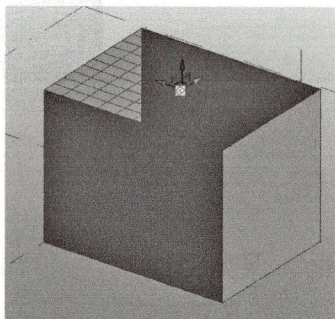

图 5.7-3

可以根据需要启用或禁用 UV 网格。UV 网格随形状表面的变化而自动调整。

二、编辑 UV 网格

编辑 UV 网格事实上是编辑分割后的表面，可以使用"属性"选项卡和面管理器编辑各项参数。

1. 属性选项卡

● 选择分割后的表面，在"属性"选项卡中，可以设置 UV 网格的"布局""对正""网格旋转""偏移量"等参数，如图 5.7-4 所示。

2. 面管理器

● 选择分割后的表面，在网格中部出现"配置 UV 网格布局"符号▨，单击该符号，即可进入面管理器编辑环境，在该编辑环境下，可设置相应参数来调整网格布局、旋转和对齐网格，如图 5.7-5 所示。

图　5.7-4

图　5.7-5

3. 表面显示控制

● 选择分割后的表面，功能区"修改 | 分割的表面"上下文选项卡"表面表示"面板中的"表面"按钮处于选择开启状态，如图 5.7-6 所示。

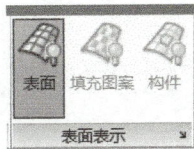

图　5.7-6

● 单击"表面"按钮取消选择，即可关闭 UV 网格表面显示，再次单击可打开显示。

● 当"表面"按钮处于打开状态时，单击"表面表示"面板右下角的对话框启动程序箭头，打开"表面表示"对话框，如图 5.7-7 所示。勾选或取消勾选"UV 网格和相交线"

选项，可打开或关闭 UV 网格的显示；勾选或取消勾选"节点"选项，可打开或关闭 UV 网格交点处的节点显示；勾选或取消勾选"原始表面"选项，可打开或关闭分割前的原始表面显示；可以设置表面的"样式／材质"参数控制表面外观。

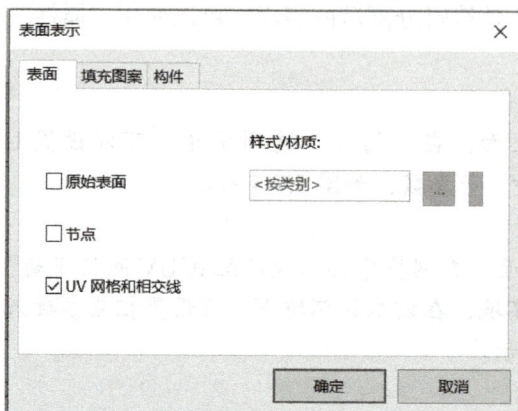

图　5.7-7

参 考 文 献

［1］工业和信息化部教育与考试中心 . BIM 建模工程师教程［M］. 北京：机械工业出版社，2019.

［2］曾浩，马德超，王彪 . BIM 建模与应用教程［M］. 北京：北京大学出版社，2024.

［3］陆泽荣，叶雄进 . BIM 建模应用技术［M］. 2 版 . 北京：中国建筑工业出版社，2018.

［4］刘鑫，王鑫 . Revit 建筑建模项目教程［M］. 北京：机械工业出版社，2018.

［5］周佶，王静 . 建筑信息模型（BIM）建模技术［M］. 北京：高等教育出版社，2020.